U0118944

CAD/CAM/CAE/EDA 微视频讲解大系

中文版 MATLAB Simulink 2022 系统仿真从入门到精通

（实战案例版）

290 分钟同步微视频讲解　126 个实例案例分析

☑建模设计　☑模块库　☑层次化模型图设计　☑S 函数模块设计　☑仿真运行
☑控制系统　☑图像处理仿真

天工在线　编著

中国水利水电出版社
www.waterpub.com.cn

·北京·

内 容 提 要

《中文版 MATLAB Simulink 2022 系统仿真从入门到精通（实战案例版）》以目前的新版本、功能全面的 MATLAB 2022 软件为基础，全面详细地介绍了 MATLAB Simulink 系统仿真的相关知识，是一本 MATLAB Simulink 系统仿真教程，也是一本讲解清晰的视频教程。

全书共 10 章，具体内容包括 MATLAB 概述、MATLAB 基础知识、Simulink 入门知识、Simulink 建模设计、Simulink 模块库、层次化模型图、S 函数模块设计、Simulink 仿真运行、控制系统、图像处理仿真等知识。基础知识的讲解配备了大量的实例演示和同步视频教学，伸得知识掌握更容易，学习更有目的性。

本书配有 126 集与实例同步的微视频讲解，读者可以扫描二维码，随时随地看视频。另外，本书还提供了实例的源文件，读者可以直接调用，对比学习。为了进一步提高读者的实战水平，本书另外赠送了 3 大设计案例的讲解视频和操作源文件。

本书既可作为 MATLAB Simulink 系统仿真初学者的入门用书，也可作为理工科院校相关专业的教材或辅导用书。MATLAB 功能强大，对大数据处理技术、深度学习和虚拟现实感兴趣的读者也可选择本书参考学习。

图书在版编目（CIP）数据

中文版MATLAB Simulink 2022系统仿真从入门到精通:
实战案例版 / 天工在线编著. -- 北京 : 中国水利水电
出版社, 2023.7
（CAD/CAM/CAE/EDA微视频讲解大系）
ISBN 978-7-5226-1558-5

I. ①中… II. ①天… III. ①系统仿真－Matlab软件
IV. ①TP391.9

中国国家版本馆CIP数据核字(2023)第107849号

丛 书 名	CAD/CAM/CAE/EDA 微视频讲解大系
书 名	中文版 MATLAB Simulink 2022 系统仿真从入门到精通（实战案例版） ZHONGWENBAN MATLAB Simulink 2022 XITONG FANGZHEN CONG RUMEN DAO JINGTONG
作 者	天工在线　编著
出版发行	中国水利水电出版社 （北京市海淀区玉渊潭南路 1 号 D 座　100038） 网址：www.waterpub.com.cn E-mail: zhiboshangshu@163.com 电话：（010）62572966-2205/2266/2201（营销中心）
经 售	北京科水图书销售有限公司 电话：（010）68545874、63202643 全国各地新华书店和相关出版物销售网点
排 版	北京智博尚书文化传媒有限公司
印 刷	河北文福旺印刷有限公司
规 格	203mm×260mm　16 开本　24.25 印张　664 千字
版 次	2023 年 7 月第 1 版　2023 年 7 月第 1 次印刷
印 数	0001—5000 册
定 价	89.80 元

前 言

Preface

MATLAB 是美国 MathWorks 公司出品的一个优秀的商业数学软件，它将数值分析、矩阵计算、数据可视化及非线性动态系统的建模和仿真等诸多强大功能集成在一个易于使用的视窗环境中，从而为科学研究、工程设计及与数值计算相关的众多科学领域提供了一种全方位的解决方案，并成为自动控制、应用数学、信息与计算科学等专业的学生必须掌握的基本技能。

Simulink 是一个模块图环境，用于多域仿真及基于模型的设计。它支持系统设计、仿真、自动代码生成及嵌入式系统的连续测试和验证。Simulink 与 MATLAB 集成能够在 Simulink 中将 MATLAB 算法融入模型，还能将仿真结果导出至 MATLAB 作进一步的分析。Simulink 应用领域包括汽车、航空、工业自动化、大型建模、复杂逻辑、物理逻辑、信号处理等。本书以目前的新版本、功能全面的 MATLAB 2022 软件为基础进行编写。

本书特点

↘ 内容合理，适合自学

本书定位以初学者为主，MATLAB 功能强大，为了帮助初学者快速掌握 MATLAB Simulink 系统仿真的使用方法和应用技巧，本书从基础着手，详细对 MATLAB 的基本功能进行了介绍，同时根据不同读者的需求，对 Simulink 系统仿真领域进行了细致的讲解，让读者快速入门。

↘ 视频讲解，通俗易懂

为了提高学习效率，本书中的大部分实例都录制了教学视频。视频录制时采用模仿实际授课的形式，在各知识点的关键处给出解释、提醒和注意事项，专业知识和经验的提炼，让读者在高效学习的同时，更多体会到 MATLAB 功能的强大，以及 Simulink 系统仿真的魅力与乐趣。

↘ 内容全面，实例丰富

本书在有限的篇幅内，包罗了 MATLAB Simulink 系统仿真常用的全部功能，包括 MATLAB 概述、MATLAB 基础知识、Simulink 入门知识、Simulink 建模设计、Simulink 模块库、层次化模型图、S 函数模块设计、Simulink 仿真运行、控制系统、图像处理仿真等内容，知识点全面、够用。在介绍知识点的同时，辅以大量中小型实例，并提供具体的分析和设计过程，以帮助读者快速理解并掌握 MATLAB Simulink 系统仿真的知识要点和使用技巧。

本书显著特色

↘ 体验好，随时随地学习

二维码扫一扫，随时随地看视频。书中大部分实例都提供了二维码，读者朋友可以通过手机扫一扫，随时随地观看相关的教学视频（若个别手机不能播放，请参考下面的"本书资源获取方式"，下载后在计算机上观看）。

⟱ **实例多，用实例学习更高效**

实例多，覆盖范围广泛，用实例学习更高效。 为方便读者学习，针对本书实例专门制作了 126 集配套的教学视频，通过观看视频，可以像看电影一样轻松、愉悦地学习本书内容，然后对照书中内容加以实践和练习，大大提升学习效率。

⟱ **入门易，全力为初学者着想**

遵循学习规律，入门实战相结合。 本书采用"基础知识+中小实例+练习实例"的编写模式，内容由浅入深，循序渐进，入门与实战相结合。

⟱ **服务快，让你学习无后顾之忧**

提供 QQ 群在线服务，随时随地可交流。 本书提供微信公众号资源下载、QQ 群交流答疑等多渠道贴心服务。

本书资源获取方式

本书除配带全书实例的教学视频和源文件外，还赠送了 3 大设计案例的讲解视频和操作源文件。上述所有资源均需通过以下方法下载后使用。

（1）读者使用手机微信的扫一扫功能扫描下面的微信公众号，或者在微信公众号中搜索"设计指北"，关注后输入 Mat1001 并发送到公众号后台，获取本书资源的下载链接，将该链接复制到计算机浏览器的地址栏中，根据提示进行下载。

（2）读者可加入 QQ 群 939357232（若群满，则会创建新群，请根据加群时的提示加入对应的群），与老师和其他读者进行在线交流与学习。

📢 **注意：**

在学习本书或按照本书上的实例进行操作之前，请先在计算机中安装 MATLAB 2022 操作软件，您可以在 MathWorks 中文官网中下载 MATLAB 软件的试用版本（或购买正版），也可在网上商城或软件经销商处购买安装软件。

关于作者

本书由天工在线组织编写。天工在线是一个 CAD/CAM/CAE/EDA 技术研讨、工程开发、培训咨询和图书创作的工程技术人员协作联盟，包含 40 多位专职和众多兼职 CAD/CAM/CAE/EDA 工程技术专家。其创作的很多教材成为国内具有引导性的旗帜作品，在国内相关专业方向图书创作领域具有举足轻重的地位。

致谢

MATLAB 功能强大，本书虽内容全面，但也仅涉及 MATLAB 在各方面应用的一小部分，但就是这一小部分内容为读者使用 MATLAB 的无限延伸提供了各种可能。本书在写作过程中虽然几经求证、求解、求教，但仍难免存在个别错误和偏见。在此，本书作者恳切期望得到各方面专家和广大读者的指教。

本书所有实例均由作者在计算机上验证通过。

本书能够顺利出版，是作者、编辑和所有审校人员共同努力的结果，在此表示深深的感谢。同时，祝福所有读者在学习过程中一帆风顺。

编　者

目　录

Contents

第 1 章　MATLAB 概述

内容指南

MATLAB 的原意是 Matrix Laboratory，即矩阵实验室，其开发之初是一种专门用于矩阵数值计算的软件。本章简要介绍 MATLAB 的发展历史、窗口界面和 Simulink 的特点。

内容要点

❧ 初识 MATLAB
❧ MATLAB 2022 的工作界面

1.1　初识 MATLAB

MATLAB 是一款功能强大的科学计算软件。在正式使用 MATLAB 之前，应该对它有一个整体的认识。

MATLAB 的指令表达式与数学、工程中常用的形式十分相似，因此用 MATLAB 计算问题要比用仅支持标量的非交互式的编程语言（如 C、FORTRAN 等）简单得多，尤其是解决包含了矩阵和向量的工程技术问题。在大学课程中，MATLAB 是很多数学类、工程类和科学类的初等和高等课程的标准指导工具。在工业应用中，MATLAB 是产品研究、开发和分析时经常选用的工具。

1.1.1　MATLAB 的发展历程

20 世纪 70 年代中期，Cleve Moler 教授及其同事在美国国家科学基金的资助下开发了调用 EISPACK 和 LINPACK 的 FORTRAN 子程序库。EISPACK 是求解特征值的 FORTRAN 程序库，LINPACK 是求解线性方程的程序库。在当时，这两个程序库代表矩阵运算的最高水平。

20 世纪 70 年代后期，时任美国新墨西哥大学计算机科学系主任的 Cleve Moler 教授在给学生讲授线性代数课程时，想教学生使用 EISPACK 和 LINPACK 程序库，但他发现学生使用 FORTRAN 编写接口程序很费时间。出于减轻学生编程负担的目的，他设计了一组调用 LINPACK 和 EISPACK 程序库的"通俗易用"的接口，即用 FORTRAN 编写的萌芽状态的 MATLAB。在此后的数年里，MATLAB 在多所大学里作为教学辅助软件使用，并作为面向大众的免费软件广为流传。

1983 年，Cleve Moler 教授、工程师 John Little 和 Steve Bangert 一起用 C 语言开发了第二代专业版 MATLAB，使得 MATLAB 同时具备了数值计算和数据图示化的功能。

1984 年，Cleve Moler 教授和工程师 John Little 成立了 MathWorks 公司，正式把 MATLAB 推向市场，并继续进行 MATLAB 的研究和开发。从这时起，MATLAB 的内核采用 C 语言编写。

1993 年，MathWorks 公司推出了 MATLAB 4.0 版本，从此告别 DOS 版本。MATLAB 4.x 版本在继承和发展其原有的数值计算和图形可视化功能的同时，发生了几个重要变化：推出了交互式操作的动态系统建模、仿真、分析集成环境——Simulink 1.0；开发了与外部进行直接数据交换的组件，打通了 MATLAB 进行实时数据分析、处理和硬件开发的道路；推出了符号计算工具包 Symbolic Math Toolbox 1.0，加快结束了国际上数值计算、符号计算孰优孰劣的长期争论，促成了两种计算的互补发展新时代。

为提升 MATLAB 的可用性，1997 年推出的 MATLAB 5.0 扩充了一些数据结构，使其成为一种更方便编程的语言。2000 年推出的全新的桌面版 MATLAB 6.0（Release 12），在核心数值算法、界面设计、外部接口、应用桌面等诸多方面都有了极大的改进。该版本在继承和发展其原有的数值计算和图形可视化功能的同时，还包含了 Simulink 4.0。

2006 年，MATLAB 分别在 3 月和 9 月进行了两次产品发布，因此将 3 月发布的版本称为 a，9 月发布的版本称为 b，即 R2006a 和 R2006b。之后，MATLAB 分别在每年的 3 月和 9 月进行两次产品发布，每次发布都涵盖产品家族中的所有模块，包含已有产品的特性和 Bug 修订，以及新产品的发布。随着时间的推移，MATLAB 在不断地更新。2008 年，对 MATLAB 面向对象编程功能进行了重要改进；2016 年推出了实时编辑器。

2022 年 3 月，MathWorks 正式发布了 MATLAB 和 Simulink 产品系列的 Release 2022 版本（R2022a，以下简称 MATLAB 2022）和 Simulink 产品系列的 Release 2022（R2022）版本。

从最初仅包含一些简单的调用接口，迄今 MATLAB 已经演变成一种具有广泛应用前景的全新的计算机高级编程语言，其功能将继续加强，并会不断根据科研需求提供更友善的面向对象的开发环境、更快速精良的图形可视化界面、更广博的数学和数据分析资源，以及更多的应用开发工具。

1.1.2　MATLAB 系统

MATLAB 系统主要包括以下 5 个部分。

（1）桌面工具和开发环境：MATLAB 由一系列工具组成，这些工具大部分是图形用户界面，方便用户使用 MATLAB 的函数和文件，包括 MATLAB 桌面和命令行窗口，编辑器和调试器，代码分析器和用于浏览帮助、工作空间、文件的浏览器。

（2）数学函数库：MATLAB 数学函数库提供了大量的计算算法，从初等函数（如加法、正弦、余弦等）到复杂的高等函数（如矩阵求逆、矩阵特征值、贝塞尔函数和快速傅里叶变换等）。

（3）语言：MATLAB 语言是一种高级的基于矩阵/数组的语言，具有程序流控制、函数、数据结构、输入/输出和面向对象编程等特色。用户可以在命令行窗口中将输入语句与执行命令同步，以迅速创建快速抛弃型程序，也可以先编写一个较大且复杂的 M 文件后再一起运行，以创建完整的大型应用程序。

（4）图形处理：MATLAB 具有方便的数据可视化功能，以将向量和矩阵用图形表现出来，并且可以对图形进行标注和打印。其高层次作图包括二维和三维的可视化、图像处理、动画和表达式作图；低层次作图包括完全定制图形的外观，以及建立基于用户的 MATLAB 应用程序的完整的图形用户界面。

（5）外部接口：外部接口是一个使 MATLAB 能与 C、FORTRAN 等其他高级编程语言进行交互的函数库，包括从 MATLAB 中调用程序（动态链接）、调用 MATLAB 进行计算和读/写 MAT 文件。

1.1.3 MATLAB 的特点

MATLAB 自诞生之日起，就以其强大的功能和良好的开放性在科学计算软件中独占鳌头。学会使用 MATLAB 可以方便地处理诸如矩阵变换及运算、多项式运算、微积分运算、线性与非线性方程求解、常微分方程求解、偏微分方程求解、插值与拟合、统计及优化等问题。

进行数学计算时，最难处理的就是算法的选择。然而在 MATLAB 中，这一问题将迎刃而解。MATLAB 中许多功能函数都带有算法的自适应能力，且算法先进，大大解决了用户的后顾之忧，同时也大大弥补了 MATLAB 程序因为非可执行文件而影响其速度的缺陷。另外，MATLAB 提供了一套完善的图形可视化功能，为用户展示计算结果提供了广阔的空间。例如，图 1-1～图 1-3 所示为使用 MATLAB 绘制的茶壶二维和三维图形。对于一种语言来说，无论其功能多么强大，如果操作非常烦琐，那么它绝对算不上成功的语言。MATLAB 允许用户以数学形式的语言编写程序，这是比 BASIC、FORTRAN 和 C 语言等编程语言更接近于书写计算公式的思维方式。

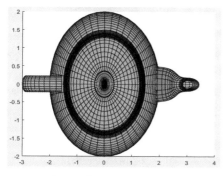  

图 1-1　茶壶填充对象示意图　　　图 1-2　茶壶三维平面图　　　图 1-3　茶壶三维映射图

MATLAB 能发展到今天这种程度，其可扩充性和可开发性起着不可估量的作用。MATLAB 本身就像一个解释系统，对其中函数程序的执行以一种解释执行的方式进行。这样的好处是 MATLAB 完全成了一个开放的系统，用户可以方便地看到函数的源程序，也可以方便地开发自己的程序，甚至创建自己的工具箱。另外，MATLAB 还可以方便地与 FORTRAN、C 等语言相互调用接口，以充分利用各种资源。

此外，任何字处理程序都能对 MATLAB 进行编写和修改，从而使得程序易于调试，人机交互性强。

1.1.4 系统仿真的发展

相对控制器本身的发展，凭借新的加工制造技术的支持，执行机构技术的发展将更加富有创新和挑战性，而对于设计、制造和维护高性能执行机构，以及构建一个包括控制器和执行机构的完整的自动化系统也提出了更高的要求。

1. 系统仿真技术发展的现状

工程系统仿真作为虚拟设计技术的一部分，其与控制仿真、视景仿真、结构和流体计算仿真、多物理场，以及虚拟布置和装配维修等技术一起，在贯穿产品的设计、制造和运行维护改进乃至退役的全寿命周期技术活动中发挥着重要的作用，同时也在满足越来越高难度的要求。因此，工程系统仿真技术也就迅速地发展到了协同仿真阶段。

2．系统仿真技术的发展趋势

（1）摒弃单一专业的仿真。单一专业仿真将退出系统设计的领域，作为总体优化的系统级设计分析工具，必要条件之一是跨专业多学科协同仿真。

（2）跟随计算技术的发展。随着计算技术在软/硬件方面的发展，大型工程软件系统开始有减少模型的简化、减少模型解耦的趋势，力争从模型和算法上保证仿真的准确性。更强更优化的算法再配合专业的库，将提供大型工程对象的系统整体仿真的可能性。

在高性能计算方面，将支持包括并行处理、网格计算和高速计算系统等技术。

（3）平台化。要求仿真工具能够提供建模、运算、数据处理、数据传递等全部仿真工作流程需要的功能，并且通过数据流集成在更大的 PDM/PLM 平台上。同时，在时间尺度上支持全开发流程的仿真要求，在空间尺度上支持不同开发团队甚至是交叉型组织架构间的协同工作及数据的管理。

（4）整合和细分市场。将出现整合型工具和专业化工具互补的局面。

整合型工具的特征是其功能涵盖了现代工业领域的主要系统仿真需求，并与其他主流软件工具通过接口或后台关系数据库级别的数据交互，有协同工作的能力；软件自身的技术发展迅速，具有强大的发展后劲。

专业化表示随着市场需求的细分，走专业化道路，会出现极专业的工具。这些工具将在某些具体的专业领域中提供深入研究的特殊支持，如开发特殊的库或模型，专注于具有鲜明行业特征的技术，满足特殊的行业标准。

（5）智能化。将引进更加友好的操作界面、智能化的求解器及模型管理。随着 GUI 的不断改进，软件使用者将直接体验到由数值计算专家开发的后台工具提供的强大功能，同时减少软件学习和使用的困难，提供易学易用的强大工具。

（6）丰富的二次开发选项。提供源代码级的二次开发支持，开放的架构满足不同用户的专业开发需求。

在强大的工具平台上，根据自身的需要进行二次开发，已经是目前许多研发单位开发专有技术的标准方式。今后的系统仿真工具必须支持用户在进行二次开发时，从源代码级别开始的创新和工程化定制，并能够通过封装集成到原有平台中。这种技术将成为用户在实现知识和技术在组织内共享和传承的同时，保护自身知识产权的必然选择。

1.1.5　仿真技术的发展趋势

20 世纪 80 年代后期，经过十几年数字技术的快速发展，使仿真技术本身及其应用领域得以快速扩展，计算机仿真在应用领域、仿真对象、仿真框架、仿真目的及仿真软件等方面都发生了十分重大的转变。这种转变明显说明：计算机仿真已进入一个崭新的发展阶段，它的重要性与特殊功效已越来越突出。例如：

（1）在应用领域方面，已由航空、航天领域转向制造业。

1991 年美国国家关键技术委员会列出了 20 世纪 90 年代影响美国国家繁荣与安全的 21 项关键技术，建模与仿真为其中关键技术之一，而仿真应用领域排在第一位的是制造业。

（2）在被仿真的系统方面，已由重点是对连续系统的仿真转向对离散时间系统的仿真。

（3）在对仿真基本框架中三个步骤（建模、仿真实验、结果分析）的重视程度方面，已由重视仿真实验转向重视建模和仿真结果分析。

（4）在与计算机技术结合方面，已由强调并重视与人工智能相结合转向强调并重视与图形技术及面向对象技术相结合。

（5）在仿真环境方面，已由集中式仿真转向分布式仿真。

（6）在仿真软件方面，已由开发仿真语言转向研究开发一体化仿真软件系统（或称一体化仿真环境）。

（7）在仿真的对象及目的方面，已由研究系统的动力学特性扩展为研究系统的各种特性，包括动力学特性和运动学特性。采用仿真技术具有良好的可控性、无破坏性、安全、不受气象条件和空间场地的限制，可多次重复，以及经济性等特点，仿真技术可广泛应用于系统规划、方案论证、设计、研制、试验评估、运行维护、系统改进和人员训练等方面。

近年来，仿真技术的发展和应用提高到了一个新的阶段，突出表现在以下几个方面。

（1）仿真系统的规模复杂化。多武器平台的作战方针系统、防空体系仿真系统等都是规模大、结构复杂的仿真系统。

（2）环境仿真更加重视和深化。半实物仿真要解决各种传感器的环境仿真，如红外成像制导导弹的仿真要解决红外成像目标仿真器；人在回路中的仿真环境要求具有沉浸感，有身临其境的感觉。

（3）仿真技术应用于先期技术演示验证。虚拟样机（Virtual Prototype，VP）技术的应用将降低型号的研制费，缩短研制周期，使用户提前介入研制过程。

1.1.6　Simulink 的特点

Simulink 是 MATLAB 中的一种可视化仿真工具，是一种基于 MATLAB 的框图设计环境，是实现动态系统建模、仿真和分析的一个软件包，被广泛应用于线性系统、非线性系统、数字控制及数字信号处理的建模和仿真中。

Simulink 提供一个动态系统建模、仿真和综合分析的集成环境。在该环境中，无须大量书写程序，只需要通过简单直观的鼠标操作，即可构造出复杂的系统。Simulink 具有适应面广、结构和流程清晰，以及仿真精细、贴近实际、效率高、灵活等优点。基于以上优点，Simulink 被广泛应用于控制理论和数字信号处理的复杂仿真和设计，同时有大量的第三方软件和硬件可应用于或被要求应用于 Simulink。

简而言之，Simulink 主要具有以下几个特点。

- 丰富的可扩充的预定义模块库。
- 交互式的图形编辑器来组合和管理直观的模块图。
- 以设计功能的层次性来分割模型，实现对复杂设计的管理。
- 通过 Model Explorer 导航、创建、配置、搜索模型中的任意信号、参数、属性，生成模型代码。
- 提供 API 用于与其他仿真程序的连接或与手写代码集成。
- 使用 Embedded MATLAB 模块在 Simulink 和嵌入式系统执行中调用 MATLAB 算法。
- 使用定步长或变步长运行仿真，根据仿真模式（Normal、Accelerator、Rapid Accelerator）来决定以解释性的方式或以编译 C 代码的方式运行模型。
- 以图形化的调试器和剖析器检查仿真结果，诊断设计的性能和异常行为。
- 可访问 MATLAB，从而对结果进行分析与可视化，定制建模环境，定义信号参数和测试数据向模型分析和诊断工具来保证模型的一致性，确定模型中的错误。

1.2　MATLAB 2022 的工作界面

本节主要介绍 MATLAB 2022 的工作界面，使读者初步认识 MATLAB 2022 各组成部分，并掌握其操作方法。

如果是第一次使用 MATLAB 2022，启动后将进入其默认设置的工作界面，如图 1-4 所示。

图 1-4　MATLAB 2022 工作界面

MATLAB 2022 的工作界面形式简洁，主要由标题栏、功能区、工具栏、命令行窗口、命令历史记录窗口、当前文件夹窗口、工作区窗口等部分组成。

1.2.1　标题栏

标题栏位于工作界面的顶部，如图 1-5 所示。

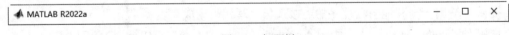

图 1-5　标题栏

在标题栏中，左侧为软件图标及名称；右侧有 3 个按钮，用于控制工作界面的显示方式。其中，单击"最小化"按钮 ⁻，将最小化显示工作界面；单击"最大化"按钮 □，将最大化显示工作界面，此时该按钮显示为"向下还原" ⧉，单击可以还原工作界面大小；单击"关闭"按钮 ✕，将关闭 MATLAB。

📢 提示：

　　在命令行窗口中输入 exit 或 quit 命令，或按 Alt+F4 组合键，也可以关闭 MATLAB。

动手练一练——启动、关闭 MATLAB

思路点拨：

（1）双击桌面上的 MATLAB R2022a 快捷方式图标，或单击"开始"按钮，在"程序"菜单中单击 MATLAB R2022a，启动 MATLAB。

（2）单击 MATLAB 工作界面右上角的"关闭"按钮，或在命令行窗口中执行 exit 或 quit 命令，或按 Alt+F4 组合键，关闭 MATLAB。

1.2.2　功能区

MATLAB 2022 以功能区的形式呈现各种常用的功能命令。它将所有的功能命令分门别类地放置在以下 3 个选项卡中。

1."主页"选项卡

"主页"选项卡集合了基本的文件、变量、代码、环境设置等操作命令，如图 1-6 所示。

图 1-6　"主页"选项卡

2."绘图"选项卡

"绘图"选项卡提供了图形绘制相关的操作命令，如图 1-7 所示。 单击"绘图"列表框的下拉按钮，在弹出的下拉列表中，可以选择需要的绘制命令。

图 1-7　"绘图"选项卡

3．APP（应用程序）选项卡

APP 选项卡包含创建、编辑应用程序常用的操作命令，如图 1-8 所示。

图 1-8　APP 选项卡

1.2.3　工具栏

MATLAB 2022 的工具栏分为两部分，一部分位于功能区上方，如图 1-9 所示，以图标的形式汇集了常用的操作命令；另一部分位于功能区下方，如图 1-10 所示，用于设置工作路径。

图 1-9　工具栏 1　　　　　　　　　　　　图 1-10　工具栏 2

下面简要介绍工具栏中部分常用按钮的功能。

- ▶ 🖫：保存 M 文件。
- ▶ 🖎、🖺、🖺：剪切、复制或粘贴已选中的命令或内容。
- ▶ 🖱、🖱：撤销或恢复上一次操作。
- ▶ 🖵：切换窗口。单击该按钮，弹出如图 1-11 所示的下拉菜单，可以切换到指定的 M 文件编辑器窗口、帮助文档和面板。
- ▶ ⓘ：单击该按钮，即可打开 MATLAB 帮助系统。
- ▶ 搜索文档：在搜索框中输入关键字，按 Enter 键，即可打开 MATLAB 帮助文档，并定位到相应的搜索结果页面。
- ▶ ⬅⮕⬆🔲：在当前工作路径的基础上后退、前进、向上一级到新的目录，或打开"选择新文件夹"对话框，选择新的目录作为当前工作目录。
- ▶ ▶ C ▸ Program Files ▸ MATLAB ▸ R2022a ▸ bin ▸：当前的工作目录。
- ▶ 🔍：在当前文件夹及其子文件夹中搜索文件。

图 1-11　"切换窗口"下拉菜单

1.2.4　命令行窗口

　　MATLAB 的命令行窗口是输入、执行指令的位置，如图 1-12 所示。可以在该窗口中进行各种计算操作，也可以使用命令打开各种 MATLAB 工具，还可以查看各种命令的帮助信息等。

　　单击命令行窗口右上角的"显示命令行窗口操作"按钮 ⊙，利用图 1-13 所示的下拉菜单，可以对命令行窗口及窗口中的命令进行清空、全选、查找、打印、页面设置、最小化、最大化、停靠/取消停靠等一系列基本操作。

　　选择"➡最小化"命令，可将命令行窗口最小化为选项卡的形式停靠到主窗口左侧，当鼠标指针移到选项卡上时，可显示窗口内容。此时在 ⊙ 下拉菜单中选择"还原🕂"命令，即可恢复显示。

　　如果要设置命令行窗口中的文字布局、标题、字体，可以选择"页面设置"命令，在图 1-14 所示的"页面设置：命令行窗口"对话框中进行设置。

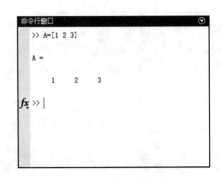

图 1-12　命令行窗口　　　　　图 1-13　下拉菜单　　　　图 1-14　"页面设置：命令行窗口"对话框

该对话框中包括 3 个选项卡，"布局"选项卡用于设置打印对象的标题、行号及语法高亮颜色，如图 1-14 所示；"标题"选项卡用于设置页码、边框样式及布局，如图 1-15 所示；"字体"选项卡用于设置命令行中的字体，如图 1-16 所示。

图 1-15　"标题"选项卡　　　　　　　　　　　　图 1-16　"字体"选项卡

此外，命令行窗口还提供了一些针对命令文本的快捷操作。右击该窗口中的命令，弹出如图 1-17 所示的快捷菜单。下面介绍几种常用的操作命令。

（1）执行所选内容：执行选中的命令。

（2）打开所选内容：查找所选内容所在的文件，并在命令行窗口中显示该文件的内容。

（3）关于所选内容的帮助：弹出关于所选内容的相关帮助窗口，如图 1-18 所示。

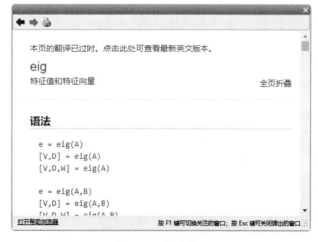

图 1-17　快捷菜单　　　　　　　　　　　　　　图 1-18　帮助窗口

（4）函数浏览器：弹出如图 1-19 所示的"函数"窗口。在该窗口中可以选择需要的函数，并对该函数进行安装与介绍。

（5）查找：执行该命令后，弹出"查找"对话框，如图 1-20 所示。在"查找内容"文本框中输入要查找的文本关键词，即可在庞大的命令历史记录中迅速定位所查找内容的位置。

（6）清空命令行窗口：删除命令行窗口中显示的所有命令内容。

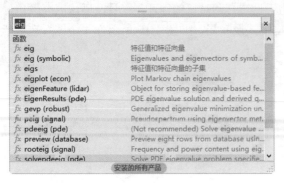

图 1-19　"函数"窗口

图 1-20　"查找"对话框

1.2.5　命令历史记录窗口

命令历史记录窗口主要用于记录所有执行过的命令。在默认条件下，它会保存自安装以来所有运行过的命令的历史记录，并记录运行时间，以方便查询。

在"主页"选项卡中单击"布局"按钮，从下拉菜单中选择"命令历史记录"→"停靠"命令，如图 1-21 所示，可在工作界面中固定显示命令历史记录窗口。

在命令历史记录窗口中双击某一命令，即可在命令行窗口中执行该命令。

动手练一练——停靠、隐藏命令历史记录窗口

扫一扫，看视频

思路点拨：

> （1）在"主页"选项卡中单击"布局"按钮，从下拉菜单中选择"命令历史记录"→"停靠"命令，可将命令历史记录窗口停靠在工作界面中。
>
> （2）在"主页"选项卡中单击"布局"按钮，从下拉菜单中选择"命令历史记录"→"关闭"命令，可在工作界面中隐藏命令历史记录窗口。

图 1-21　"命令历史记录"命令

1.2.6　当前文件夹窗口

当前文件夹窗口默认位于工作界面的左侧边栏，显示当前工作目录下的所有文件和文件夹，如图 1-22 所示。单击右上角的 按钮，利用弹出的下拉菜单可以执行一些常用的操作。例如，在当前目录下新建文件或文件夹（还可以指定新建文件的类型）、生成文件分析报告、查找文件、显示/隐藏文件信息、将当前目录按某种指定方式排序和分组等。

例如，在下拉菜单中选择"报告"→"代码分析器报告"命令，可对当前目录中的代码进行分析，提出一些程序优化建议并生成报告，如图 1-23 所示。

如果要更改当前文件夹，可以在功能区下方的工具条上进行修改。但要注意的是，MATLAB 使用搜索路径来高效地定位用于 MathWorks 产品的文件，如果要访问特殊文件夹中的文件和文件夹，必须将其父文件夹添加到搜索路径中。

MATLAB 提供了专门的命令，方便用户查看 MATLAB 的搜索路径，还允许用户将指定的路径添加到 MATLAB 的搜索路径中，下面分别进行介绍。

图 1-22 "当前文件夹"窗口

图 1-23 M 文件分析报告

扫一扫，看视频

实例——查看搜索路径

源文件： yuanwenjian\ch01\viewpath.m

本实例利用 path 命令查看 MATLAB 当前的搜索目录列表。

操作步骤

在命令行窗口中输入 path，按 Enter 键，即可在命令行窗口中显示 MATLAB 当前的所有搜索路径，如图 1-24 所示。

默认情况下，MATLAB 在启动时将 userpath 文件夹添加至搜索路径，且在搜索路径中处于第一位。此文件夹是存储用于 MATLAB 文件的便利位置。默认的 userpath 文件夹因平台而异，Windows 平台的 userpath 文件夹路径为%USERPROFILE%/Documents/MATLAB，如图 1-24 中的 C:\Users\QHTF\Documents\MATLAB。

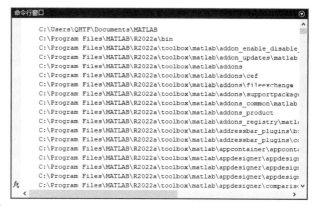

图 1-24 当前的所有搜索路径

实例——添加搜索路径

源文件： yuanwenjian\ch01\addpath.m

本实例将指定文件夹及其子文件夹添加到搜索路径。

操作步骤

首先创建要添加到搜索路径的文件夹。

（1）在当前文件夹中右击，从弹出的快捷菜单中选择"新建"→"文件夹"命令，输入文件夹名称 yuanwenjian，并按 Enter 键确认。然后双击进入该文件夹。使用同样的方法，在该文件夹中新建 10 个子文件夹，依次命名为 ch01、ch02、…、ch10，如图 1-25 所示。

接下来将创建的文件夹 yuanwenjian 及其子文件夹添加到搜索路径。

（2）在命令行窗口中输入并执行 pathtool 命令，或单击 MATLAB"主页"选项卡中的"设置路径"按钮，打开如图 1-26 所示的"设置路径"对话框。

扫一扫，看视频

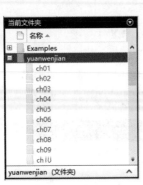

图 1-25 创建的文件夹

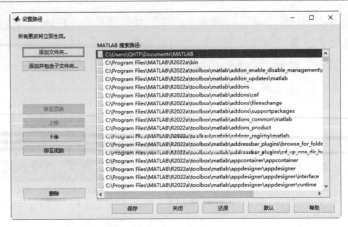

图 1-26 "设置路径"对话框

为便于读者理解添加搜索路径的方法，下面简单介绍一下图 1-26 中各个按钮的作用。

➤ 添加文件夹：仅将选中的文件夹添加到搜索路径，不包括其中的子文件夹。

➤ 添加并包含子文件夹：将选中的文件夹及其子文件夹都添加到搜索路径。

➤ 移至顶端：将选中的目录移动到搜索路径的顶端。

➤ 上移：将选中的目录在搜索路径中向上移动一位。

➤ 下移：将选中的目录在搜索路径中向下移动一位。

➤ 移至底端：将选中的目录移动到搜索路径的底部。

➤ 删除：在搜索路径中删除选中的目录。

➤ 保存：保存对搜索路径的更改。

➤ 关闭：关闭对话框。

➤ 还原：恢复到本次改变之前的搜索路径列表。

➤ 默认：恢复到 MATLAB 默认的搜索路径列表。

➤ 帮助：进入帮助中心，显示更改搜索路径的相关帮助文档。

（3）单击"添加并包含子文件夹"按钮，打开"添加到路径时包含子文件夹"对话框，选中要添加的文件夹，如图 1-27 所示。

（4）单击"选择文件夹"按钮，选择的文件夹及其子文件夹即可出现在搜索路径的列表中，如图 1-28 所示。

图 1-27 "添加到路径时包含子文件夹"对话框

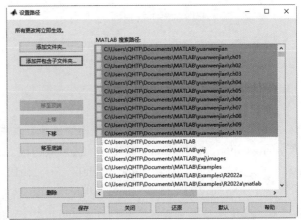

图 1-28 添加的搜索路径

扫一扫，看视频

（5）单击"保存"按钮保存新的搜索路径，然后单击"关闭"按钮关闭对话框。至此，新的搜索路径设置完毕。

1.2.7　工作区窗口

工作区窗口用于显示当前内存中所有的 MATLAB 变量名、数据结构、字节数与类型。不同的变量类型会显示不同的变量名图标。

实例——变量赋值

源文件：yuanwenjian\ch01\bianliangfuzhi.m
在 MATLAB 中创建变量 a、b，并给其赋值。

操作步骤
MATLAB 程序如下。

```
>> a=2
a =
     2
>> b=5
b =
     5
```

执行上述命令后，在"工作区"窗口中可以看到创建的变量名称及对应的值，如图 1-29 所示。

单击工作区窗口右上角的"显示工作区操作"按钮 ，利用图 1-30 所示的下拉菜单，可以对工作区及工作区的数据进行一些常见的操作。例如，选择"新建"命令，可在工作区创建一个默认名称为 unnamed 的变量。双击变量名称，即可打开如图 1-31 所示的变量编辑窗口，接着可以编辑变量的值。选择"保存"命令，可将当前工作区中的变量保存到一个 MAT 文件中。默认情况下，工作区仅显示变量的名称和值，利用图 1-30 所示的下拉菜单中的"选择列"菜单可以根据需要显示更多变量的信息。利用"排序依据"子菜单项则可以根据需要对工作区中的变量进行排序。

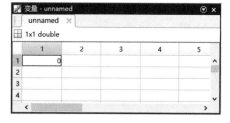

图 1-29　"工作区"窗口　　图 1-30　"显示工作区操作"下拉菜单　　图 1-31　变量编辑窗口

1.2.8　图窗

图窗主要用于显示 MATLAB 图形图像，可以是数据的二维或三维坐标图、图片或用户图形接口。在"主页"选项卡中选择"新建"→"图窗"命令，或在命令行窗口中执行 figure 命令，即可打开一个空白的图窗，如图 1-32 所示。如果在命令行窗口中执行绘图命令（如 plot），则会自动打开一个图窗，并在图窗中显示绘制的图形。

有关 MATLAB 绘图的具体操作，将在第 2 章进行介绍。

实例——在图窗中绘图

源文件：yuanwenjian\ch01\tuchuang.m

本实例在图窗中绘制函数曲线。

操作步骤

MATLAB 程序如下。

```
>> x=0:0.1:50;           %定义 0 到 50 的线性间隔值向量，间隔值为 0.1
>> y=sin(x)./cos(x);     %函数表达式
>> plot(x,y)             %x 为横坐标，对应的 y 值为纵坐标，默认使用蓝色实线绘制函数曲线
```

运行上面的程序，将自动打开一个图窗，其中显示函数的图形，如图 1-33 所示。如果当前已打开一个图窗，则在打开的图窗中显示图形。

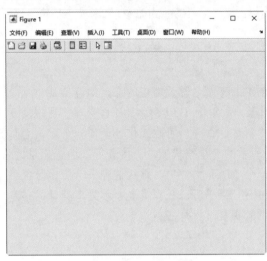

图 1-32　空白图窗

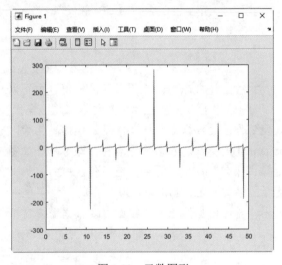

图 1-33　函数图形

利用图窗的菜单命令或工具按钮可以将图窗中的图形保存为 *.fig 文件，或打开已有的图形文件（*.fig）。直接将图形文件拖动到命令行窗口，也可打开图窗显示图形。

动手练一练——熟悉操作界面

思路点拨：

（1）打开 MATLAB 2022，熟悉操作界面。

（2）了解操作界面各组成部分的功能，能够熟练地切换工作路径、调整工作界面的布局。

第 2 章　MATLAB 基础知识

内容指南

　　MATLAB 自诞生之日起，就以其强大的功能和良好的开放性在科学计算软件中独占鳌头。使用 MATLAB 可以方便地处理诸如矩阵变换及运算、多项式运算、微积分运算、线性与非线性方程求解、常微分方程求解、偏微分方程求解、插值与拟合、统计及优化等问题。

　　本章简要介绍 MATLAB 的基本组成部分：数值、符号、函数。这三部分可单独运行，也可组合运行，MATLAB 中会根据不同的操作实现数值计算、符号计算和图形处理的功能。

内容要点

- ↘ MATLAB 的计算基础
- ↘ 数组的创建与运算
- ↘ MATLAB 程序设计基础
- ↘ 多项式运算
- ↘ 函数句柄
- ↘ MATLAB 的绘图功能
- ↘ 非线性方程与线性规划问题求解
- ↘ 图像处理及动画演示

2.1　MATLAB 的计算基础

　　MATLAB 的计算基础就是定义一些变量，再对变量进行运算操作。MATLAB 提供了多种类型的变量，本节简要介绍基础的变量类型，以及相应的数据操作。

2.1.1　预定义变量和常量

　　MATLAB 语言内置了一些预定义的变量和常量，常用的预定义变量和常量见表 2-1。

表 2-1　常用的预定义变量和常量

名　称	说　明
ans	MATLAB 中的默认变量
pi	圆周率
eps	浮点运算的相对精度

续表

名　　称	说　　明
inf	无穷大，如 1/0
NaN	不定值，如 0/0、∞/∞、0*∞
i(j)	复数中的虚数单位
realmin	最小正浮点数
realmax	最大正浮点数

扫一扫，看视频

实例——显示圆周率 pi 的值

源文件：yuanwenjian\ch02\pi_value.m

本实例查看 MATLAB 预定义常量 pi 的值。

操作步骤

在 MATLAB 命令行窗口的提示符"＞＞"后输入 pi，然后按 Enter 键，即可显示 pi 的值，代码如下。

```
>> pi                %查看 pi 的值
ans =
    3.1416
```

其中，ans 是一个预定义变量，表示当前的计算结果。如果计算时没有为表达式结果指定变量，系统就自动将当前结果赋给变量 ans。

在定义变量时应避免变量名与预定义的常量名相同，以免改变这些常量的值。如果已经改变了某个常量的值，可以通过"clear+常量名"命令恢复该常量的默认值。当然，重新启动 MATLAB 也可以恢复这些常量的默认值。

扫一扫，看视频

实例——给圆周率 pi 赋值，然后恢复其默认值

源文件：yuanwenjian\ch02\pi_clear.m

操作步骤

MATLAB 程序如下。

```
>> pi=1              %为 pi 赋值为 1
pi =
    1
>> pi                %查看 pi 的值
pi =
    1
>> clear pi          %清除 pi
>> pi                %查看 pi 的值
ans =
    3.1416
```

2.1.2　常用运算和基本数学函数

在 MATLAB 中，一般代数表达式的输入就如同在纸上运算一样，如四则运算可直接用+、-、*、/表示，而乘方、开方运算分别由^符号和 sqrt 来实现。例如：

```
>> x= 64^3           %将表达式的值赋给 x
x =
    262144
```

```
>> y= sqrt(x)          %求 x 的平方根
y =
    512
```

如果表达式比较复杂或重复出现的次数较多，更好的办法是先定义变量，再由变量表达式计算得到结果。

扫一扫，看视频

实例——计算函数值

源文件：yuanwenjian\ch02\hanshuzhi.m

本实例计算函数 $y = \dfrac{1}{\sin x + \exp(-x)}$ 在 $x = 20$、40、60、80 处的函数值。

操作步骤

MATLAB 程序如下。

```
>> x=20:20:80;             %创建介于 20 到 80、间隔值为 20 的 4 个线性分隔值
>> y=1./(sin(x)+exp(-x))   %点除运算 "./"，对表达式 sin(x)+exp(-x) 中的每个值做除法运算
y =
    1.0954    1.3421   -3.2807   -1.0061
```

在本例中，sin 是正弦函数，exp 是指数函数，这些都是 MATLAB 中常用的数学函数。MATLAB 中常用的基本数学函数与三角函数见表 2-2。

表 2-2　基本数学函数与三角函数

名　称	说　明	名　称	说　明
abs(x)	数量的绝对值或向量的长度	sign(x)	符号函数(signum function)。当 x<0 时，sign(x)=-1；当 x=0 时，sign(x)=0；当 x>0 时，sign(x)=1
angle(z)	复数 z 的相角（phase angle）	sin(x)	正弦函数
sqrt(x)	开平方	cos(x)	余弦函数
real(z)	复数 z 的实部	tan(x)	正切函数
imag(z)	复数 z 的虚部	asin(x)	反正弦函数
conj(z)	复数 z 的共轭复数	acos(x)	反余弦函数
round(x)	四舍五入至最近整数	atan(x)	反正切函数
fix(x)	无论正负，舍去小数至最近整数	atan2(x,y)	四象限的反正切函数
floor(x)	向负无穷方向取整	sinh(x)	超越正弦函数
ceil(x)	向正无穷方向取整	cosh(x)	超越余弦函数
rat(x)	将实数 x 化为分数表示	tanh(x)	超越正切函数
rats(x)	将实数 x 化为多项分数展开	asinh(x)	反超越正弦函数
rem(a,b)	求两整数相除的余数	acosh(x)	反超越余弦函数
atanh(x)	反超越正切函数		

扫一扫，看视频

实例——数字取整

源文件：yuanwenjian\ch02\quzheng.m

本实例利用不同的函数对实数进行取整运算。

操作步骤

MATLAB 程序如下。

```
>> round(6.2894)          %四舍五入取整
ans =
      6
>> fix(6.2894)            %舍去小数
ans =
      6
>> floor(6.2894)          %向下取整
ans =
      6
>> ceil(6.2894)           %向上取整
ans =
      7
```

2.1.3 数据的显示格式

一般而言，MATLAB 中的数据都以双精度进行存储与计算，但有多种显示形式。默认情况下，如果数据为整数，就以整数表示；如果数据为实数，则以保留小数点后 4 位的精度近似表示。

用户可以根据需要改变数字的显示格式。控制数字显示格式的命令是 format，其调用格式见表 2-3。

表 2-3　format 命令调用格式

调用格式	说　　明
format short	默认的格式设置，短固定十进制小数点格式，小数点后包含 4 位数
format long	长固定十进制小数点格式，double 值的小数点后包含 15 位数，single 值的小数点后包含 7 位数
format shortE	短科学记数法，小数点后包含 4 位数
format longE	长科学记数法，double 值的小数点后包含 15 位数，single 值的小数点后包含 7 位数
format shortG	使用短固定十进制小数点格式或科学记数法中更紧凑的一种格式，共 5 位
format longG	使用长固定十进制小数点格式或科学记数法中更紧凑的一种格式，共 6 位
format shortEng	短工程记数法，小数点后包含 4 位数，指数为 3 的倍数
format longEng	长工程记数法，包含 15 位有效位数，指数为 3 的倍数
format hex	十六进制格式表示
format +	在矩阵中，用符号+、-和空格表示正号、负号和 0
format bank	货币格式，小数点后包含 2 位数
format rat	以有理数形式输出结果
format compact	输出结果之间没有空行
format loose	输出结果之间有空行
format	将输出格式重置为默认值，即浮点表示法的短固定十进制小数点格式和适用于所有输出行的宽松行距

扫一扫，看视频

实例——控制数值显示格式

源文件：yuanwenjian\ch02\formatpi.m
本实例演示不同数值显示格式的效果。

操作步骤

MATLAB 程序如下。

```
>> format compact,pi      %使用紧凑格式显示结果，输出结果之间没有空行
ans =
      3.1416
```

```
>> format long,pi          %将常量 pi 的格式设置为长固定十进制小数点格式，包含 15 位数
ans =
      3.141592653589793
>> format rat,pi           %使用有理数形式显示 pi
ans =
      355/113
>> format hex,pi           %使用十六进制形式显示 pi
ans =
      400921fb54442d18
>> format bank,pi          %使用货币格式显示 pi，小数点后保留 2 位小数
ans =
      3.14
>> format loose,pi         %使用松散格式显示 pi
ans =

                           %输出结果之间自动生成空行
      3.14
>> format                  %恢复默认显示格式
```

2.2　数组的创建与运算

MATLAB 以数组作为基本运算单元，矩阵是数组的一个特例，向量和标量可看作特殊的矩阵：向量可当作是只有一行或一列的矩阵，标量则是只有一个元素的矩阵。本书中，在不需要强调向量的特殊性时，将向量和矩阵统称为矩阵（或数组）。

2.2.1　创建向量

创建向量有直接输入法、冒号法和利用 MATLAB 函数创建三种方法。

1. 直接输入法

创建向量最直接的方法就是在命令行窗口中直接输入。输入时要遵循以下格式要求。

↳ 向量元素需要用"[ ]"括起来。

↳ 元素之间可以用空格、逗号或分号进行分隔。

◀)) 说明：

用空格和逗号分隔创建行向量，用分号分隔创建列向量。

实例——直接输入法创建向量

源文件：yuanwenjian\ch02\vector_1.m

本实例创建一个包含 5 个元素的行向量 a，一个包含 3 个元素的列向量 b。

操作步骤

MATLAB 程序如下。

扫一扫，看视频

```
>> a=[1 3 5 7 9]           %行向量，元素之间使用空格分隔
a =
     1     3     5     7     9
>> b=[2;4;6]               %列向量，元素之间使用分号分隔
b =
```

```
     2
     4
     6
```

2. 冒号法

冒号法生成向量的基本格式为 x=first：increment：last，表示创建一个从 first 开始，到 last 结束，数据元素的增量为 increment 的向量。若增量为 1，可简写为 x=first:last。

实例——冒号法创建向量

源文件：yuanwenjian\ch02\vector_2.m
本实例创建一个从 0 开始，增量为 2，到 10 结束的向量 x。
操作步骤
MATLAB 程序如下。

```
>> x=0:2:10          %创建从 0 到 10，间隔值为 2 的线性分隔值组成的向量 x
x =
     0     2     4     6     8     10
```

3. 利用 MATLAB 函数创建

linspace()函数是通过直接定义数据元素个数，而不是数据元素之间的增量来创建向量。此函数的调用格式见表 2-4。

表 2-4 linspace()函数调用格式

调 用 格 式	说　　明
y =linspace(first_value,last_value)	创建从 first_value 开始，到 last_value 结束的 100 个等间距点组成的行向量
y =linspace(first_value,last_value,number)	创建从 first_value 开始，到 last_value 结束的 number 个等间距点组成的行向量

实例——使用函数创建向量

源文件：yuanwenjian\ch02\vector_3.m
本实例创建一个从 0 开始，到 20 结束，包含 5 个数据元素的行向量 x。
操作步骤
MATLAB 程序如下。

```
>> x=linspace(0,20,5)
x =
     0     5     10     15     20
```

4. 利用 logspace()函数创建一个对数分隔的向量

与 linspace()函数一样，logspace()函数也是通过直接定义向量元素个数，而不是数据元素之间的增量来创建向量。logspace()函数的调用格式见表 2-5。

表 2-5 logspace()函数调用格式

调 用 格 式	说　　明
y =logspace(first_value,last_value)	创建从 10^{first_value} 开始，到 10^{last_value} 结束的 50 个对数间距点组成的行向量 y
y =logspace(first_value,last_value,number)	创建从 10^{first_value} 开始，到 10^{last_value} 结束的 number 个对数间距点组成的行向量 y
y =logspace(first_value,pi)	创建从 10^{first_value} 开始，到 pi 结束的 50 个对数间距点组成的行向量 y

y =logspace(first_value,pi,number)	创建从 10^{first_value} 开始，到 pi 结束的 number 个对数间距点组成的行向量 y

实例——创建对数分隔值向量

源文件：yuanwenjian\ch02\vector_4.m

本实例创建两个对数分隔值向量。

操作步骤

MATLAB 程序如下。

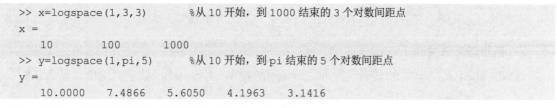

```
>> x=logspace(1,3,3)          %从 10 开始，到 1000 结束的 3 个对数间距点
x =
    10      100     1000
>> y=logspace(1,pi,5)         %从 10 开始，到 pi 结束的 5 个对数间距点
y =
    10.0000   7.4866   5.6050   4.1963   3.1416
```

创建向量后，要引用向量元素可采用表 2-6 中的方式。

表 2-6　引用向量元素的方式

方　　式	说　　明
x(n)	表示向量中的第 n 个元素
x(n1:n2)	表示向量中的第 n1 至 n2 个元素

实例——向量元素的引用

源文件：yuanwenjian\ch02\quotevector.m

操作步骤

MATLAB 程序如下。

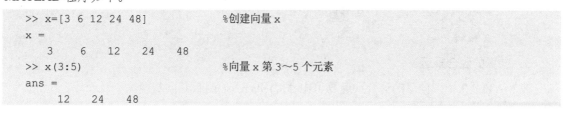

```
>> x=[3 6 12 24 48]           %创建向量 x
x =
    3    6    12    24    48
>> x(3:5)                     %向量 x 第 3~5 个元素
ans =
    12    24    48
```

2.2.2　向量运算

向量运算是矢量运算的基础。除四则运算外，向量运算还包括一些特殊的运算，如点乘、叉乘和混合乘。

1. 向量的点乘运算

在 MATLAB 中，向量的点乘运算可由 dot()函数实现，该函数的调用格式见表 2-7。

表 2-7　dot()函数调用格式

调 用 格 式	说　　明
dot(a,b)	返回向量 a 和 b 的点乘。需要说明的是，a 和 b 必须有相同的维数。另外，当 a、b 都是列向量时，dot(a,b)等同于 a'*b
dot(a,b,dim)	返回向量 a 和 b 在 dim 维的点乘

扫一扫，看视频

实例——向量的点乘运算

源文件：yuanwenjian\ch02\vectordot.m

操作步骤

MATLAB 程序如下。

```
>> a=[2 4 6 8 10];        %创建行向量 a 和 b
>> b=[3 8 10 12 13];
>> c=dot(a,b)             %计算向量 a 和 b 的点乘
c =
   324
```

2. 向量的叉乘运算

在 MATLAB 中，向量的叉乘运算可由 cross() 函数实现，cross() 函数的调用格式见表 2-8。

表 2-8　cross() 函数调用格式

调 用 格 式	说　　　明
cross(a,b)	返回向量 a 和 b 的叉乘。需要说明的是，a 和 b 中的维数都必须为 3
cross(a,b,dim)	返回向量 a 和 b 在 dim 维的叉乘。需要说明的是，a 和 b 必须有相同的维数，size(a,dim) 和 size(b,dim) 的结果必须为 3

扫一扫，看视频

实例——向量的叉乘运算

源文件：yuanwenjian\ch02\vectorcross.m

操作步骤

MATLAB 程序如下。

```
>> a=[2 3 4];            %创建行向量 a 和 b
>> b=[3 4 6];
>> c=cross(a,b)         %计算向量 a 和 b 的叉乘
c =
    2    0   -1
```

3. 向量的混合乘运算

在 MATLAB 中，向量的混合乘运算可由 dot() 和 cross() 函数共同实现。

实例——向量的混合乘运算

源文件：yuanwenjian\ch02\mixed_porduct.m

操作步骤

MATLAB 程序如下。

```
>> a=[2 3 4];                  %创建长度为 3 的行向量 a、b、c
>> b=[3 4 6];
>> c=[1 4 5];
>> d=dot(a,cross(b,c))%先计算向量 b 与 c 的叉乘，再将叉乘结果与向量 a 进行点乘运算
d =
   -3
```

2.2.3　创建矩阵

创建矩阵主要有直接输入法、M 文件生成法和文本文件生成法等。

1. 直接输入法

在键盘上直接按行输入矩阵是最方便、最常用的创建数值矩阵的方法,尤其适合较小的简单矩阵。在用此方法创建矩阵时,应当注意以下几点。

- ❥ 输入矩阵时要以"[]"为其标识符号,矩阵的所有元素必须包含在方括号内。
- ❥ 矩阵同行元素之间由空格(个数不限)或逗号分隔,行与行之间用分号或按 Enter 键进行分隔。
- ❥ 矩阵大小不需要预先定义。
- ❥ 矩阵元素可以是运算表达式。
- ❥ 如果"[]"中没有元素,则表示空矩阵。

实例——创建元素均是 5 的 3×3 矩阵

扫一扫,看视频

源文件：yuanwenjian\ch02\matrix_1.m

操作步骤

MATLAB 程序如下。

```
>> a=[5 5 5;5 5 5;5 5 5]      %同一行使用空格分隔，不同行使用分号分隔
a =
    5    5    5
    5    5    5
    5    5    5
```

2. M 文件生成法

如果矩阵的规模较大,使用直接输入法创建就显得笨拙,出差错也不易修改。这种情况下,可以将要输入的矩阵按格式写入一个文本文件中,并将此文件以.m 为后缀名(即 M 文件)保存在搜索路径下。

M 文件是一种可以在 MATLAB 环境下运行的文本文件,其分为命令式文件和函数式文件两种。此处主要用到的是命令式 M 文件,用它的简单形式来创建大型矩阵。在 MATLAB 命令行窗口中输入 M 文件名并执行,即可创建指定的大矩阵。

📢 **注意:**

M 文件中的变量名与文件名不能相同,否则会造成变量名和函数名的混乱。

实例——编制 M 文件创建矩阵

扫一扫,看视频

源文件：yuanwenjian\ch02\matrix_2.m

操作步骤

(1) 在"主页"选项卡中单击"新建脚本"按钮启动编辑器,输入以下内容。

```
%sample.m
%创建一个M文件，用于输入大规模矩阵
gmatrix=[378 89 90  83 382 92 29;
3829 32 9283 2938 378 839 29;
388 389 200 923 920 92 7478;
3829 892 66 89 90 56 8980;
7827 67 890 6557 45  123 35]
```

(2) 单击"保存"按钮,将脚本文件以 sample.m 为文件名保存在搜索路径下。

(3) 在 MATLAB 命令行窗口中输入文件名,按 Enter 键运行 M 文件,得到矩阵,代码如下。

```
>> sample       %调用M文件输出 5×7 矩阵
```

```
gmatrix =
    378      89      90      83     382      92      29
   3829      32    9283    2938     378     839      29
    388     389     200     923     920      92    7478
   3829     892      66      89      90      56    8980
   7827      67     890    6557      45     123      35
```

此时，在工作区窗口中可以看到一个名为 gmatrix 的变量，其值为 5×7 double。

3. 文本文件生成法

MATLAB 中的矩阵还可以由文本文件创建，即在文件夹（通常为 work 文件夹）中建立 txt 文件，在命令行窗口中直接调用此文件名即可。

扫一扫，看视频

实例——用文本文件创建矩阵

源文件：yuanwenjian\ch02\matrix_3.m

本实例利用文本文件创建矩阵 $A = \begin{bmatrix} 1 & 2 & 3 \\ 4 & 5 & 6 \\ 7 & 8 & 10 \end{bmatrix}$。

操作步骤

（1）新建一个文本文件，并输入以下内容，同一行数值之间使用空格或制表符分隔，不同行之间按 Enter 键分隔。

```
1    2    3
4    5    6
7    8    10
```

（2）将文本文件以 wenben.txt 为文件名保存在搜索路径下。

（3）在 MATLAB 命令行窗口中输入命令加载文本文件，并查看变量的值，代码如下。

```
>> load wenben.txt        %加载文本文件，创建与文本文件同名的变量 wenben
>> wenben                 %查看变量 wenben 中的数据
wenben =
    1    2    3
    4    5    6
    7    8    10
```

2.2.4 特殊矩阵

在工程计算及理论分析中，经常会遇到一些特殊的矩阵，如全 0 矩阵、单位矩阵、随机矩阵等。对于这些矩阵，MATLAB 中都有相应的命令直接创建。

常用的特殊矩阵创建命令见表 2-9。

表 2-9 常用的特殊矩阵创建命令

命 令 名	说　　明
zeros(m)	创建 m 阶全 0 矩阵
zeros(m,n)	创建 m 行 n 列全 0 矩阵
zeros(size(A))	创建与 A 维数相同的全 0 矩阵

续表

命 令 名	说　　明
eye(m)	创建 m 阶单位矩阵
eye(m,n)	创建 m 行 n 列单位矩阵
eye(size(A))	创建与 A 维数相同的单位矩阵
ones(m)	创建 m 阶全 1 矩阵
ones(m,n)	创建 m 行 n 列全 1 矩阵
ones(size(A))	创建与 A 维数相同的全 1 矩阵
rand(m)	在[0,1]区间内创建 m 阶均匀分布的随机矩阵
rand(m,n)	创建 m 行 n 列均匀分布的随机矩阵
rand(size(A))	在[0,1]区间内创建一个与 A 维数相同的均匀分布的随机矩阵
randi(n)	返回一个介于 1 和 n 之间的均匀分布的伪随机整数
randn(n)	由正态分布的随机数组成的 n×n 矩阵
magic(n)	创建 n 阶魔方矩阵
hilb(n)	创建 n 阶希尔伯特矩阵
invhilb(n)	创建 n 阶逆希尔伯特矩阵
compan(P)	创建系数向量为 P 的多项式的伴随矩阵
diag(v)	创建以向量 v 中的元素为对角元素的对角阵
sparse(A)	将矩阵 A 转换为稀疏矩阵

扫一扫，看视频

实例——创建特殊矩阵

源文件：yuanwenjian\ch02\special_matrix.m

操作步骤

在 MATLAB 命令行窗口中输入以下命令。

```
>> zeros(3)          %创建 3 阶全 0 方阵
ans =
    0    0    0
    0    0    0
    0    0    0
>> eye(3,2)          %创建主对角线元素为 1，其他位置元素皆为 0 的 3×2 矩阵
ans =
    1    0
    0    1
    0    0
>> ones(3,2)         %创建 3 行 2 列的全 1 矩阵
ans =
    1    1
    1    1
    1    1
>> rand(3)           %创建 3 阶均匀分布的随机矩阵
ans =
    0.8147    0.9134    0.2785
    0.9058    0.6324    0.5469
    0.1270    0.0975    0.9575
>> magic(3)          %创建 3 阶魔方矩阵
ans =
    8    1    6
```

```
        3      5      7
        4      9      2
>> hilb(3)                    %创建 3 阶希尔伯特矩阵
ans =
     1.0000    0.5000    0.3333
     0.5000    0.3333    0.2500
     0.3333    0.2500    0.2000
>> invhilb(3)                 %创建 3 阶逆希尔伯特矩阵
ans =
        9      -36      30
      -36      192     -180
       30     -180      180
>> diag([1 2 3])             %创建以指定向量元素为对角元素的对角矩阵
ans =
       1      0      0
       0      2      0
       0      0      3
```

扫一扫，看视频

实例——创建稀疏矩阵

源文件：yuanwenjian\ch02\sparseMatrix.m

操作步骤

在 MATLAB 命令行窗口中输入以下命令。

```
>> S1=sparse(3,4)            %3×4 全 0 稀疏矩阵
S1 =
   全 0 稀疏矩阵：3×4
>> S2=sparse(1:5,6:10,16:20) %前 2 个向量指定下标对组，第 3 个向量指定下标对组相应位置的值，3
                             %个向量长度必须相同
S2 =
   (1,6)         16
   (2,7)         17
   (3,8)         18
   (4,9)         19
   (5,10)        20
>> S3=sparse(1:5,1:5,5)      %创建非零值位于主对角线上，且值均为 5 的稀疏矩阵 S3
S3 =
   (1,1)          5
   (2,2)          5
   (3,3)          5
   (4,4)          5
   (5,5)          5
```

在 MATLAB 中，利用 gallery() 函数可以创建测试矩阵，其调用格式见表 2-10。

表 2-10　gallery() 函数调用格式

调用格式	说　明
[A,B,C,...] =gallery(matname,P1,P2,...)	返回 matname，指定的测试矩阵 P1,P2,…是单个矩阵系列所需的输入参数。调用语法中使用的可选参数 P1,P2,…的数目因矩阵而异
[A,B,C,...] =gallery(matname,P1,P2,...,classname)	创建一个 classname 类的矩阵，classname 输入必须为 single 或 double
A = gallery(3)	创建一个对扰动敏感的病态 3×3 矩阵
A = gallery(5)	创建一个 5×5 矩阵，具有对舍入误差很敏感的特征值

实例——创建柯西矩阵

源文件：yuanwenjian\ch02\cauchy.m

操作步骤

在 MATLAB 命令行窗口中输入以下命令。

```
>> x=1:5;                  %定义两个行向量，长度为5
>> y=6:10;
>> C=gallery('cauchy',x,y)  %创建一个 5×5 的柯西矩阵 C
C =
    0.1429    0.1250    0.1111    0.1000    0.0909
    0.1250    0.1111    0.1000    0.0909    0.0833
    0.1111    0.1000    0.0909    0.0833    0.0769
    0.1000    0.0909    0.0833    0.0769    0.0714
    0.0909    0.0833    0.0769    0.0714    0.0667
```

扫一扫，看视频

实例——创建对称矩阵

源文件：yuanwenjian\ch02\fiedler.m

操作步骤

在 MATLAB 命令行窗口中输入以下命令。

```
>> c=linspace(0,10,6);    %创建值介于 0 到 10 的 6 个等距点构成的向量 c
>> A=gallery('fiedler',c)  %创建一个 6×6 的对称矩阵 A
A =
     0     2     4     6     8    10
     2     0     2     4     6     8
     4     2     0     2     4     6
     6     4     2     0     2     4
     8     6     4     2     0     2
    10     8     6     4     2     0
```

扫一扫，看视频

实例——创建托普利茨矩阵

源文件：yuanwenjian\ch02\grcar.m

本实例创建具有敏感特征值的托普利茨矩阵。

扫一扫，看视频

操作步骤

在 MATLAB 命令行窗口中输入以下命令。

```
>> A=gallery('grcar',6,2)  %创建一个 6×6 的托普利茨矩阵，主下三角最上方的对角线上的元素为-1，
                           %主对角线上的元素为 1，主对角线上方的 2 个对角线上的元素为1
A =
     1     1     1     0     0     0
    -1     1     1     1     0     0
     0    -1     1     1     1     0
     0     0    -1     1     1     1
     0     0     0    -1     1     1
     0     0     0     0    -1     1
```

2.2.5 操作矩阵元素

创建矩阵之后，通常需要对其元素进行引用和修改。表 2-11 列出了矩阵元素的引用格式，表 2-12

列出了常用的矩阵元素修改命令。

表 2-11　矩阵元素的引用格式

格　式	说　明
X(m,:)	表示矩阵 X 中第 m 行的元素
X(:,n)	表示矩阵 X 中第 n 列的元素
X(m,n1:n2)	表示矩阵 X 中第 m 行中第 n1 至 n2 个元素

表 2-12　常用的矩阵元素修改命令

命　令　名	说　明
D=[A;B C]	A 为原矩阵，B、C 中包含要扩充的元素，D 为扩充后的矩阵
A(m,:)=[]	删除矩阵 A 的第 m 行
A(:,n)=[]	删除矩阵 A 的第 n 列
A（m,n）=a; A(m,:)=[a b...]; A(:,n)=[a b...]	对矩阵 A 的第 m 行第 n 列的元素赋值；对矩阵 A 的第 m 行赋值；对矩阵 A 的第 n 列赋值

扫一扫，看视频

实例——引用矩阵元素

源文件：yuanwenjian\ch02\quote.m

操作步骤

在 MATLAB 命令行窗口中输入以下命令。

```
>> x=[1 6 8;2 5 4;3 7 9]          %创建 3 行 3 列的矩阵 x
x =
    1    6    8
    2    5    4
    3    7    9
>> x(2,:)          %提取矩阵 x 的第 2 行数据
ans =
    2    5    4
>> x(:,3)          %提取矩阵 x 的第 3 列数据
ans =
    8
    4
    9
>> x(2,2:3)          %提取矩阵 x 第 2 行的第 2 列和第 3 列数据
ans =
    5    4
```

扫一扫，看视频

实例——修改矩阵

源文件：yuanwenjian\ch02\modify.m

操作步骤

在 MATLAB 命令行窗口中输入以下命令。

```
>> A= hilb(4)                    %创建 4 阶希尔伯特矩阵 A
A =
    1.0000    0.5000    0.3333    0.2500
    0.5000    0.3333    0.2500    0.2000
    0.3333    0.2500    0.2000    0.1667
```

```
    0.2500      0.2000      0.1667      0.1429
>> A(3,:)= []                    %删除矩阵的第 3 行
A =
    1.0000      0.5000      0.3333      0.2500
    0.5000      0.3333      0.2500      0.2000
    0.2500      0.2000      0.1667      0.1429
>> A(:,3)= []                    %删除矩阵的第 3 列
A =
    1.0000      0.5000      0.2500
    0.5000      0.3333      0.2000
    0.2500      0.2000      0.1429
>> B=eye(2)                      %创建主对角线元素为 1，其他位置元素皆为 0 的 2×2 单位矩阵
B =
    1      0
    0      1
>> C=zeros(2,1)                  %创建 2×1 的全 0 矩阵
C =
    0
    0
>> D=[A;B C]                     %矩阵 B 和 C 水平串联，沿垂直方向扩充矩阵 A
D =
    1.0000      0.5000      0.2500
    0.5000      0.3333      0.2000
    0.2500      0.2000      0.1429
    1.0000           0           0
         0      1.0000           0
```

对矩阵元素修改的特例包括抽取对角元素和上（下）三角阵，这些操作在 MATLAB 中都有专用的函数，见表 2-13。

表 2-13　对角矩阵和三角矩阵的抽取函数

格　　式	说　　明
diag(X,k)	抽取矩阵 X 的第 k 条对角线上的元素向量。k 为 0 时即抽取主对角线，k 为正整数时即抽取上方第 k 条对角线上的元素，k 为负整数时即抽取下方第 k 条对角线上的元素
diag(X)	抽取主对角线
diag(v,k)	使得 v 为所得矩阵第 k 条对角线上的元素向量
diag(v)	使得 v 为所得矩阵主对角线上的元素向量
tril(X)	提取矩阵 X 的主下三角部分
tril(X，k)	提取矩阵 X 的第 k 条对角线下面的部分（包括第 k 条对角线）
triu(X)	提取矩阵 X 的主上三角部分
triu(X，k)	提取矩阵 X 的第 k 条对角线上面的部分（包括第 k 条对角线）

实例——抽取矩阵

源文件：yuanwenjian\ch02\chouqu.m
操作步骤
MATLAB 程序如下。

```
>> A=magic(4)        %创建 4 阶魔方矩阵 A
  A =
```

扫一扫，看视频

```
           16     2     3    13
            5    11    10     8
            9     7     6    12
            4    14    15     1
>> v=diag(A,2)        %抽取矩阵 A 主对角线上方第 2 条对角线上的元素
   v =
        3
        8
>> tril(A,-1)         %提取矩阵 A 主对角线下方第 1 条对角线及下方的元素，其余元素用 0 填充
   ans =
        0     0     0     0
        5     0     0     0
        9     7     0     0
        4    14    15     0
>> triu(A,2)          %提取矩阵 A 主对角线上方第 2 条对角线及上方的元素，其余元素用 0 填充
   ans =
        0     0     3    13
        0     0     0     8
        0     0     0     0
        0     0     0     0
```

实际应用中，有时需要对矩阵的维度和方向进行变换，MATLAB 也提供了相应的命令。常用的矩阵变维命令见表 2-14，常用的矩阵变向命令见表 2-15。

表 2-14　常用的矩阵变维命令

命 令 名	说　　明
C(:)=A(:)	将 A 矩阵转换成 C 矩阵的维度，A、C 矩阵元素个数必须相同
reshape(X,m,n)	将已知矩阵变维成 m 行 n 列的矩阵
B =repmat(A,n)	如果 n 为标量，在行维度和列维度创建 A 的 n 个副本构成 B，B 大小为 size(A)×n；如果 n 为行向量，则 n 指定 A 的重复和排列方案

表 2-15　常用的矩阵变向命令

命 令 名	说　　明
rot90(A)	将 A 按逆时针方向旋转 90°
rot90(A,k)	将 A 按逆时针方向旋转 90° ×k，k 可为正整数或负整数
flip(A)	反转矩阵 A 中的元素顺序，重新排序的维度取决于 A 的形状
flip(A,dim)	沿维度 dim 反转 A 中元素的顺序。dim=1 时反转每一列中的元素，dim=2 时反转每一行中的元素
fliplr(X)	将 X 左右翻转
flipud(X)	将 X 上下翻转

扫一扫，看视频

实例——矩阵变维

源文件： yuanwenjian\ch02\matrix_reshape.m

操作步骤

在 MATLAB 命令行窗口中输入以下命令。

```
>> A=1:12;              %创建包含 12 个元素的行向量 A
>> B=reshape(A,2,6)     %将行向量 A 变维为 2×6 的矩阵 B
```

```
B =
    1    3    5    7    9   11
    2    4    6    8   10   12
>> C=zeros(3,4);        %创建 3×4 全 0 矩阵，用冒号法创建矩阵必须先指定修改后的矩阵形状
>> C(:)=A(:)            %将 2×6 矩阵修改为 3×4 矩阵
C =
    1    4    7   10
    2    5    8   11
    3    6    9   12
```

实例——重复数组副本

源文件：yuanwenjian\ch02\array_rcpmat.m

操作步骤

在 MATLAB 命令行窗口中输入以下命令。

```
>> A = repmat(5,3,2)         %创建元素为 5 的 3×2 矩阵 A
A =
    5    5
    5    5
    5    5
>> B = diag([10 20 30])      %创建对角矩阵 B
B =
   10    0    0
    0   20    0
    0    0   30
>> C = repmat(B,[2 3])       %将矩阵 A 重复到 2×3 块排列中
C =
   10    0    0   10    0    0   10    0    0
    0   20    0    0   20    0    0   20    0
    0    0   30    0    0   30    0    0   30
   10    0    0   10    0    0   10    0    0
    0   20    0    0   20    0    0   20    0
    0    0   30    0    0   30    0    0   30
```

实例——矩阵变向

源文件：yuanwenjian\ch02\rot_flip.m

操作步骤

在 MATLAB 命令行窗口中输入以下命令。

```
>> A=magic(4)           %创建 4 阶魔方矩阵 A
A =
   16    2    3   13
    5   11   10    8
    9    7    6   12
    4   14   15    1
>> B=rot90(A,-2)        %顺时针旋转 180°
B =
    1   15   14    4
   12    6    7    9
    8   10   11    5
```

```
      13       3       2      16
>> C=flip(A,2)              %左右翻转每一行的元素
C =
      13       3       2      16
       8      10      11       5
      12       6       7       9
       1      15      14       4
>> D=flipud(A)             %上下翻转每一列
D =
       4      14      15       1
       9       7       6      12
       5      11      10       8
      16       2       3      13
```

2.2.6 矩阵运算

本小节主要介绍矩阵的一些基本运算，如矩阵的四则运算、求矩阵的逆、求矩阵行列式、求矩阵的秩、求矩阵的迹，以及求矩阵的条件数与范数等。

1．矩阵的基本运算

矩阵的基本运算包括加、减、乘、数乘、点乘、乘方、左乘、右乘、求逆等。其中加、减、乘与大家所学的线性代数中的定义是一样的，相应的运算符为+、-、*，而矩阵的除法运算是 MATLAB 所特有的，分为左除和右除，相应运算符为"\"和"/"。一般情况下，X=A\B 是方程 AX=B 的解，而 X=A/B 是方程 XB=A 的解。

对于上述的四则运算，需要注意的是：矩阵的加、减、乘运算的维数要求与线性代数中的要求一致，计算左除 A\B 时，A 的行数要与 B 的行数一致，计算右除 A/B 时，A 的列数要与 B 的列数一致。

扫一扫，看视频

实例——矩阵的基本运算

源文件：yuanwenjian\ch02\jibenyunsuan.m

操作步骤

MATLAB 程序如下。

```
>> A=[13 8 9;10 3 13;7 9 5];      %创建矩阵 A 和 B
>> B=[8 13 9;2 18 1;3 9 1];
>> C=A+B                          %两个矩阵相加，A 和 B 对应位置的元素相加
C =
      21      21      18
      12      21      14
      10      18       6
>> D=A-B                          %两个矩阵相减，A 和 B 对应位置的元素相减
D =
       5      -5       0
       8     -15      12
       4       0       4
>> A*B                            %两个矩阵相乘。矩阵 A 的列数应与矩阵 B 的行数相同，A 的第 i 行元素与 B 的第 j 列
                                  %元素依次相乘的积相加作为相乘后矩阵的第 i 行第 j 列元素
ans =
```

```
       147    394    134
       125    301    106
        89    298     77
>> A.*B                        %矩阵的点乘运算，A 和 B 对应位置的元素相乘
ans =
       104    104     81
        20     54     13
        21     81      5
>> A.\B        %矩阵的点左除运算，B 中的元素除以 A 中对应位置的元素
ans =
     0.6154    1.6250    1.0000
     0.2000    6.0000    0.0769
     0.4286    1.0000    0.2000
>> A./B        %矩阵的点右除运算，A 中的元素除以 B 中对应位置的元素
ans =
     1.6250    0.6154    1.0000
     5.0000    0.1667   13.0000
     2.3333    1.0000    5.0000
>> inv(A)      %矩阵 A 的逆
ans =
     0.2706   -0.1088   -0.2042
    -0.1088   -0.0053    0.2095
    -0.1830    0.1618    0.1088
```

另外，常用的运算还有指数函数、对数函数、平方根函数等。用户可查看相应的帮助文档获得具体的使用方法和相关信息。

2．基本的矩阵函数

常用的基本矩阵函数见表 2-16。

表 2-16　常用的基本矩阵函数

函 数 名	说　　明	函 数 名	说　　明
cond	矩阵的条件数值	diag	对角变换
condest	1-范数矩阵条件数值	exmp	矩阵的指数运算
det	矩阵的行列式值	logm	矩阵的对数运算
eig	矩阵的特征值	sqrtm	矩阵的开方运算
inv	矩阵的逆	cdf2rdf	复数对角矩阵转换为实数块对角矩阵
norm	矩阵的范数值	rref	转换为逐行递减的阶梯矩阵
normest	矩阵的 2-范数值	rsf2csf	实数块对角矩阵转换为复数对角矩阵
rank	矩阵的秩	rot90	矩阵逆时针方向旋转 90°
orth	矩阵的正交化运算	fliplr	左右翻转矩阵
rcond	矩阵的逆条件数值	flipud	上下翻转矩阵
trace	矩阵的迹	reshape	改变矩阵的维数
triu	上三角变换	funm	计算常规矩阵
tril	下三角变换		

矩阵的条件数在数值分析中是一个重要的概念，在工程计算中也是必不可少的，它用于刻画一个矩阵的"病态"程度。

对于非奇异矩阵 A，其条件数的定义为

$$\text{cond}(A)_v = \|A^{-1}\|_v \|A\|_v, \quad v = 1, 2, \cdots, F$$

它是一个大于或等于 1 的实数，当 A 的条件数相对较大时，即 $\text{cond}(A)_v \gg 1$，矩阵 A 是"病态"的；反之则是"良态"的。

范数是数值分析中的一个概念，它是向量或矩阵大小的一种度量，在工程计算中有着重要的作用。对于向量 $x \in R^n$，常用的向量范数有以下几种。

- ➡ x 的 ∞-范数：$\|x\|_\infty = \max\limits_{1 \le i \le n} |x_i|$。

- ➡ x 的 1-范数：$\|x\|_1 = \sum\limits_{i=1}^{n} |x_i|$。

- ➡ x 的 2-范数（欧氏范数）：$\|x\|_2 = (x^{\mathrm{T}} x)^{\frac{1}{2}} = \left(\sum\limits_{i=1}^{n} x_i^2 \right)^{\frac{1}{2}}$。

- ➡ x 的 p-范数：$\|x\|_p = \left(\sum\limits_{i=1}^{n} |x_i|^p \right)^{\frac{1}{p}}$。

对于矩阵 $A \in R^{m \times n}$，常用的矩阵范数有以下几种。

- ➡ A 的行范数（∞-范数）：$\|A\|_\infty = \max\limits_{1 \le i \le m} \sum\limits_{j=1}^{n} |a_{ij}|$。

- ➡ A 的列范数（1-范数）：$\|A\|_1 = \max\limits_{1 \le j \le n} \sum\limits_{i=1}^{m} |a_{ij}|$。

- ➡ A 的欧氏范数（2-范数）：$\|A\|_2 = \sqrt{\lambda_{\max}(A^{\mathrm{T}} A)}$，其中 $\lambda_{\max}(A^{\mathrm{T}} A)$ 表示 $A^{\mathrm{T}} A$ 的最大特征值。

- ➡ A 的 Forbenius 范数（F-范数）：$\|A\|_F = \left(\sum\limits_{i=1}^{m} \sum\limits_{j=1}^{n} a_{ij}^2 \right)^{\frac{1}{2}} = \text{trace}(A^{\mathrm{T}} A)^{\frac{1}{2}}$。

扫一扫，看视频

实例——常用的矩阵函数

源文件：yuanwenjian\ch02\juzhenhanshu.m

操作步骤

MATLAB 程序如下。

```
>> A=magic(4);          %创建 4 阶魔方矩阵 A
>> norm(A)              %计算矩阵 A 的 2-范数或最大奇异值
ans =
    34
>> normest(A)          %计算矩阵 A 的 2-范数估值
ans =
    34
>> det(A)              %计算矩阵 A 的行列式
ans =
    5.1337e-13
```

2.3　MATLAB 程序设计基础

对于一般的程序设计语言来说，程序结构大致可以分为顺序结构、循环结构与分支结构三种。MATLAB 程序设计语言也不例外，但是它要比其他程序设计语言好学得多，因为其语法不像 C 语言那样复杂，并且具有功能强大的工具箱，这也使得它成为科研工作者及学生最易掌握的软件之一。

2.3.1　顺序结构

顺序结构是最简单、最易学的一种程序结构，它由多个 MATLAB 语句顺序构成，各语句之间用分号隔开（若不加分号，则必须分行编写）。程序执行时也是按照由上至下的顺序进行的。

扫一扫，看视频

实例——矩阵求差运算

源文件： yuanwenjian\ch02\juzhenqiucha.m、dif.m
本实例求解两个矩阵的差，演示程序的顺序结构。

操作步骤

创建 M 文件 dif.m，并保存在搜索路径下。

```
disp('求解矩阵的差');
disp('矩阵A、B分别为: ');
A=[1 2;3 4];
B=[5 6;7 8];
A,B
disp('A与B的差为: ');
C=A-B
```

运行结果如下。

```
>> dif
求解矩阵的差
矩阵A、B分别为:
A =
    1    2
    3    4
B =
    5    6
    7    8
A与B的差为:
C =
    -4   -4
    -4   -4
```

2.3.2　循环结构

在利用 MATLAB 进行数值实验或工程计算时，用得最多的程序结构便是循环结构。在循环结构中，被重复执行的语句组称为循环体。常用的循环结构有两种：for-end 循环与 while-end 循环。下面分别简要介绍相应的用法。

1. for-end 循环

在 for-end 循环中，循环次数在一般情况下是已知的，除非用其他语句提前终止循环。这种循环以 for 开头，以 end 结束，其一般形式如下。

```
for   变量＝表达式
        可执行语句1
        ...
        可执行语句n
end
```

其中，"表达式"通常为形如 m:s:n（s 的默认值为 1）的标量，即变量的取值从 m 开始，以间隔 s 递增到 n，变量每取一次值，循环便执行一次。下面来看一个特别的 for-end 循环示例。

实例——验证魔方矩阵的特性

源文件：yuanwenjian\ch02\for_end.m、magverifier.m
本实例利用 for-end 循环语句验证魔方矩阵的特性。

扫一扫，看视频

操作步骤

（1）新建一个脚本，编写函数验证魔方矩阵的特性，然后将 M 文件以 magverifier.m 为文件名保存在搜索路径下。

```
function f=magverifier(n)
%此文件用于验证魔方矩阵的特性
%使用 MATLAB 中的 for-end 循环达到验证目的
if n>=3
    x=magic(n)
    for j=1:n
        rowval=0;
        for i=1:n
            rowval=rowval+x(j,i);           %各行元素之和
        end
        rowval
    end
    for i=1:n
        colval=0;
        for j=1:n
            colval=colval+x(i,j);           %各列元素之和
        end
        colval
    end
    diagval=sum((diag(x)))                  %对角线元素之和
else
    disp('魔方矩阵的阶数必须大于或等于 3 的整数!')
end
```

（2）在命令行窗口中输入函数名并代入参数运行，程序如下。

```
>> magverifier(2)                %阶数小于 3，显示错误提示信息
   魔方矩阵的阶数必须大于或等于 3 的整数!
>> magverifier(4)                %阶数大于等于 3，依次显示各行、各列和主对角线元素之和
x =
    16    2    3    13
```

```
    5   11   10    8
    9    7    6   12
    4   14   15    1
rowval =
    34
rowval =
    34
rowval =
    34
rowval =
    34
colval =
    34
colval =
    34
colval =
    34
colval =
    34
diagval =
    34
```

从结果可以看到，4 阶魔方矩阵各行元素的和、各列元素的和，以及主对角线上元素的和均为 34。

2．while-end 循环

如果不知道所需要的循环到底要执行多少次，那么可以选择 while-end 循环。这种循环以 while 开头，以 end 结束，其一般形式如下。

```
while  表达式
    可执行语句 1
    ...
    可执行语句 n
end
```

其中，"表达式"即循环控制语句，一般是由逻辑运算或关系运算及一般运算组成的表达式。若表达式的值非零，则执行一次循环；否则停止循环。这种循环方式在编写某一数值算法时用得十分频繁。一般来说，能用 for-end 循环实现的程序也能用 while-end 循环实现。

实例——由小到大排列

扫一扫，看视频

源文件：yuanwenjian\ch02\while_end.m、ascending.m
利用 while-end 循环实现数值由小到大排列。

操作步骤

（1）编写名为 ascending 的 M 文件，以默认名称保存在搜索路径下。

```
function f=ascending(a,b)
%此文件用于演示 while-end 循环
%此文件的功能是将参数 a 和 b 升序排列输出
while a>b
    t=a;
    a=b;
    b=t;
```

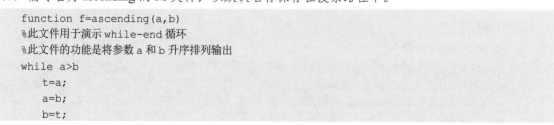

```
end
a
b
```

（2）在命令行窗口中运行，结果如下。

```
>> ascending(2,3)
a =
    2
b =
    3
>> ascending(7,3)
a =
    3
b =
    7
```

2.3.3 分支结构

分支结构也叫选择结构，即根据表达式值的情况来选择执行哪些语句。在编写一些较复杂的算法时都会用到这种结构。MATLAB 编程语言提供了 3 种分支结构：if-else-end 结构、switch-case-end 结构和 try-catch-end 结构。其中较常用的是前两种，第 3 种主要用于捕获并处理程序中的异常。

1. if-else-end 结构

if-else-end 结构是复杂结构中最常用的一种分支结构，具有以下 3 种形式。

（1）形式 1。

```
if 表达式
    语句组
end
```

如果表达式的值为逻辑真，则执行 if 与 end 之间的语句组；否则将直接执行 end 后面的语句。

（2）形式 2。

```
if 表达式
    语句组 1
else
    语句组 2
end
```

如果表达式的值为逻辑真，则执行语句组 1；否则执行语句组 2。

实例——创建对称数组

源文件：yuanwenjian\ch02\if_else.m、symmetric.m
本实例利用 if-else-end 结构修改数组中的元素，使数组元素对称排列。

操作步骤

编写名为 symmetric 的 M 文件。

```
function f=symmetric
%此文件用于演示 if-else-end 结构
%此文件的功能是将递增序列修改为对称序列
for i=1:9
```

```
        if i<=5
            a(i)=i;
        else
            a(i)=10-i;
        end
    end
    a
```

在命令行窗口中运行，结果如下。

```
>> symmetric
a =
1   2   3   4   5   4   3   2   1
```

（3）形式 3。

```
if  表达式1
    语句组1
elseif  表达式2
    语句组2
elseif  表达式3
    语句组3
...
else
    语句组n
end
```

程序执行时先判断表达式 1 的值，如果为逻辑真，则执行语句组 1，然后执行 end 后面的语句；否则判断表达式 2 的值，如果为逻辑真，则执行语句组 2，然后执行 end 后面的语句；否则判断表达式 3 的值……如果所有的表达式都不成立，则执行语句组 n。

实例——矩阵变换

源文件： yuanwenjian\ch02\if_elseif.m、speciallist.m
本实例编写一个根据要求处理矩阵元素的程序。

操作步骤

编写名为 speciallist 的 M 文件。

```
function f=speciallist
%此文件用于演示 if elseif 结构
%对矩阵中特定的值进行修改
A=[1 2 4;8 9 3;2 4 7];
i=3;j=3;
if i==j
    A(i,j)=0;              %A(3,3)=0
elseif abs(i-j)==2
    A((i-1),(j-1))=-1;
else
    A(i,j)=-10;
end
A
```

在命令行窗口中运行，结果如下。

```
>> speciallist
```

```
A =
    1    2    4
    8    9    3
    2    4    0
```

2. switch-case-end 结构

一般来说，这种分支结构也可以由 if-else-end 结构实现，但这样做会使程序变得复杂且不易维护。switch-case-end 结构一目了然，而且更便于后期维护。这种结构的形式如下。

```
switch      变量或表达式
case        常量表达式1
                语句组1
case        常量表达式2
                语句组2
...
case        常量表达式n
                语句组n
otherwise
                语句组n+1
end
```

其中，switch 后面的"变量或表达式"可以是任何类型的变量或表达式。如果变量或表达式的值与其后某个 case 后的常量表达式的值相等，就执行该 case 和下一个 case 之间的语句组，否则执行 otherwise 后面的语句组 n+1；执行完一个语句组，程序便退出该分支结构，执行 end 后面的语句。

扫一扫，看视频

实例——方法判断

源文件：yuanwenjian\ch02\switch_case.m、judge.m
本实例编写一个判断使用方法的程序。

操作步骤

（1）编写名为 judge 的 M 文件。

```
function f=judge (METHOD)
%此文件用于演示 switch-case-end 结构的用法
%判断使用的方法
switch METHOD
    case {'linear','bilinear'}
        disp('we use the linear method')
    case 'quadratic'
        disp('we use the quadratic method')
    case 'interior point'
        disp('we use the interior point method')
    otherwise
        disp('unknown')
end
```

（2）在命令行窗口中运行，结果如下。

```
>> judge ('quadratic')
we use the quadratic method
```

实例——成绩评定

源文件：yuanwenjian\ch02\evaluate.m、grade_assess.m

编写一个学生成绩评定函数，要求若该生考试成绩在 85～100 分之间，则评定为"优"；若在 70～84 分之间，则评定为"良"；若在 60～69 分之间，则评定为"及格"；若在 60 分以下，则评定为"不及格"。

操作步骤

（1）编写名为 grade_assess 的 M 文件。

```
function grade_assess(Name,Score)
%此函数用于评定学生的成绩
%Name,Score 为参数，需要用户输入
%Name 中的元素为学生姓名
%Score 中的元素为学生分数

%统计学生人数
n=length(Name);

%将分数区间划分开：优（85～100 分）、良（70～84 分）、及格（60～69 分）、不及格（60 分以下）
for i=0:15
    A_level{i+1}=85+i;
    if i<=14
        B_level{i+1}=70+i;
        if i<=9
            C_level{i+1}=60+i;
        end
    end
end

%创建存储成绩等级的数组
Level=cell(1,n);

%创建结构体 S
S=struct('Name',Name,'Score',Score,'Level',Level);

%根据学生成绩，给出相应的等级
for i=1:n
    switch S(i).Score
        case A_level
            S(i).Level='优';                    %分数在 85～100 分之间为"优"
        case B_level
            S(i).Level='良';                    %分数在 70～84 分之间为"良"
        case C_level
            S(i).Level='及格';                  %分数在 60～69 分之间为"及格"
        otherwise
            S(i).Level='不及格';                %分数在 60 分以下为"不及格"
    end
end

%显示所有学生的成绩等级评定
```

```
disp(['学生姓名',blanks(4),'得分',blanks(4),'等级']);
for i=1:n
    disp([S(i).Name,blanks(8),num2str(S(i).Score),blanks(6),S(i).Level]);
end
```

（2）构造一个学生名单及相应的分数，查看程序的运行结果。

```
>> Name={'赵一','王二','张三','李四','孙五','钱六'};
>> Score=[90,46,84,71,62,100];
>> grade_assess(Name,Score)
学生姓名    得分    等级
赵一        90      优
王二        46      不及格
张三        84      良
李四        71      良
孙五        62      及格
钱六        100     优
```

3. try-catch-end 结构

try-catch-end 结构在程序调试时很有用，其一般形式如下。

```
try
    语句组1
catch
    语句组2
end
```

在程序不出错的情况下，这种结构只有语句组 1 被执行。当程序出现错误时，错误信息将被捕获，并存放在 lasterr 变量中，此时执行语句组 2。若在执行语句组 2 时，程序又出现错误，那么该程序将自动终止，除非相应的错误信息被另一个 try-catch-end 结构所捕获。

扫一扫，看视频

实例——矩阵的乘积

源文件：yuanwenjian\ch02\try_catch.m

利用 try-catch-end 结构调试 M 文件，计算两个矩阵的乘积。

操作步骤

（1）在命令行窗口中输入下面的程序。

```
>> X=magic(4);
>> Y=ones(3);
>> try
    Z=X*Y;              %两个矩阵的维度不匹配，该行不执行，而是执行 cath 和 end 之间的语句
catch
    Z=nan;
    disp('X and Y is not conformable');
end
```

显示程序运行结果。

```
X and Y is not conformable
```

（2）在命令行窗口中输入下面的程序。

```
>> X=magic(3);
>> Y=ones(3);
```

```
>> try
    Z=X*Y          %执行该行语句后结束
catch
    Z=nan;
    disp('X and Y is not conformable');
end
```

显示程序运行结果。

```
Z =
    15    15    15
    15    15    15
    15    15    15
```

2.4 多项式运算

Simulink 用于动态系统建模、仿真与分析时，会大量使用多项式。许多系统的模型描述（如系统的传递函数）都需要使用多项式，并在多项式描述的基础上对系统进行仿真分析。本节将简单介绍 MATLAB 中多项式的表示及其基本运算。

1. 多项式的建立

多项式运算是数学中最基本的运算之一。在高等代数中，n 阶多项式 $p(x)$ 由 $n+1$ 维的向量 $\boldsymbol{p}$ 表示，多项式一般可表示为以下形式：

$$p(x) = a_0 x^n + a_1 x^{n-1} + \cdots + a_{n-1}x + a_n$$

MATLAB 中对于这种表示形式，很容易用它的系数向量来表示，即 $\boldsymbol{p} = [a_0, a_1, \cdots, a_{n-1}, a_n]$。向量 $\boldsymbol{p}$ 的元素为多项式的系数，且按照自变量 x 降幂排列。

多项式中系数为 0 的项不能忽略，$\boldsymbol{p}$ 中相应元素应为 0。例如，多项式 $p(x) = 3x^3 + 2x + 3$ 在 MATLAB 中应表示为

```
>> p=[3 0 2 3]
```

2. 多项式的构造

由多项式的建立分析可知，多项式能够直接用向量表示，因此，构造多项式最简单的方法就是直接输入向量。这种方法可通过函数 poly2sym() 来实现。其调用格式如下：

```
poly2sym(p)
```

其中，p 为多项式的系数向量。

实例——用向量构造多项式

源文件：yuanwenjian\ch02\polymial_1.m

操作步骤

MATLAB 程序如下。

```
>> p=[1 -2 5 6];        %系数向量
>> poly2sym(p)          %构造多项式
ans =
x^3-2*x^2+5*x+6
```

扫一扫，看视频

另外，也可以用多项式的根构造多项式。这种方法先使用 poly()函数生成系数向量，再调用 poly2sym()函数生成多项式。

实例——由根构造多项式

源文件：yuanwenjian\ch02\polymial_2.m

扫一扫，看视频

操作步骤

MATLAB 程序如下。

```
>> root=[8 3+2i 3-2i];        %多项式的根
>> p=poly(root)               %多项式的系数向量
p =
    1   -14    61  -104
>> poly2sym(p)                %构造多项式
ans =
x^3 - 14*x^2 + 61*x - 104
```

3. 多项式运算

（1）四则运算。多项式的四则运算是指多项式的加、减、乘、除运算。需要注意的是，相加、相减的两个向量维数（阶次）必须相等。当阶次不同时，低阶多项式必须用 0 进行填补，使其与高阶多项式具有相同的阶次。多项式的加、减运算直接用+、−实现；多项式的乘法运算用函数 conv(p1,p2)实现，相当于执行两个数组的卷积；多项式的除法运算用函数 deconv(p1,p2)实现，相当于执行两个数组的解卷积。

实例——多项式的四则运算

源文件：yuanwenjian\ch02\polymial_3.m

扫一扫，看视频

操作步骤

在 MATLAB 命令行窗口中输入以下命令。

```
>> p1=[2 3 4 0 -2];           %系数中的0不能省略
>> p2=[0 0 8 -5 6];           %阶次不同，用0填补
>> p=p1+p2;
>> poly2sym(p)                %多项式相加的结果
ans =
    2*x^4+3*x^3+12*x^2-5*x+4
>> q=conv(p1,p2)              %多项式乘法
q =
    0    0   16   14   29   -2    8   10  -12
>> poly2sym(q)
ans =
    16*x^6+14*x^5+29*x^4-2*x^3+8*x^2+10*x-12
>> [q,r]=deconv(p2,p1)        %多项式除法
q =                          %商
    0
r =                          %余数
    0    0    8   -5    6
```

（2）导数运算。多项式导数运算用函数 polyder()实现，其调用格式如下。

```
polyder(p)
```

其中，p 为多项式的系数向量。

实例——多项式导数运算

源文件：yuanwenjian\ch02\polymial_4.m

操作步骤

在 MATLAB 命令行窗口中输入以下命令。

```
>> p=[2 -3 0 4 -2];           %系数向量
>> q=polyder(p)               %p 中的系数表示的多项式的导数
q =
    8   -9    0    4
>> poly2sym(q)
ans =
    8*x^3 - 9*x^2 + 4
```

（3）估值运算。多项式估值运算使用函数 polyval()和 polyvalm()实现，常用调用格式见表 2-17。

表 2-17　多项式估值函数常用调用格式

调用格式	说明
polyval(p,s)	p 为多项式，s 为向量，计算多项式 p 在向量 s 处的值
polyvalm(p,s)	p 为多项式，s 为方阵，求多项式 p 在方阵 s 处的值。此计算方式等同于使用多项式 p 替换方阵 s

实例——求多项式的值

源文件：yuanwenjian\ch02\polymial_5.m

本实例求多项式 $f(x) = 2x^5 + 5x^4 + 4x^2 + x + 4$ 在 $x=3$ 和 7 处的值。

操作步骤

在 MATLAB 命令行窗口中输入以下命令。

```
>> p1=[2 5 0 4 1 4];   %系数向量
>> h=polyval(p1,[3 7])
h =
   934       45826
```

（4）求根运算。求根运算使用函数 roots()实现。

实例——求多项式的根

源文件：yuanwenjian\ch02\polymial_6.m

操作步骤

在 MATLAB 命令行窗口中输入以下命令。

```
>> p=[4 5 0 3 0 -2];   %系数向量
>> r=roots(p)          %多项式 p 的根
r =
   -1.4869 + 0.0000i
   -0.7003 + 0.0000i
    0.1705 + 0.8811i
    0.1705 - 0.8811i
```

```
    0.5963 + 0.0000i
```

4. 多项式拟合

多项式拟合使用函数 polyfit()实现，其调用格式见表 2-18。

表 2-18　polyfit()函数调用格式

调用格式	说明
polyfit(x,y,n)	表示用二乘法对已知数据 x、y 进行拟合，以求得 n 阶多项式系数向量
[p,s]=polyfit(x,y,n)	p 为拟合多项式系数向量，s 为拟合多项式系数向量的信息结构
[p,S,mu] = polyfit(x,y,n)	在上一语法格式的基础上，还返回一个二元素向量 mu，mu(1)是 mean(x)，mu(2)是 std(x)

扫一扫，看视频

实例——对余弦函数进行最小二乘拟合

源文件： yuanwenjian\ch02\polyfit_cos.m

本实例用 5 阶多项式对 $\left(0, \dfrac{\pi}{2}\right)$ 上的余弦函数进行最小二乘拟合。

操作步骤

MATLAB 程序如下。

```
>> x=0:pi/20:pi/2;            %取值点
>> y=cos(x).^2;              %函数值
>> a=polyfit(x,y,5);         %次数为 5 的多项式的系数
>> y1=polyval(a,x);          %多项式在取值点的值
>> plot(x,y,'r*',x,y1,'b--') %绘制函数值和拟合曲线
>> legend('函数值','拟合曲线') %图例
```

程序运行结果如图 2-1 所示。

由图 2-1 可知，由多项式拟合生成的图形与原始曲线可以很好地吻合，这说明多项式的拟合效果很好。

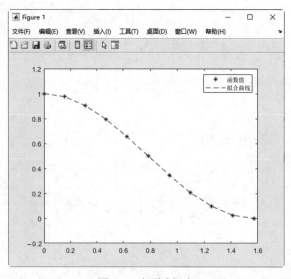

图 2-1　多项式拟合

2.5 函 数 句 柄

函数句柄是 MATLAB 中用于间接调用函数的一种语言结构，可以在函数使用过程中保存函数的相关信息，尤其是关于函数执行的信息。

2.5.1 函数句柄的创建与显示

函数句柄可以通过特殊符号@引导函数名进行创建。函数句柄实际上就是一个结构数组。

创建函数句柄后，使用函数 functions 查看函数句柄的内容，如函数句柄对应的函数名称、类型文件名。其中，常见的函数句柄信息见表 2-19。

表 2-19　常见的函数句柄信息

函 数 类 型	说　　明
function	函数名称。如果与函数句柄相关联的函数是嵌套函数，则名称的形式为'主函数名/嵌套函数名'
type	函数类型。如 simple（内部函数）、nested（嵌套函数）、scopedfunction（局部函数）或 anonymous（匿名函数）
file	带有文件扩展名的函数的完整路径

实例——创建与查看函数句柄

源文件：yuanwenjian\ch02\handle_1.m

本实例演示创建与查看函数句柄的方法。

操作步骤

MATLAB 程序如下。

```
>> fun_handle=@eig              %创建函数 eig 的函数句柄
fun_handle =
包含以下值的 function_handle:
    @eig
>> functions(fun_handle)        %查看句柄信息
ans =
  包含以下字段的 struct:
    function: 'eig'
        type: 'simple'
        file: 'MATLAB built-in function'   %MATLAB 内部函数
```

2.5.2 函数句柄的调用与操作

操作函数句柄可以通过 feval()函数进行，格式如下。

```
[y1,y2,...,yn] = feval(fhandle,x1,...,xn)
```

其中，fhandle 为函数句柄的名称，x1,…,xn 为参数列表。

这种调用方式相当于执行以参数列表为输入变量的函数句柄所对应的函数。

实例——乘法计算

源文件：yuanwenjian\ch02\handle_2.m、cj.m

本实例调用函数句柄计算两个矩阵的乘积。

扫一扫，看视频

操作步骤

（1）创建一个函数文件 cj.m，实现矩阵点乘的计算功能。

```
function f=cj(a,b)
f=a.*b;
```

（2）创建 cj 函数的函数句柄。

```
>> fhandle=@cj            %创建句柄
fhandle =
  包含以下值的 function_handle:
   @cj
>> functions(fhandle)
ans =
  包含以下字段的 struct:
    function: 'cj'
        type: 'simple'
        file: 'C:\Users\QHTF\Documents\MATLAB\cj.m'
```

（3）调用该句柄。

```
>> A=magic(3);
>> B=eye(3);     %创建两个矩阵作为参数
>> feval(fhandle,A,B)     %调用函数句柄，代入参数进行计算
ans =
     8     0     0
     0     5     0
     0     0     2
```

这种操作相当于以函数名作为输入变量的 **feval()** 操作。

```
>> feval('cj', A,B)
ans =
     8     0     0
     0     5     0
     0     0     2
```

2.6　MATLAB 的绘图功能

　　MATLAB 作为高性能、交互式的科学计算工具，具有非常友好的图形界面，这一优点使得 MATLAB 的应用非常广泛。同时，MATLAB 也提供了强大的绘图功能，用户可通过对 MATLAB 内置绘图函数的简单调用，迅速绘制出具有专业水平的图形。在利用 Simulink 进行动态系统仿真时，图形输出可以使设计者快速地对系统性能进行定性分析，大大缩短了系统开发的时间。

2.6.1　绘制函数图形

　　plot 命令是 MATLAB 中最基本的绘图命令，也是最常用的一个绘图命令。在执行 plot 命令时，系统会自动创建一个新的图形窗口。如果之前已经有打开的图形窗口，那么系统会将图形绘制在最近打开的图形窗口中，并覆盖原有图形。

　　plot 命令的调用格式见表 2-20。

表 2-20　plot 命令的调用格式

调用格式	说　明
plot(x,y)	当 x 是实向量时，则绘制出以该向量元素的下标（即向量的长度，可用 MATLAB 函数 length() 求得）为横坐标，以该向量元素的值为纵坐标的一条连续曲线。 当 x 是实矩阵时，按列绘制出每列元素值相对应的曲线，曲线数等于 x 的列数。 当 x 是负数矩阵时，按列分别绘制出以元素实部为横坐标，以元素虚部为纵坐标的多条曲线
plot(x,y,LineSpec)	当 x、y 是同维向量时，绘制以 x 为横坐标、以 y 为纵坐标的曲线。 当 x 是向量，y 是有一维与 x 等维的矩阵时，绘制出多条不同颜色的曲线，曲线数等于 y 的另一维数，x 为这些曲线的横坐标。 当 x 是矩阵，y 是向量时，同上，但以 y 为横坐标。 当 x、y 是同维矩阵时，以 x 对应的列元素为横坐标，以 y 对应的列元素为纵坐标分别绘制曲线，曲线数等于矩阵的列数。其中，x、y 为向量或矩阵，LineSpec 为用单引号标记的字符串，用于设置所画数据点的类型、大小、颜色，以及数据点之间连线的类型、粗细、颜色等
plot(x1,y1,x2,y2,…)	绘制多条曲线。在这种用法中，(xi,yi) 必须是成对出现的，上面的命令等价于逐次执行 plot(xi,yi) 命令，其中，i=1,2,…
plot(x1,y1,LineSpec1,…, xn,yn,LineSpecn,…)	这种格式的用法与上一条用法相似，不同之处在于此格式有参数的控制，运行此命令等价于依次执行 plot(xi,yi,si)，其中，i=1,2,…
plot(Y)	创建数据 Y 的二维线图。 ➥ 当 Y 是实向量（Y(i)=a）时，则绘制出以该向量元素的下标 i（即向量的长度，可用 MATLAB 函数 length() 求得）为横坐标，以该向量元素的值 a 为纵坐标的一条连续曲线 ➥ 当 Y 是实矩阵时，按列绘制出与每列元素值相对齐下标的曲线，曲线数等于 x 的列数 ➥ 当 Y 是复数矩阵（Y=a+bi）时，按列分别绘制出以元素实部 a 为横坐标，以元素虚部 b 为纵坐标的多条曲线
plot(Y,LineSpec)	设置线条样式、标记符号和颜色
plot(…,Name,Value)	使用一个或多个属性参数值指定曲线属性，线条的设置属性见表 2-21
plot(ax,…)	将在由 ax 指定的坐标区中，而不是在当前坐标区（gca）中创建线条。选项 ax 可以位于前面语法中的任何输入参数组合之前
h−plot(…)	创建由图形线条对象组成的列向量 h，可以使用 h 修改图形数据的属性

表 2-21　线条属性表

字　符	说　明	参　数　值
color	线条颜色	指定为 RGB 三元组、十六进制颜色代码、颜色名称或短名称
LineWidth	指定线宽	默认为 0.5
Marker	标记符号	'+'、'o'、'*'、'.'、'x'、'square' 或 's'、'diamond' 或 'd'、'v'、'^'、'>'、'<'、'pentagram' 或 'p'、'hexagram' 或 'h'、'none'
MarkerIndices	要显示标记的数据点的索引	[a b c]，表示索引为 a、b、c 的数据点显示标记
MarkerEdgeColor	指定标识符的边缘颜色	'auto'（默认）、RGB 三元组、十六进制颜色代码、'r'、'g'、'b'
MarkerFaceColor	指定标识符填充颜色	'none'（默认）、'auto'、RGB 三元组、十六进制颜色代码、'r'、'g'、'b'
MarkerSize	指定标识符的大小	默认为 6
DatetimeTickFormat	刻度标签的格式	'yyyy-MM-dd'、'dd/MM/yyyy'、'dd.MM.yyyy'、'yyyy 年 MM 月 dd 日'、'MMMM d, yyyy'、'eeee, MMMM d, yyyy HH:mm:ss'、'MMMM d, yyyy HH:mm:ss Z'
DurationTickFormat	刻度标签的格式	'dd:hh:mm:ss' 'hh:mm:ss' 'mm:ss' 'hh:mm'

　　实际应用中，LineSpec 是某些字母或符号的组合。LineSpec 的合法设置参见表 2-22～表 2-24。MATLAB 默认设置曲线采用"实线"线型，不同曲线将按表 2-23 所给出的前 7 种颜色（蓝、绿、红、青、品红、黄、黑）的顺序着色。

表 2-22 线型符号及说明

线 型 符 号	符 号 含 义	线 型 符 号	符 号 含 义
-	实线（默认值）	:	点线
--	虚线	-.	点画线

表 2-23 颜色控制字符表

字 符	色 彩	RGB 值
b(blue)	蓝色	001
g(green)	绿色	010
r(red)	红色	100
c(cyan)	青色	011
m(magenta)	品红	101
y(yellow)	黄色	110
k(black)	黑色	000
w(white)	白色	111

表 2-24 线型控制字符表

字 符	数 据 点	字 符	数 据 点
+	加号	>	向右三角形
o	小圆圈	<	向左三角形
*	星号	s	正方形
.	实点	h	正六角星
x	交叉号	p	正五角星
d	菱形	v	向下三角形
^	向上三角形		

　　MATLAB 的图形系统是面向对象的。图形的要素，如坐标轴、标签、观察点等都是独立的图形对象。一般情况下，用户无须直接操作图形对象，只需调用绘图函数即可得到理想的图形。简单的图形控制命令和函数见表 2-25。

表 2-25 简单的图形控制命令和函数

名 称	说 明	名 称	说 明
clc	清除命令行窗口	grid	自动在各个坐标轴上加上虚线型的网格
close	关闭打开的窗口	hold on	保持当前的图形，允许在当前图形状态下绘制其他图形，即在同一图形窗口中绘制多幅图形
hold off	释放当前图形窗口，绘制的下一幅图形将作为当前图形，即覆盖原来的图形。这是 MATLAB 的默认状态	hold	在 hold on 与 hold off 之间进行切换
subplot（m, n, p)	将图形窗口分成 m 行 n 列的子窗口，序号为 p 的子窗口为当前窗口。子窗口的编号由上至下，由左至右		

　　此外，MATLAB 还提供了一些常用的图形标注函数，利用这些函数可以为图形添加标题和图例，为坐标轴添加标注，也可以在图形的任意位置添加说明、注释等文本。

　　plot3 命令是二维绘图命令 plot 的扩展，因此它们的使用格式基本相同，只是 plot3 命令在参数中多加了一个第三维的信息。例如，plot(x,y,s)与 plot3(x,y,z,s)的意义是一样的，前者绘制的是二维图，后者绘制的是三维图，其中，参数 s 用于控制曲线的类型、粗细、颜色等属性。

实例——绘制函数曲线

源文件：yuanwenjian\ch02\plot_plot3.m

本实例绘制参数函数 $\begin{cases} x = t \\ y = \sin(t)\cos t(t) \\ z = \sin(t) + \cos(t) \end{cases}$ 在 $t = [0, 2\pi]$ 区间的二维曲线和三维曲线。

操作步骤

MATLAB 程序如下。

```
>> close all
>> x=0:pi/10:2*pi;                              %取值点
>> y= sin(x).*cos(x);                           %y、z 表达式
>> z=sin(x)+cos(x);
>> subplot(121),plot(x,y,'b*',x,z,'r:p')        %将视图分割为 1 行 2 列的子图,在第一个子图中绘制两条二维曲线
>> title('二维曲线')                             %添加图形标题
>> subplot(122),plot3(x,y,z,'m:p')              %在第二个子图中绘制参数函数的三维曲线
>> title('三维曲线')                             %图形标题
```

程序运行结果如图 2-2 所示。

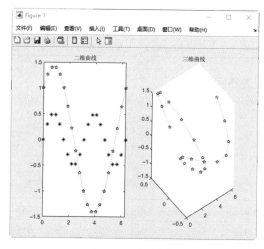

图 2-2　函数曲线

动手练—练——绘制参数化函数的三维图

使用 plot3 命令创建参数化函数 $x = \cos^2(2t) * \sin t, y = \sin^2(2t) * \cos t, t \in (-10\pi, 10\pi)$ 的三维图。

📝 **思路点拨：**

源文件：yuanwenjian\ch02\sanweitu.m

（1）定义 t 的取值点。

（2）定义 x、y 的表达式。

（3）利用 plot3 命令绘图，使用名称-值对参数指定标记样式。

2.6.2 绘制离散数据图形

MATLAB 提供了一些在工程计算中常用的离散数据图形绘制命令，其能够方便地绘制误差棒图、火柴杆图与阶梯图等图形。

1. 误差棒图

MATLAB 中绘制误差棒图的命令为 errorbar，它的调用格式见表 2-26。

表 2-26　errorbar 命令调用格式

调 用 格 式	说　明
errorbar(y,err)	创建 y 中数据的线图，并在每个数据点处绘制一个垂直误差条。err 中的值确定数据点上方和下方的每个误差条的长度，因此，总误差条长度是 err 值的两倍
errorbar(x,y,err)	绘制 y 对 x 的图，并在每个数据点处绘制一个垂直误差条
errorbar(x,y,neg,pos)	在每个数据点处绘制一个垂直误差条，其中，neg 确定数据点下方的长度，pos 确定数据点上方的长度
errorbar(…ornt)	设置误差条的方向。ornt 的默认值为'vertical'，绘制垂直误差条；为'horizontal'时绘制水平误差条；为'both'时绘制水平和垂直误差条
errorbar(x,y,yneg,ypos,xneg,xpos)	绘制 y 对 x 的图，并同时绘制水平和垂直误差条。yneg 和 ypos 分别设置垂直误差条下部和上部的长度；xneg 和 xpos 分别设置水平误差条左侧和右侧的长度
errorbar(…,LineSpec)	画出用 LineSpec 指定线型、标记符、颜色等的误差棒图
errorbar(…,Name,Value)	使用一个或多个名称-值对参数修改线条和误差条的外观
errorbar(ax,…)	在由 ax 指定的坐标区（而不是当前坐标区）中绘制图形
e = errorbar(…)	返回一个 ErrorBar 对象。如果 y 是矩阵，将为 y 中的每一列返回一个 ErrorBar 对象

扫一扫，看视频

实例——绘制零件尺寸误差棒图

源文件： yuanwenjian\ch02\error_bar.m

A、B 两个工厂生产同种零件，相同型号的零件抽样测量尺寸数据见表 2-27，试绘制这两种工厂抽样测量数据的误差棒图。

表 2-27　相同型号的零件抽样测量尺寸数据

A	93.3	92.1	94.7	94.1	95.6	93.2	93.7
B	94.6	93.9	95.2	94.7	95.8	94.3	94.1

操作步骤

MATLAB 程序如下。

```
>> close all
>> x=[93.3 92.1 94.7 94.1 95.6 93.2 93.7];
>> y=[94.6 93.9 95.2 94.7 95.8 94.3 94.1];      %测量数据
>> e=abs(x-y);                                  %误差条长度
>> errorbar(y,e, 'both')                        %绘制带垂直和水平误差条的误差棒图
>> title('零件误差棒图')                         %标题
>> axis([-1 8 92 96.5])                         %调整坐标轴范围
```

程序运行结果如图 2-3 所示。

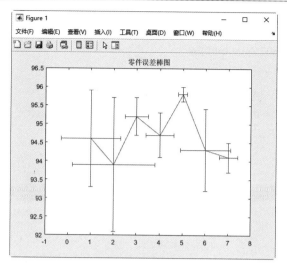

图 2-3 误差棒图

2. 火柴杆图

用线条显示数据点与 x 轴的距离，用一小圆圈（默认标记）或用指定的其他标记符号与线条相连，并在 y 轴上标记数据点的值，这样的图形称为火柴杆图。在二维情况下，实现这种操作的命令是 stem，其调用格式见表 2-28。

表 2-28 stem 命令的调用格式

调用格式	说 明
stem(Y)	按 Y 元素的顺序绘制火柴杆图，在 x 轴上，火柴杆之间的距离相等；若 Y 为矩阵，则把 Y 分成几个行向量，在同一横坐标的位置处绘制一个行向量的火柴杆图
stem(X,Y)	在 X 指定的值的位置绘制列向量 Y 的火柴杆图，其中，X 与 Y 为同型的向量或矩阵，X 可以是行或列向量，Y 必须是包含 length(X)行的矩阵
stem(…,'filled')	填充火柴杆图末端的"火柴头"
stem(…,LineSpec)	用参数 LineSpec 指定线型、标记符号和火柴头的颜色绘制火柴杆图
stem(…,Name,Value)	使用一个或多个名称-值对参数修改火柴杆图
stem(ax,…)	在由 ax 指定的坐标区（而不是当前坐标区）中绘制图形
h = stem(…)	返回由 stem 对象构成的向量

在三维情况下，也有相应的绘制火柴杆图的命令 stem3，其调用格式见表 2-29。

表 2-29 stem3 命令的调用格式

调用格式	说 明
stem3(Z)	用火柴杆图显示 Z 中数据与 xy 平面的高度。若 Z 为一行向量，则 x 与 y 将自动生成，stem3 将在与 x 轴平行的方向上等距的位置处画出 Z 的元素；若 Z 为列向量，stem3 将在与 y 轴平行的方向上等距的位置处画出 Z 的元素
stem3(X,Y,Z)	在参数 X 与 Y 指定的位置处画出 Z 的元素，其中，X、Y、Z 必须为同型的向量或矩阵
stem3(…,'filled')	填充火柴杆图末端的"火柴头"
stem3(…,LineSpec)	用指定的线型标记符号和火柴头的颜色
stem3(…,Name,Value)	使用一个或多个名称-值对参数修改火柴杆图
stem3(ax,…)	在由 ax 指定的坐标区（而不是当前坐标区）中绘制图形
h = stem3(…)	返回由 Stem 对象构成的向量

扫一扫，看视频

实例——绘制火柴杆图

源文件：yuanwenjian\ch02\stem_plot.m

本实例绘制参数函数 $\begin{cases} x = e^{\sin t} \\ y = e^{\cos t} \\ z = e^{\sin t + \cos t} \end{cases}$ ，$t \in (-2\pi, 2\pi)$ 的火柴杆图。

操作步骤

MATLAB 程序如下。

```
>> close all
>> t=-2*pi:pi/20:2*pi;          %取值点
>> x=exp(sin(t));
>> y=exp(cos(t));
>> z=exp(sin(t)+cos(t));        %参数函数表达式
>> stem3(x,y,z,'fill','rp')     %绘制三维火柴杆图，火柴杆和头填充为红色，线型为点画线，标记为星形
>> title('三维火柴杆图')
```

程序运行结果如图 2-4 所示。

3. 阶梯图

阶梯图在电子信息工程及控制理论中用得非常多，在 MATLAB 中实现这种画图的命令是 stairs，其调用格式见表 2-30。

表 2-30　stairs 命令的调用格式

调用格式	说　明
stairs(Y)	用参数 Y 的元素绘制一个阶梯图，如果 Y 为向量，则横坐标 x 的范围为 1～m=length(Y)，如果 Y 为 m×n 矩阵，则对 Y 的每一行绘制一个阶梯图，其中 x 的范围为 1～n
stairs(X,Y)	结合 X 与 Y 绘制阶梯图，其中要求 X 与 Y 为同型的向量或矩阵。此外，X 可以为行向量或为列向量，且 Y 为有 length(X)行的矩阵
stairs(…,LineSpec)	用参数 LineSpec 指定的线型、标记符号和颜色绘制阶梯图
stairs(…,Name，Value)	使用一个或多个名称-值对参数修改阶梯图
stairs(ax,…)	将图形绘制到由 ax 指定的坐标区（而不是当前坐标区）中
h = stairs(…)	返回一个或多个 Stairs 对象
[xb,yb] = stairs(…)	该命令不绘制图，而是返回大小相等的矩阵 xb 与 yb，可以用命令 plot(xb,yb)绘制阶梯图

扫一扫，看视频

实例——绘制阶梯图

源文件：yuanwenjian\ch02\stairs_plot.m
本实例绘制函数 $y = x^{\sin x}$ 的阶梯图。

操作步骤

MATLAB 程序如下。

```
>> close all
>> x=0:0.1*pi:2*pi;          %取值点
>> y=x.^sin(x);             %函数值
>> stairs(x,y,'b')          %蓝色实线绘制函数阶梯图
>> hold on                  %保留当前图窗中的绘图，以便后续叠加绘制
>> plot(x,y,'--r*')         %红色带星号标记的曲线绘制函数
>> hold off                 %关闭保持命令
```

程序运行结果如图 2-5 所示。

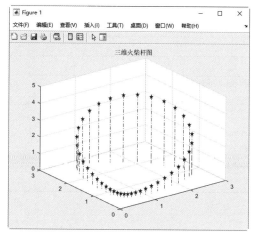

图 2-4　三维火柴杆图

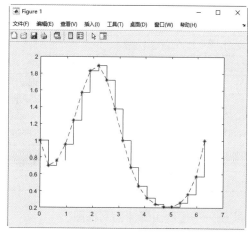

图 2-5　阶梯图

2.6.3　绘制网格图

MATLAB 提供了生成网格数据坐标的命令 meshgrid 和绘制网格面的命令 mesh，可利用这两个命令很方便地绘制网格图。

1. meshgrid 命令

meshgrid 命令用于生成二元函数 $z = f(x, y)$ 中 xy 平面上的矩形定义域中数据点矩阵 X 和 Y，或者是三元函数 $u = f(x, y, z)$ 中立方体定义域中的数据点矩阵 X、Y 和 Z。它的调用格式也非常简单，见表 2-31。

表 2-31　meshgrid 命令的调用格式

调用格式	说明
[X,Y] = meshgrid(x,y)	向量 X 为 xy 平面上矩形定义域的矩形分割线在 x 轴的值，向量 Y 为 xy 平面上矩形定义域的矩形分割线在 y 轴的值。输出向量 X 为 xy 平面上矩形定义域的矩形分割点的横坐标值矩阵，输出向量 Y 为 xy 平面上矩形定义域的矩形分割点的纵坐标值矩阵
[X,Y] = meshgrid(x)	等价于[X,Y] = meshgrid(x,x)
[X,Y,Z] = meshgrid(x,y,z)	向量 X 为立方体定义域在 x 轴上的值，向量 Y 为立方体定义域在 y 轴上的值，向量 Z 为立方体定义域在 z 轴上的值。输出向量 X 为立方体定义域中分割点的 x 轴坐标值，Y 为立方体定义域中分割点的 y 轴坐标值，Z 为立方体定义域中分割点的 z 轴坐标值
[X,Y,Z] = meshgrid(x)	返回具有网格大小的三维网格坐标，等价于[X,Y,Z] = meshgrid(x,x,x)

2. mesh 命令

mesh 命令生成的是由 X、Y 和 Z 指定的网线面，而不是单根曲线，其调用格式见表 2-32。

表 2-32　mesh 命令的调用格式

调用格式	说明
mesh(X,Y,Z)	绘制三维网格图，颜色和曲面的高度相匹配。若 X 与 Y 为向量，且 length(X)=n，length(Y)=m，而[m, n]=size(Z)，空间中的点 (X(j),Y(i),Z(I,j)) 为所画曲面网线的交点；若 X 与 Y 均为矩阵，则空间中的点 (X(i,j),Y(i,j),Z(i,j))为所画曲面的网线的交点
mesh(X,Y,Z,C)	同 mesh(X,Y,Z)，只不过颜色由 C 指定

续表

调 用 格 式	说 明
mesh(Z)	生成的网格图满足 X=1:n 与 Y=1:m，[n, m]=size(Z)，其中 Z 为定义在矩形区域上的单值函数
mesh(Z,C)	C 指定边的颜色
mesh(ax,…)	将图形绘制到由 ax 指定的坐标区中
mesh(…, Name, Value, …)	对指定的属性 Name 设置属性值 Value，可以在同一语句中对多个属性进行设置 ➤ 'EdgeColor'：边缘线条颜色，默认为[0 0 0]、'none'、'flat'、'interp'、RGB 三元组、十六进制颜色代码、'r'、'g'、'b' ➤ 'LineStyle'：线型，默认'-'、'--'、':'、'-.'、'none' ➤ 'FaceColor'：面颜色，默认'flat'、'interp'、'none'、'texturemap'、RGB 三元组、十六进制颜色代码、'r'、'g'、'b' ➤ 'FaceAlpha'：面透明度，取值可为 1（默认值）、范围[0,1]中的标量、'flat'、'interp'、'texturemap' ➤ 'FaceLighting'：光源对象对面的影响，默认为'flat'、'gouraud'、'none'
h = mesh(…)	返回图形对象句柄

扫一扫，看视频

实例——绘制山峰曲面网格图

源文件： yuanwenjian\ch02\peaks_mesh.m

在 MATLAB 中，提供了一个演示函数 peaks()，其用于生成一个山峰曲面。本实例绘制该函数的两个曲面图，一个不显示其背后的网格，另一个显示其背后的网格。

操作步骤

在 MATLAB 命令行窗口中输入如下命令。

```
>> close all
>> t=-4:0.1:4;                %向量，包含 81 个线性间隔值
>> [X,Y]=meshgrid(t);        %生成 81×81 的二维网格坐标数据
>> Z=peaks(X,Y);             %返回在 X 和 Y 指定的点上计算的 peaks()函数
>> subplot(1,2,1)            %显示两个子图中的第一个子图
>> mesh(X,Y,Z),hidden on    %绘制网格面，消除网格图中的隐线，这样网格后面的线条会被网格前面的线条遮住
>> title('不显示网格')
>> subplot(1,2,2)
>> mesh(X,Y,Z),hidden off   %绘制网格面，对网格图禁用隐线消除模式
>> title('显示网格')
```

程序运行结果如图 2-6 所示。

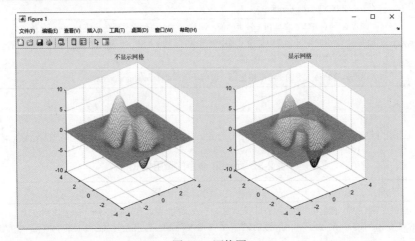

图 2-6　网格图

2.6.4　绘制曲面图

曲面图是在网格图的基础上用颜色填充网格之间的区域形成的图形。曲面图的线条是黑色的，且线条之间有颜色；而网格图线条之间没有颜色，只是线条有颜色。绘制曲面图时不必像网格图一样考虑隐蔽线条，但要考虑使用不同的方法对表面进行着色。

surf 命令用于绘制曲面图，其调用格式见表 2-33。

表 2-33　surf 命令的调用格式

调 用 格 式	说　　明
surf(X,Y,Z)	绘制三维曲面图，颜色和曲面的高度相匹配
surf(X,Y,Z,C)	同 surf(X,Y,Z)，只不过颜色由 C 指定
surf(Z)	绘制一个曲面图，并将 Z 中元素的列索引和行索引用作 x 坐标和 y 坐标
surf(Z,C)	C 指定曲面的颜色
surf(ax,…)	将图形绘制到由 ax 指定的坐标区中
surf(…,Name,Value)	对指定的属性 PName 设置属性值 Value，可以在同一语句中对多个属性进行设置。 ➥ 'EdgeColor'：边缘线条颜色，默认[0 0 0]、'none'、'flat'、'interp'、RGB 三元组、十六进制颜色代码、'r'、'g'、'b' ➥ 'LineStyle'：线型，默认为'-'、'--'、':'、'-.'、'none' ➥ 'FaceColor'：面颜色，默认为'flat'、'interp'、'none'、'texturemap'、RGB 三元组、十六进制颜色代码、'r'、'g'、'b' ➥ 'FaceAlpha'：面透明度，默认为1、范围[0,1]中的标量、'flat'、'interp'、'texturemap' ➥ 'FaceLighting'：光源对象对面的影响，默认为'flat'、'gouraud'、'none'
s = surf(…)	返回曲面图对象

实例——绘制函数的三维曲面

扫一扫，看视频

源文件：yuanwcnjian\ch02\function_surf.m
本实例绘制函数 $z = x\sin(y), 1 \leqslant x \leqslant 10, 1 \leqslant y \leqslant 20$ 的曲面图。

操作步骤

在 MATLAB 命令行窗口中输入如下命令。

```
>> close all
>> [X,Y]=meshgrid(1:0.5:10,1:20);      %生成二维网格坐标数据
>> Z= X.*sin(Y);                       %函数表达式
>> surf(X,Y,Z),title('三维曲面图')      %绘制函数曲面
```

程序运行结果如图 2-7 所示。

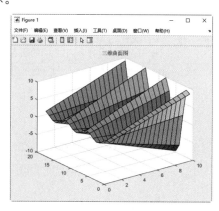

图 2-7　三维曲面图

2.6.5 绘制特殊图形

在 MATLAB 中，有专门用于绘制柱面图与球面图的命令 cylinder 与 sphere，它们的调用格式都非常简单。

1. 柱面图

cylinder 命令用于绘制柱面图，其调用格式见表 2-34。

表 2-34　cylinder 命令的调用格式

调用格式	说明
[X,Y,Z] = cylinder	该命令不绘图，而是返回一个半径为 1、高度为 1 的圆柱体的 x 轴、y 轴、z 轴的坐标值，圆柱体的圆周有 20 个距离相同的点
[X,Y,Z] = cylinder(r,n)	该命令不绘图，返回一个半径为 r、高度为 1 的圆柱体的 x 轴、y 轴、z 轴的坐标值，圆柱体的圆周有指定 n 个距离相同点
[X,Y,Z] = cylinder(r)	与 [X,Y,Z] = cylinder 等价
cylinder(axes_handle,...)	将图形绘制到带有句柄 axes_handle 的坐标区中，而不是当前坐标区（gca）中
cylinder(...)	没有任何的输出参量，直接绘制圆柱体

扫一扫，看视频

实例——绘制半径变化的柱面图

源文件：yuanwenjian\ch02\cylinder_surf.m

操作步骤

在 MATLAB 命令行窗口中输入如下命令。

```
>> close all
>> t=0:pi/10:2*pi;                  %创建 0 到 2π 的向量 t，元素间隔为 π/10
>> [X,Y,Z]=cylinder(log(t),30);     %返回圆柱体的 x 轴、y 轴、z 轴的坐标值 X、Y、Z，圆柱体半径为以 t
                                    %为自变量的函数表达式，创建的圆柱体为变换半径、高度为 1，圆柱体
                                    %的圆周有 30 个距离相同的点
>> colormap(jet)                    %设置颜色图
>> C=Z;                             %曲面的颜色数组
>> subplot(1,2,1);
>> surf(X,Y,Z,C);                   %绘制 X,Y,Z 定义的柱面
>> title('图 1');
>> subplot(1,2,2);
>> surf(X,Y,Z,C),caxis([-1 1]);     %绘制柱面，并设置颜色图范围。颜色图索引数组中小于或等于-1 的所有
                                    %值映射到颜色图的第一行；大于或等于 1 的所有值映射到颜色图的最后
                                    %一行；介于-1 和 1 之间的所有值以线性方式映射到颜色图的中间各行
>> title('图 2')
```

程序运行结果如图 2-8 所示。

☀ **小技巧：**

> 使用 cylinder 命令可以画出棱柱的图像，如运行 cylinder(2,6) 将绘制出底面为正六边形、半径为 2 的棱柱。

扫一扫，看视频

动手练一练——绘制三棱柱

使用 cylinder 命令和 surf 命令创建半径为 4、高为 5 的三棱柱。

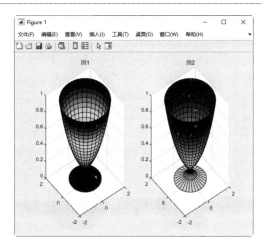

图 2-8　柱面图

📋 **思路点拨：**

源文件：yuanwenjian\ch02\sanlengzhu.m
（1）定义半径 r 为 4，高 h 为 5。
（2）利用 cylinder(r,3) 返回三棱柱坐标。
（3）利用 surf(X,Y,Z*h) 绘图。

2. 球面图

sphere 命令用于绘制三维直角坐标系中的球面图，其调用格式见表 2-35。

表 2-35　sphere 命令的调用格式

调 用 格 式	说　　明
sphere	绘制单位球面图，该单位球面图由 20×20 个面组成
sphere(n)	在当前坐标系中绘制由 n×n 个面组成的球面图
sphere(ax,…)	在由 ax 指定的坐标区（而不是在当前坐标区）中绘制球面图
[X,Y,Z]=sphere(n)	在三个大小为(n+1)×(n+1)的矩阵中返回 n×n 球面的坐标，不绘制图形

实例——绘制球面图

源文件：yuanwenjian\ch02\sphere_surf.m
本实例分别绘制由 64 个面组成的球面图与由 400 个面组成的球面图。

操作步骤

在 MATLAB 命令行窗口中输入如下命令。

扫一扫，看视频

```
>> close all                    %关闭打开的文件
>> [X1,Y1,Z1]=sphere(8);        %返回半径为1，包含8×8个面的球面的坐标
>> [X2,Y2,Z2]=sphere(20);       %返回半径为1，包含20×20个面的球面的坐标
>> subplot(1,2,1)               %将视图分割为1行2列两个子图，显示第一个子图坐标区
>> surf(X1,Y1,Z1)               %绘制第一个球面图
>> axis equal                   %沿每个坐标轴使用相同的数据单位长度
>> title('64个面组成的球面')      %添加标题
>> subplot(1,2,2)               %显示第二个子图坐标区
```

```
>> surf(X2,Y2,Z2)                %绘制第二个球面图
>> title('400 个面组成的球面')     %添加标题
>> axis equal                    %沿每个坐标轴使用相同的数据单位长度
```

程序运行结果如图 2-9 所示。

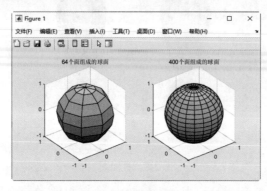

图 2-9　球面图

3．contour3 命令

在军事、地理等学科中经常会用到等值线。contour3 是三维绘图中最常用的绘制等值线的命令，该命令用于生成一个定义在矩形格栅上曲面的三维等值线图，其调用格式见表 2-36。

表 2-36　contour3 命令的调用格式

调 用 格 式	说　　明
contour3(Z)	画出三维空间角度观看矩阵 Z 的等值线图，其中 Z 的元素被认为是距离 xy 平面的高度，矩阵 Z 至少为 2 阶。等值线的条数与高度是自动选择的。若[m,n]=size(Z)，则 x 轴的范围为[1,n]，y 轴的范围为[1,m]
contour3(X,Y,Z)	画出指定 x 和 y 坐标的 Z 的等值线的三维等高线图
contour3(…,levels)	将要显示的等高线指定为上述任一语法中的最后一个参数。将 levels 指定为标量值 n，以在 n 个自动选择的层级（高度）上显示等高线
contour3(…,LineSpec)	指定等高线的线型和颜色
contour3(…,Name,Value)	使用一个或多个名称-值对参数指定等高线图的其他选项
contour3(ax,…)	在指定的坐标区中显示等高线图
M = contour3(…)	返回包含每个层级的顶点的 (x, y) 坐标等高线矩阵
[M,c] = contour3(…)	返回等高线矩阵和等高线对象 c，显示等高线图后，使用 c 设置属性

实例——绘制三维等值线图

扫一扫，看视频

源文件：yuanwenjian\ch02\contour3_cylinder.m
本实例绘制柱面的等值线图。

操作步骤
MATLAB 程序如下。

```
>> close all
>> t=1:0.1:10;                   %剖面函数的取值点
>> [x,y,z]=cylinder(log(t),30);  %返回由剖面函数 log(t)定义的圆柱的坐标
>> contour3(x,y,z);              %三维等值线
>> title('柱面等值线图');
>> xlabel('x-axis'),ylabel('y-axis'),zlabel('z-axis')    %添加坐标轴标注
```

程序运行结果如图 2-10 所示。

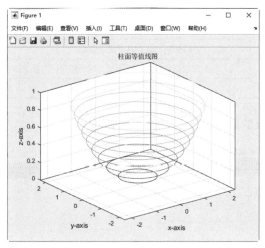

图 2-10 柱面等值线图

2.7 非线性方程与线性规划问题求解

MATLAB 提供了优化工具箱对优化问题进行求解，其中包括各种非线性方程、带约束优化问题求解与线性规划问题。

2.7.1 求解非线性方程组

非线性方程组的求解在数值上比较困难，幸好在 MATLAB 的优化工具箱中有用于求解非线性方程组的命令，即 fsolve 命令，其调用格式见表 2-37。

表 2-37 fsolve 命令的调用格式

调用格式	说明
x = fsolve(F,x0)	求解非线性方程组，其中函数 F 为方程组的向量表示，且有 F(x)=0，x0 为初始点
x = fsolve(F,x0,options)	options 为优化参数
x = fsolve(problem)	求解 problem 指定的求根问题
[x,fval] = fsolve(…)	除输出最优解 x 外，还输出相应方程组的值向量 fval
[x,fval,exitflag,output] = fsolve(…)	在上面命令功能的基础上，输出终止迭代的条件信息 exitflag（值及说明见表 2-38），以及关于算法的信息变量 output
[x,fval,exitflag,output,J] = fsolve(…)	在上面命令功能的基础上，输出解 x 处的雅可比矩阵 J

表 2-38 exitflag 的值及说明

值	说明
1	方程已解。一阶最优性很小，方程收敛到解 x
2	方程已解。x 的改变小于预先给定的容差
3	方程已解。残差的改变小于预先给定的容差
4	方程已解。搜索方向级的改变小于预先给定的容差

续表

值	说　明
0	迭代次数超过 options.MaxIter 或函数的评价次数超过 options.FunEvals
−1	算法被输出函数或绘图函数终止
−2	算法趋于收敛的点不是方程组的根，方程未得解
−3	依赖域的半径变得太小，方程未得解

扫一扫，看视频

实例——求非线性方程组的解

源文件：yuanwenjian\ch02\ff2.m、nonline.m

本实例求解非线性方程组 $\begin{cases} \cos x_1 + \sin x_2 = 1 \\ e^{x_1+x_2} - e^{2x_1-x_2} = 5 \end{cases}$ 的解。

操作步骤

（1）将给定的非线性方程组转化为 MATLAB 所要求的形式：

$$\begin{cases} \cos x_1 + \sin x_2 - 1 = 0 \\ e^{x_1+x_2} - e^{2x_1-x_2} - 5 = 0 \end{cases}$$

（2）编写非线性方程组的 M 文件。

```
function F=ff2(x)
F(1)=cos(x(1))+sin(x(2))-1;
F(2)=exp(x(1)+x(2))-exp(2*x(1)-x(2))-5;
```

（3）在 MATLAB 的命令行窗口中输入下面的命令求解该非线性方程组。

```
>> x0=[0 0]'; %初始值
>> [x,fval,exitflag,output,J]=fsolve(@ff2,x0)         %求解非线性方程组
Equation solved.
fsolve completed because the vector of function values is near zero
as measured by the value of the function tolerance, and
the problem appears regular as measured by the gradient.
<stopping criteria details>
x =               %非线性方程组的解
    1.4129
    1.0024
fval =            %在解 x 处方程组的值向量 fval
  1.0e-10 *
   -0.0026   -0.2208
exitflag =
         1        %说明方程收敛到解
output =          %优化信息摘要
包含以下字段的 struct:
      iterations: 16
       funcCount: 41
       algorithm: 'trust-region dogleg'
    firstorderopt: 3.8402e-10
    message: '↵Equation solved.↵fsolve completed because the vector of function values
is near zero↵as measured by the value of the function tolerance, and↵the problem appears
regular as measured by the gradient.↵<stopping criteria details>↵Equation solved. The sum
of squared function values, r = 4.876005e-22, is less than↵sqrt(options.FunctionTolerance)
```

```
= 1.000000e-03. The relative norm of the gradient of r,↵3.840241e-10, is less than
options.OptimalityTolerance = 1.000000e-06.↵'

    J =                      %解 x 处的雅可比矩阵 J
      -0.9876    0.5383
      -1.1930    17.3859
```

2.7.2 求解无约束最优化问题

无约束优化有许多有效的算法，这些算法基本都是迭代法，它们都遵循下面的步骤。

（1）选取初始点 x_0，一般来说初始点越靠近最优解越好。

（2）如果当前迭代点 x_k 不是原问题的最优解，那么就需要寻找一个搜索方向 p_k，使得目标函数 $f(x)$ 从 x_k 出发，沿方向 p_k 有所下降。

（3）用适当的方法选择步长 $\alpha_k(\alpha_k \geqslant 0)$，得到下一个迭代点 $x_{k+1} = x_k + \alpha_k p_k$。

（4）检验新的迭代点 x_{k+1} 是否为原问题的最优解，或者是否与最优解的近似误差满足预先给定的容忍度。

对于无约束优化问题，可以根据需要选择合适的算法，并通过 MATLAB 编程求解，也可利用 MATLAB 提供的 fminsearch 命令与 fminunc 命令求解。fminsearch 命令的调用格式见表 2-39。

表 2-39　fminsearch 命令的调用格式

调 用 格 式	说　　明
x = fminsearch(f,x0)	x0 为初始点，f 为目标函数的表达式字符串或 MATLAB 自定义函数的句柄，返回目标函数的局部极小点
x = fminsearch(f,x0,options)	options 为指定的优化参数（见表 2-40），可以利用 optimset 命令设置这些参数
x = fminsearch(problem)	求问题结构体 problem 的最小值，problem 指定为含有目标函数、x 的初始点、求解器 fminsearch 和优化选项 options 等字段的结构体
[x,fval] = fminsearch(…)	除了返回局部极小点 x 外，还返回相应的最优值 fval
[x,fval,exitflag] = fminsearch(…)	在上面命令功能的基础上，返回算法的终止标志 exitflag，它的取值及含义见表 2-41
[x,fval,exitflag,output] = fminsearch(…)	在上面命令功能的基础上，输出关于算法的信息变量 output，它的内容见表 2-42

表 2-40　优化参数及说明

优 化 参 数	说　　明
Display	设置为'off'表示不显示输出；'iter'表示显示每一次的迭代输出；'final'表示只显示最终结果
FunValCheck	检查目标函数值是否有效。当目标函数返回的值是 complex 或 NaN 时，'on'显示错误；默认值为'off '，表示不显示错误
MaxFunEvals	允许函数求值的最大次数
MaxIter	允许的最大迭代次数
OutputFcn	指定优化函数在每次迭代时调用的一个或多个用户定义函数
PlotFcns	绘制算法执行过程中的各个进度测量值
TolFun	函数值的终止容差，为正整数。默认值为 1e-4
TolX	正标量 x 的终止容差。默认值为 1e-4

表2-41　exitflag 的值及说明

值	说　明
1	表示函数收敛到解 x
0	表示达到了函数最大评价次数或迭代的最大次数
−1	表示算法被输出函数终止

表2-42　output 的结构及说明

结　构	说　明
iterations	算法的迭代次数
funcCount	函数计算次数
algorithm	所使用的算法名称
message	算法终止的信息

扫一扫，看视频

实例——极小化罗森布罗克函数

源文件：yuanwenjian\ch02\Rosenbrock.m、min_Rosenbrock.m

操作步骤

（1）罗森布罗克（Rosenbrock）函数为

$$f(x) = 100(x_2 - x_1^2)^2 + (1 - x_1)^2$$

（2）编写罗森布罗克函数的 M 文件。

```
function y=Rosenbrock(x)
%此函数为罗森布罗克函数
%x 为二维向量
y=100*(x(2)-x(1)^2)^2+(1-x(1))^2;
```

（3）在 MATLAB 命令行窗口中输入以下命令进行求解。

```
>> close all          %关闭当前已打开的文件
>> clear              %清除工作区中的变量
>> x0=[0 0]';         %初始点选为[0 0]
>> [x,fval,exitflag,output] = fminsearch(@Rosenbrock,x0)
%或写为: [x,fval,exitflag,output] = fminsearch('Rosenbrock ',x0)
%在点 x0 处开始求罗森布罗克函数的局部最小值 x
x =                   %最优解
   1.0000
   1.0000
fval =                %最优值
    3.6862e-10
exitflag =
        1             %函数收敛
output =
包含以下字段的 struct:
    iterations: 79    %共迭代 79 次
     funcCount: 146   %函数赋值 146 次
     algorithm: 'Nelder-Mead simplex direct search'      %选用的是 Nelder-Mead 算法
       message: '优化已终止:↵ 当前的 x 满足使用 1.000000e-04 的 OPTIONS.TolX 的终止条件, ↵F(X)
满足使用 1.000000e-04 的 OPTIONS.TolFun 的收敛条件'↵                  %算法信息
```

2.7.3　线性规划问题

线性规划（Linear Programming）是优化的一个重要分支，它在理论和算法上都比较成熟，而且在实际中也有着广泛的应用。此外，运筹学其他分支中的一些问题也可以转化为线性规划进行计算。本小节主要讲述如何利用 MATLAB 求解线性规划问题。

通常，线性规划问题的标准形式表述为

$$\min \quad c_1 x_1 + c_2 x_2 + \cdots + c_n x_n$$

$$\text{s.t.} \begin{cases} a_{11} x_1 + a_{12} x_2 + \cdots + c_{1n} x_n = b_1 \\ a_{21} x_1 + a_{22} x_2 + \cdots + c_{2n} x_n = b_2 \\ \quad\quad\quad \vdots \\ a_{m1} x_1 + a_{m2} x_2 + \cdots + c_{mn} x_n = b_m \\ x_i \geqslant 0, \quad i = 1, 2, \cdots, n \end{cases} \tag{2-1}$$

线性规划问题的标准型要求如下。

- ➥ 所有的约束必须是等式约束。
- ➥ 所有的变量为非负变量。
- ➥ 目标函数的类型为极小化。

式（2-1）用矩阵形式简写为

$$\min \quad c^{\mathrm{T}} x$$

$$\text{s.t.} \begin{cases} Ax = b \\ x \geqslant 0 \end{cases} \tag{2-2}$$

其中，$A = (a_{ij})_{m \times n} \in R^{m \times n}$ 为约束矩阵；$c = (c_1 \quad c_2 \quad \cdots \quad c_n)^{\mathrm{T}} \in R^n$ 为目标函数系数矩阵；$b = (b_1 \quad b_2 \quad \cdots \quad b_m)^{\mathrm{T}} \in R^m$；$x = (x_1 \quad x_2 \quad \cdots \quad x_n)^{\mathrm{T}} \in R^n$。为了使约束集不为空集，以及避免冗余约束，通常假设 A 行满秩且 $m \leqslant n$。

但在实际问题中，建立的线性规划数学模型并不一定都有式（2-2）的形式，如有的模型还存在不等式约束、对自变量 x 的上下界约束等情况，这时可以通过简单的变换将它们转化成标准形式（2-2）。

非标准型线性规划问题过渡到标准型线性规划问题的处理方法有以下几种。

- ➥ 将极大化目标函数转化为极小化负的目标函数值。
- ➥ 把不等式约束转化为等式约束，可在约束条件中添加松弛变量。
- ➥ 若决策变量无非负要求，可用两个非负的新变量之差代替。

关于具体的变换方法，这里不再详述，感兴趣的读者可以查阅一般的优化参考书。

线性规划中普遍存在配对现象，即对一个线性规划问题，都存在一个与之有密切关系的线性规划问题，其中之一为原问题，而另一个则称为它的对偶问题。例如，对于线性规划标准形式（2-2），其对偶问题为下面的极大化问题。

$$\max \quad \lambda^{\mathrm{T}} b$$

$$\text{s.t.} \quad A^{\mathrm{T}} \lambda \leqslant c$$

其中，λ 称为对偶变量。

对于线性规划，如果原问题有最优解，那么其对偶问题也一定存在最优解，且它们的最优值是相等的。解线性规划的许多算法都能同时求出原问题和对偶问题的最优解，如解大规模线性规划的原-对偶内点法（见 S.Mehrotra, On the implementation of a primal-dual interior point method, SIAM J. Optimization, 2(1992), pp.575-601.）。事实上，MATLAB 中的内点法也是根据这篇文献所编的。关于对偶的详细讨论，读者可以参阅一般的优化教材，这里不再详述。

在优化理论中，将线性规划转化为标准形式是为了方便理论分析，但实际中，这将会带来一点麻烦。幸运的是，MATLAB 提供的优化工具箱可以解决各种形式的线性规划问题，而不用转化为标准形式。

在 MATLAB 提供的优化工具箱中，解线性规划的命令是 linprog，它的调用格式有以下几种。

- x = linprog(c,A,b)。求解下面形式的线性规划：

$$\min \quad c^T x$$
$$\text{s.t.} \quad Ax \leqslant b \tag{2-3}$$

- x = linprog(c,A,b,Aeq,beq)。求解下面形式的线性规划：

$$\min \quad c^T x$$
$$\text{s.t.} \begin{cases} Ax \leqslant b \\ \text{Aeq}x = \text{beq} \end{cases} \tag{2-4}$$

若没有不等式约束 $Ax \leqslant b$ ，则只需令 A=[ ]， b=[ ]。

- x = linprog(c,A,b,Aeq,beq,lb,ub)。求解下面形式的线性规划：

$$\min \quad c^T x$$
$$\text{s.t.} \begin{cases} Ax \leqslant b \\ \text{Aeq}x = \text{beq} \\ \text{lb} \leqslant x \leqslant \text{ub} \end{cases} \tag{2-5}$$

若没有不等式约束 $Ax \leqslant b$ ，则只需令 A=[ ]， b=[ ]；若只有下界约束，则可以不用输入 ub。

- x = linprog(c,A,b,Aeq,beq,lb,ub,x0)。解式（2-5）形式的线性规划，将初值设置为 x0。
- x = linprog(c,A,b,Aeq,beq,lb,ub,x0,options)。解式（2-5）形式的线性规划，将初值设置为 x0，options 为指定的优化参数，详细说明见表 2-43。

表 2-43 linprog 命令的优化参数及说明

优化参数	说明
LargeScale	若设置为 on，则使用大规模算法；若设置为 off，则使用中小规模算法
Diagnostics	打印要极小化的函数的诊断信息
Display	设置为 off 不显示输出；iter 显示每一次的迭代输出；final 只显示最终结果
MaxIter	函数所允许的最大迭代次数
Simplex	如果设置为 on，则使用单纯形算法求解（仅适用于中小规模算法）
TolFun	函数值的容忍度

- x = linprog(problem)。求问题结构体 problem 表示的问题的最小值。
- [x, fval] = linprog(…)。除了返回线性规划的最优解 x 外，还返回目标函数的最优值 fval，即 fval=c^Tx。
- [x, fval, exitflag] = linprog(…)。除了返回线性规划的最优解 x 及最优值 fval 外，还返回终止迭代的条件信息 exitflag。exitflag 的值及说明见表 2-44。

表 2-44　exitflag 的值及说明

值	说　明
3	表示 x 对于相对容差是可行解，对绝对容差是不可行解
1	表示函数收敛到解 x
0	表示达到了函数最大评价次数或迭代的最大次数
−2	表示没有找到可行解
−3	表示所求解的线性规划问题是无界的
−4	表示在执行算法的时候遇到了 NaN
−5	表示原问题和对偶问题都是不可行的
−7	表示搜索方向使得目标函数值下降得很少
−9	求解器失去可行性

➲ [x, fval, exitflag, output] = linprog(…)。在上个命令的基础上，输出关于优化算法的信息变量 output，它所包含的内容见表 2-45。

表 2-45　output 的结构及说明

结　构	说　明
iterations	表示算法的迭代次数
algorithm	表示求解线性规划问题时所用的优化算法
cgiterations	表示共轭梯度迭代（如果用）的次数，仅用于内点算法
constrviolation	约束函数的最大值
firstorderopt	一阶最优性度量
message	表示算法退出的信息

➲ [x, fval, exitflag, output ,lambda] = linprog(…)。在上个命令的基础上，输出各种约束对应的 Lagrange 乘子（即相应的对偶变量值），lambda 是一个结构体变量，其内容见表 2-46。

表 2-46　lambda 的结构及说明

结　构	说　明
ineqlin	表示线性不等式约束对应的拉格朗日乘子向量
eqlin	表示线性等式约束对应的拉格朗日乘子向量
upper	表示上界约束 $x \leqslant ub$ 对应的拉格朗日乘子向量
lower	表示下界约束 $x \geqslant lb$ 对应的拉格朗日乘子向量

实例——求解线性规划问题

$$\min \quad -x_1 - 3x_2$$
$$\text{s.t.} \begin{cases} x_1 + x_2 \leqslant 6 \\ -x_1 + 2x_2 \leqslant 8 \\ x_1, x_2 \geqslant 0 \end{cases}$$

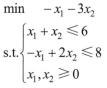
扫一扫，看视频

源文件：yuanwenjian\ch02\linprog_test.m

本实例分别使用图解法和优化工具箱中的 linprog 命令求解线性规划问题。

操作步骤

首先利用 MATLAB 画出该线性规划的可行集及目标函数等值线。在 MATLAB 命令行窗口输入以下命令。

```
>> close all                                  %关闭当前已打开的文件
>> clear                                      %清除工作区中的变量
>> syms x1 x2                                 %定义符号变量 x1 和 x2
>> f=-x1-3*x2;                                %定义目标函数
>> c1=x1+x2-6;                                %定义约束条件
>> c2=-x1+2*x2-8;
>> fcontour(f)                                %绘制目标函数的等值线
>> axis([0 6 0 6])                            %设置坐标轴范围
>> hold on                                    %保留当前坐标区中的绘图
>> fimplicit(c1)                              %绘制 c1 的图像
>> fimplicit(c2)                              %绘制 c2 的图像
>> legend('f 等值线','x1+x2-6=0','-x1+2*x2-8=0')     %添加图例
>> title('利用图解法求解线性规划问题')          %添加标题
>> gtext('x')                                 %在图窗中添加文本
```

程序运行结果如图 2-11 所示。

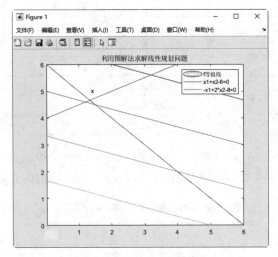

图 2-11　图解法求解线性规划问题

从图 2-11 中可以看出，可行集的顶点 x（4/3, 14/3）即线性规划的最优解，它也是两个线性约束的交点。

接下来利用优化工具箱中的 linprog 命令求解。在 MATLAB 命令行窗口输入以下命令。

```
>> close all                                  %关闭当前已打开的文件
>> clear                                      %清除工作区中的变量
>> c=[-1 -3]';                                %输入目标函数系数矩阵
>> A=[1 1;-1 2];                              %输入线性不等式约束系数矩阵
>> b=[6 8]';                                  %输入不等式约束的右端项
>> lb=zeros(2,1);                             %创建 2×1 全 0 矩阵作为下限
 >> [x,fval,exitflag,output,lambda]=linprog(c,A,b,[],[],lb)     %求解
Optimal solution found.
x =                                           %最优解
   1.3333
```

```
        4.6667
fval =                              %最优值
        -15.3333
exitflag =
            1                       %说明该算法对于该问题是收敛的
output =
包含以下字段的 struct:
            iterations: 2          %迭代次数
constrviolation:        0
message:                'Optimal solution found.'      %达到了最优解，终止迭代
            algorithm: 'dual-simplex'
        firstorderopt: 6.6613e-16
lambda =                            %拉格朗日乘子
    包含以下字段的 struct:
        lower: [2×1 double]
        upper: [2×1 double]
        eqlin: []
      ineqlin: [2×1 double]
```

2.8　图像处理及动画演示

MATLAB 还可以进行一些简单的图像处理与动画制作，本节将为读者介绍图像处理及动画演示的基本操作，关于这些功能的详细介绍，感兴趣的读者可以参考其他相关书籍。

2.8.1　图像的读/写

MATLAB 支持的图像格式有*.bmp、*.cur、*.gif、*.hdf、*.ico、*.jpg、*.pbm、*.pcx、*.pgm、*.png、*.ppm、*.ras、*.tiff 和*.xwd。对于这些格式的图像文件，MATLAB 提供了相应的读/写命令，下面简单介绍这些命令的基本用法。

1．图像读入命令

在 MATLAB 中，imread 命令用于读入各种图像文件，其调用格式见表 2-47。

表 2-47　imread 命令的调用格式

调 用 格 式	说　　明
A=imread(filename)	从 filename 指定的文件中读取图像，从其内容推断文件的格式
A=imread(filename, fmt)	参数 fmt 用于指定图像的格式，图像格式可以与文件名写在一起，默认的文件目录为当前工作目录
A=imread(…, idx)	读取多帧图像文件中的一帧，idx 为帧号。仅适用于 GIF、PGM、PBM、PPM、CUR、ICO、TIF 和 HDF4 文件
A=imread(…, Name,Value)	使用一个或多个名称-值对参数，以及前面语法中的任何输入参数指定特定格式的选项
[A, map]=imread(…)	将 filename 中的索引图像读入 A，并将其关联的颜色图读入 map。图像文件中的颜色图值会自动重新调整到范围[0,1]中
[A, map, alpha]=imread(…)	在[A, map]=imread(…)的基础上返回图像透明度，仅适用于 PNG、CUR 和 ICO 文件。对于 PNG 文件，返回 alpha 通道（如果存在）

扫一扫，看视频

实例——imread 命令应用举例

源文件：yuanwenjian\ch02\imread_test.m

操作步骤

在 MATLAB 命令行窗口输入以下命令。

（1）读取图像文件 tiger.gif 的第 3 帧。

```
>> close all                          %关闭所有打开的文件
>> clear                              %清空工作区中的变量
>> [X,map]=imread('tiger.gif',3);     %读取多帧图像文件的第 3 帧
```

（2）读取一个 24 位 PNG 图像，并设置背景色为青色。

```
>> BG=[0 1 1];                        %设置颜色三元素向量
>> A=imread('coloredChips.png','BackgroundColor',BG);    %设置背景色
```

（3）读取 24 位 PNG 图像的透明度。

```
>> [A,map,alpha] = imread('coloredChips.png');
>> alpha
alpha =
      []
```

2. 图像写入命令

在 MATLAB 中，imwrite 命令用于写入各种图像文件，其调用格式见表 2-48。

表 2-48　imwrite 命令的调用格式

调 用 格 式	说　　明
imwrite(A, filename)	将图像的数据 A 写入文件 filename 中，并从扩展名推断出文件格式
imwrite(A, map, filename)	将图像矩阵 A 中的索引图像，以及颜色映像矩阵写入文件 filename 中
imwrite(…, Name,Value)	使用一个或多个名称-值对参数，以指定 GIF、HDF、JPEG、PBM、PGM、PNG、PPM 和 TIFF 文件输出的其他参数
imwrite(…, fmt)	以 fmt 指定的格式写入图像，无论 filename 中的文件扩展名如何

扫一扫，看视频

实例——将图像 trees.tif 保存成.jpg 格式

源文件：yuanwenjian\ch02\imwrite_test.m

操作步骤

在 MATLAB 命令行窗口输入以下命令。

```
>> [X,map]=imread('trees.tif');        %读取图像 trees.tif，将其中的索引图像存储在 X 中，关联的颜
                                       %色图存储在 map 中
>> imwrite(X,map,'trees.jpg')          %将 X 中的索引图像及其关联的颜色图写入文件 trees.jpg
>> imwrite(X,map,'trees.jpg','Mode','lossy','Quality',80);  %将 X 中的索引图像及其关联的颜色
                                       %图写入文件 trees.jpg，并设置压缩类型和输出文件质量
```

📢 **注意：**

在利用 imwrite 命令保存图像时，MATLAB 默认的保存类型为 unit8。如果图像矩阵是 double 型，则 imwrite 在将矩阵写入文件之前，先对其进行偏置，即写入的是 unit8(X-1)。

2.8.2　图像的显示及信息查询

通过 MATLAB 窗口可以将图像显示出来，并对图像的一些基本信息进行查询，下面将具体介绍这些命令及相应用法。

1．图像显示命令

MATLAB 中常用的图像显示命令有 image、imagesc 和 imshow。image 命令有两种调用格式：一种是通过调用 newplot 命令来确定在什么位置绘制图像，并设置相应轴对象的属性；另一种是不调用任何命令，直接在当前窗口中绘制图像，这种用法的参数列表只能包括属性名称-值对。该命令的调用格式见表 2-49。

表 2-49　image 命令的调用格式

调 用 格 式	说　　明
image(C)	将矩阵 C 中的值以图像形式显示出来
image(x,y,C)	指定图像位置，其中 x、y 为二维向量，分别定义 x 轴与 y 轴的范围
image(…, Name,Value)	在绘制图像前需要调用 newplot 命令，后面的参数定义了属性名称及相应的值
image(ax, …)	在由 ax 指定的坐标区（而不是当前坐标区）中创建图像
handle = image(…)	返回所生成的图像对象的柄

实例——image 命令应用举例

源文件：yuanwenjian\ch02\image_test.m
操作步骤

在 MATLAB 命令行窗口输入以下命令。

```
>> figure                      %新建一个图窗
>> ax(1)=subplot(1,2,1);       %将视图分割为1行2列，创建一个 Axes 对象存储第一个视窗的坐标区
>> rgb=imread('fruits.jpg');   %读入图像文件，存储于三维数组 rgb 中
>> image(rgb);                 %将数组 rgb 中的数据显示为图像
>> title('RGB image')          %添加标题
>> ax(2)=subplot(1,2,2);       %创建一个 Axes 对象存储第二个视窗的坐标区
>> im=mean(rgb,3);             %计算数组第3个维度上的均值，存储于二维数组 im 中
>> image(im);                  %将二维数组 im 中的数据显示为图像
>> title('Intensity Heat Map') %添加标题
>> colormap(hot(256))          %从预定义的 hot 颜色图中选择256种颜色，设置为当前图窗的颜色图
>> linkaxes(ax,'xy')           %同步两个视窗 x 轴和 y 轴的坐标区范围
>> axis(ax,'image')            %沿每个坐标区使用相同的数据单位长度，并使坐标区框紧密围绕数据
```

程序运行结果如图 2-12 所示。

图 2-12　image 命令应用举例

imagesc 命令与 image 命令非常相似，不同之处在于前者可以自动调整值域范围。其调用格式见表 2-50。

表 2-50　imagesc 命令的调用格式

调 用 格 式	说　　明
imagesc(C)	将矩阵 C 中的值以图像形式显示出来
imagesc(x,y,C)	其中 x、y 为二维向量，分别定义了 x 轴与 y 轴的范围
imagesc(…, Name, Value)	使用一个或多个名称-值对参数指定图像属性
imagesc(…, clims)	clims 为二维向量，它限制了 C 中元素的取值范围
imagesc(ax, …)	在由 ax 指定的坐标区（而不是当前坐标区）中创建图像
h = imagesc(…)	返回所生成的图像对象的柄

扫一扫，看视频

实例——imagesc 命令应用举例

源文件：yuanwenjian\ch02\imagesc_test.m

操作步骤

在 MATLAB 命令行窗口输入以下命令。

```
>> close all            %关闭所有打开的文件
>> load clown           %clown 为 MATLAB 预存的一个 MAT 文件，里面包含一个矩阵 X 和一个调色板 map
>> subplot(1,2,1)       %将视图分割为 1 行 2 列两个窗口，显示第一个视窗
>> imagesc(X)           %使用颜色图中的全部颜色将矩阵 X 中的数据显示为图像
>> subplot(1,2,2)       %显示第二个视窗
>> clims=[5 20];        %设置颜色范围
>> imagesc(X,clims)     %显示使用经过标度映射的颜色的图像
```

程序运行结果如图 2-13 所示。

在实际应用中，还有一个经常用到的图像显示命令 imshow，其常用的调用格式见表 2-51。

表 2-51　imshow 命令的调用格式

调 用 格 式	说　　明
imshow(I)	显示灰度图像 I
imshow(I, [low high])	显示灰度图像 I，其值域为[low　high]
imshow(RGB)	显示真彩色图像
imshow(BW)	显示二进制图像
imshow(X,map)	显示索引色图像，X 为图像矩阵，map 为调色板
imshow(filename)	显示 filename 文件中的图像
himage = imshow(…)	返回所生成的图像对象的柄
imshow(…,param1, val1, param2, val2,…)	根据参数及相应的值来显示图像，对于其中参数及相应的取值，可以参考 MATLAB 的帮助文档

扫一扫，看视频

实例——imshow 命令应用举例

源文件：yuanwenjian\ch02\imshow_test.m

操作步骤

在 MATLAB 命令行窗口输入以下命令。

```
>> close all                %关闭所有打开的文件
>> subplot(1,2,1)           %将视图分割为 1 行 2 列两个窗口,显示第一个视窗
>> I=imread('corn.tif',3);  %读入内存中的图像,此图像的灰度版本是文件中的第三帧图像,灰度图像数据
                            %存储于矩阵 I
>> imshow(I,[0 80])         %显示指定范围内的灰度图像 I
>> subplot(1,2,2)           %显示第二个视窗
>> imshow(I)                %显示灰度图像 I
```

程序运行结果如图 2-14 所示。

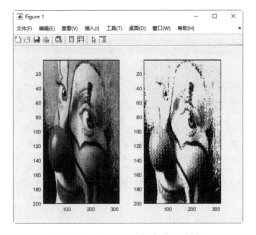

图 2-13　imagesc 命令应用举例

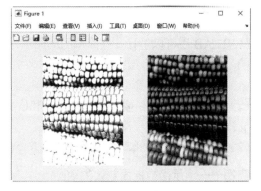

图 2-14　imshow 命令应用举例

2. 图像信息查询

在利用 MATLAB 进行图像处理时,可以使用 imfinfo 命令查询图像文件的相关信息。这些信息包括文件名、文件最后一次修改的时间、文件大小、文件格式、文件格式的版本号、图像的宽度与高度、每个像素的位数和图像类型等。该命令的调用格式见表 2-52。

表 2-52　imfinfo 命令的调用格式

调用格式	说　明
info=imfinfo(filename)	查询图像文件 filename 的信息
info=imfinfo(filename,fmt)	查询图像文件 filename 的信息,找不到名为 filename 的文件时另外查找名为 filename.fmt 的文件

实例——查询图像信息

源文件:yuanwenjian\ch02\imfinfo_test.m
操作步骤
在 MATLAB 命令行窗口输入以下命令。

```
>> info=imfinfo('fruits.jpg')        %显示指定图像文件的信息
info =
  包含以下字段的 struct:
        Filename: 'C:\Users\QHTF\Documents\MATLAB\yuanwenjian\ch02\fruits.jpg'
     FileModDate: '06-Jan-2007 19:46:58'
        FileSize: 290930
          Format: 'jpg'
   FormatVersion: ''
```

扫一扫,看视频

```
                Width: 1024
               Height: 768
             BitDepth: 24
            ColorType: 'truecolor'
      FormatSignature: ''
      NumberOfSamples: 3
         CodingMethod: 'Huffman'
        CodingProcess: 'Sequential'
              Comment: {}
          UnknownTags: [1×1 struct]
```

2.8.3　动画演示

MATLAB 还可以进行一些简单的动画演示，实现这种操作的主要命令有 getframe 和 movie。动画演示的步骤如下。

（1）利用 getframe 命令生成每个帧。

（2）利用 movie 命令按照指定的速度和次数运行该动画，movie(M, n)可以播放由矩阵 M 所定义的画面 n 次，默认只播放一次。

（3）输入 Ctrl-C 终止动画的播放。

扫一扫，看视频

实例——演示函数曲面放大的动画

$$x = \mathrm{e}^{-|u|/10}\sin(5\,|\,v\,|)$$
$$y = \mathrm{e}^{-|u|/10}\cos(5\,|\,v\,|)$$
$$z = u$$

源文件：yuanwenjian\ch02\movie_test.m

操作步骤

在 MATLAB 命令行窗口输入以下命令。

```
>> [u,v]=meshgrid(-5:0.25:5);              %通过向量 x、y 定义二维网格坐标数据 u、v
>> X = exp(-abs(u)/10).*sin(5*abs(v));     %通过网格坐标数据 u、v 定义参数函数
>> Y =exp(-abs(u)/10).*cos(5*abs(v));
>> Z =u;
>> surf(X,Y,Z)                              %绘制三维曲面图
>> axis([-3 3 -3 3 -10 10])                 %设置坐标轴范围
>> axis off                                 %关闭坐标系
>> shading interp                           %通过插值改变曲面线条或面的颜色
>> colormap(summer)                         %设置当前图窗的颜色图
>> for i=1:20                               %建立一个 20 列的矩阵
zoom(0.1*i);                                %缩放图形
M(:,i)=getframe;                            %将图形保存到 M 矩阵
end
>> movie(M,2,5)                             %播放画面 2 次，每秒播放 5 帧
```

图 2-15 所示为动画的 2 帧。

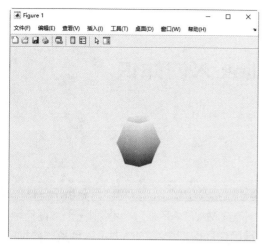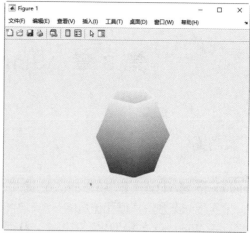

图 2-15　动画演示

第 3 章　Simulink 入门知识

内容指南

Simulink 是 MATLAB 软件的扩展，它提供了集动态系统建模、仿真和综合分析于一体的图形用户环境，是实现动态系统建模和仿真的一个软件包。它与 MATLAB 的主要区别在于，其与用户的交互接口是基于 Windows 的模型化图形输入，从而使得用户可以把更多的精力投入到系统模型的构建，而非语言的编程上。

内容要点

- ➥ Simulink 简介
- ➥ Simulink 系统仿真
- ➥ Simulink 工程文件
- ➥ 以编程的方式创建和编辑工程
- ➥ Simulink 的工作环境

3.1　Simulink 简介

Simulink 是美国 MathWorks 公司推出的 MATLAB 软件中的一种可视化仿真工具。Simulink 是一个模块图环境，用于多域仿真及基于模型的设计。它支持系统设计、仿真、自动代码生成，以及嵌入式系统的连续测试和验证。Simulink 提供图形编辑器、可自定义的模块库和求解器，能够进行动态系统建模和仿真。

Simulink 与 MATLAB 集成，能够在 Simulink 中将 MATLAB 算法融入模型，还能将仿真结果导出至 MATLAB 做进一步的分析。Simulink 应用领域包括汽车、航空、工业自动化、大型建模、复杂逻辑、物理逻辑和信号处理等方面。

Simulink 提供了大量的系统模块，包括信号、运算、显示和系统等多方面的功能，其可以创建各种类型的仿真系统，实现丰富的仿真功能。此外，用户也可以定义自己的模块，进一步扩展模型的范围和功能，以满足不同的需求。为了创建大型系统，Simulink 提供了系统分层排列的功能，类似于系统的设计。Simulink 中将系统分为从高级到低级的几个层次，每层又可以细分为几个部分，每层系统构建完成后，将各层连接起来构成一个完整的系统。模型创建完成之后，可以启动系统的仿真功能分析系统的动态特性，Simulink 内置的分析工具包括各种仿真算法、系统线性化、寻求平衡点等，仿真结果可以以图形的方式显示在示波器窗口，以便于用户观察系统的输出结果。同时，Simulink 也可以将输出结果以变量的形式保存起来，并输入到 MATLAB 工作空间中以完成进一步的分析。

借助 Simulink 用于建模、分析和仿真各种动态系统（包括连续系统、离散系统和混合系统），它提供了一种图形化的交互环境，只需用鼠标拖动的方法便能迅速地建立系统框图模型，甚至不需要编写代码。

1. 交互式、图形化的建模环境

Simulink 提供了丰富的模块库以帮助用户快速建立动态系统模型。建模时只需使用鼠标拖放不同模块库中的系统模型并将它们连接起来。其外表以方块图的形式呈现，且采用分层结构。

2. 交互式的仿真环境

Simulink 框图提供了交互式很强的仿真环境，既可以通过下拉菜单执行，也可以通过命令行进行仿真。

3. 专用模块库

MathWorks 公司开发了一系列的专用功能块程序包，通过这些可迅速地对系统实现建模、仿真和分析。

4. 提供仿真库的扩充和定制机制

Simulink 的开发式结构允许用户扩展仿真环境的功能：采用 MATLAB、FORTRAN 和 C 代码生成自定义的模块库，并拥有自己的图标和界面。

5. 与 MATLAB 工具箱的集成

Simulink 可以直接利用 MATLAB 的诸多资源与功能，用户可以直接在 Simulink 中完成诸如数据分析、过程自动化、优化参数等工作。工具箱提供的高级设计和分析能力可以融入仿真过程。

3.2　Simulink 系统仿真

Simulink 支持多采样频率系统，即不同的系统能够以不同的采样频率进行组合来仿真较大、较复杂的系统。

1. 图形化模型与数学模型之间的关系

现实中每个系统都有输入、输出和状态 3 个基本要素，它们之间是随时间变化的数学函数关系，即数学模型。图形化模型也体现了输入、输出和状态随时间变化的某种关系，如图 3-1 所示。只要这两种关系在数学上是等价的，就可以使用图形化模型代替数学模型。

图 3-1　模块的图形化表示

例如，静态模型信号发生器

$$x(t) = \sin(\omega t + \varphi)$$

输入和输出都是 $x(t)$。

2. 图形化模型的仿真过程

Simulink 的仿真过程包括以下几个阶段。

（1）模型编译阶段。Simulink 引擎调用模型编译器，将模型翻译成可执行文件。其中编译器主要完成以下任务。

❧ 计算模块参数的表达式，以确定它们的值。

❧ 确定信号属性（如名称、数据类型等）。

❧ 传递信号属性，以确定未定义信号的属性。

❧ 优化模块。

❧ 展开模型的继承关系（如子系统）。

❧ 确定模块运行的优先级。

❧ 确定模块的采样时间。

（2）连接阶段。Simulink 引擎按执行次序创建运行列表，并初始化每个模块的运行信息。

（3）仿真阶段。Simulink 引擎从仿真的开始到结束，在每一个采样点按运行列表计算各模块的状态和输出。该阶段又分为以下两个子阶段。

❧ 初始化阶段：该阶段只运行一次，用于初始化系统的状态和输出。

❧ 迭代阶段：该阶段在定义的时间段内按采样点间的步长重复运行，并将每次的运算结果用于更新模型。在仿真结束时获得最终的输入、输出和状态值。

3．动态仿真模型

采用 Simulink 对一个实际动态系统进行仿真，关键是建立起能够模拟并代表该系统的 Simulink 模型。Simulink 意义上的模型根据表现形式的不同有着不同的含义。

❧ 在模型窗口中表现为可见的方框图。

❧ 在存储形式上则为扩展名为.mdl 的 ASCII 文件。

❧ 从其物理意义上讲，Simulink 模型模拟了物理器件构成的实际系统的动态行为。

从系统组成上来看，一个典型的 Simulink 模型包括三个部分：输入、系统和输出。系统就是在 Simulink 中建立并研究的系统方框图；输入一般用信号源（Source）表示，具体可以是常数、正弦信号、方波，以及随机信号等，其代表实际对系统的输入信号；输出则一般用信号输出（Sink）表示，具体可以是示波器、图形记录仪等。无论是输入、输出，还是系统，都可以从 Simulink 模块中直接获得，或由用户根据实际需要采用模块库中的模块组合而成。

对于一个实际的 Simulink 模型而言，这三个部分并不都是必需的，有些模型可能不存在输入或输出部分。

扫一扫，看视频

实例——模型仿真演示

源文件：yuanwenjian\ch03\sim_demo.m

本实例利用 Simulink 的示例模型展示 Simulink 模型编辑环境，并演示 Simulink 仿真的方法。

操作步骤

（1）在 MATLAB "主页" 选项卡中单击 Simulink 按钮，打开 "Simulink 起始页" 窗口。切换到 "示例" 选项卡，将鼠标指针移到某个示例图标上，显示 "打开示例" 按钮，如图 3-2 所示。

（2）单击示例图标 "自动变速器控制器建模"，即可在 Simulink 编辑环境中打开对应的模型文件，如图 3-3 所示。

Simulink 模型编辑环境的功能区主要包含仿真、调试、建模和格式等选项卡。"仿真" 选项卡包含新建、打开、保存、仿真分析等功能按钮；"调试" 选项卡包含模型的调试操作命令；"建模" 选项卡包括显示信号线、设置模块参数、查找与对比模型等功能按钮；"格式"选项卡包含与当前模型或模型中选中模块相关的格式属性。

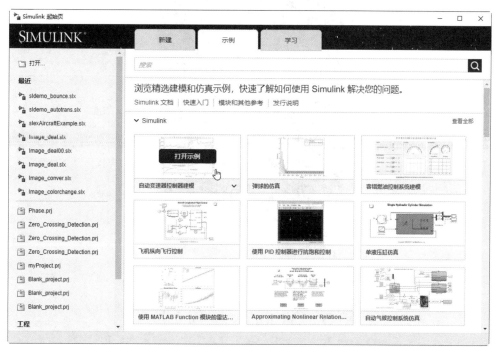

图 3-2 "示例"选项卡

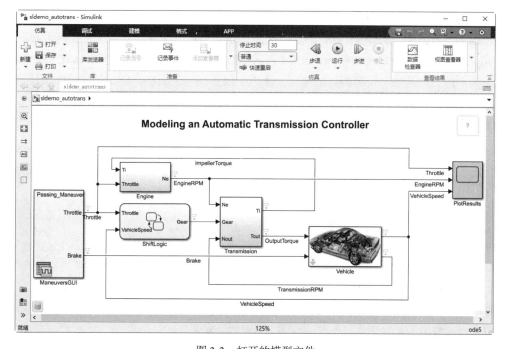

图 3-3 打开的模型文件

（3）在"仿真"选项卡中单击"运行"按钮，至编译完成后，双击标签名为 PlotResults 的 Scope（示波器）模块，即可查看仿真结果，如图 3-4 所示。

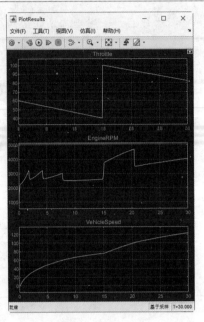

图 3-4　仿真结果

3.3　Simulink 工程文件

对于一个成功的企业而言，技术是核心，健全的管理体制是关键。同样，评价一个软件的好坏，文件的管理系统也是很重要的一个方面。

当模型内容不断增多，管理模型会变得复杂起来。MATLAB 的工程文件用于查找所有必需的文件、管理和共享文件、设置用户定义的任务、与源代码管理进行交互等，包括所有 MATLAB 和 Simulink 文件，以及需要的任何其他文件类型，如数据、要求、报告、电子表格、测试和生成的文件等。

工程可完成以下工作，从而促进更高效的团队合作，提高工作效率。

- 查找属于某个工程的所有文件。
- 创建初始化和关闭工程的标准方法。
- 创建、存储、轻松访问常见操作。
- 查看和标记修改的文件以完成同行评审工作流。
- 利用与外部源代码管理工具 Subversion（SVN）或 Git 的内置集成共享工程。

工程还提供了一些额外的工具帮助用户使用 Simulink 工作流。

- 启动时打开模型并运行。
- 检查被遮蔽的模型文件。
- 模型、子系统、库和库模块、数据文件、要求和生成代码的依存关系分析。
- 模型、库、库链接、模型引用、模型回调、S-Function、总线和总线元素的自动重构帮助比较和合并模型中的差异。

3.3.1　打开工程文件

MATLAB 支持项目级别的文件管理，在一个工程文件中包括 MATLAB 文件、数据文件、要求、报告、电子表格、测试和生成的文件。

例如，要设计一个弹体工程，可以将模型和库文件、.m、.mat 及其他文件、S-Function 的源代码和数据等放在一个工程文件中，这样便于文件管理、维护和开发。一个工程文件类似于 Windows 系统中的一个"文件夹"，在工程文件中可以执行对文件的各种操作，如运行设置代码、打开模型、仿真、编译和运行关闭代码等，操作源代码管理下的文件（签出、比较修订版、标记或签入）。但需要注意的是，工程文件只负责管理，在保存文件时，工程中的各个文件是以单个文件的形式保存的。

执行下面的命令：

```
>> sldemo_slproject_airframe
```

打开"工程"面板，进入工程文件管理环境，创建工程文件的工作副本并打开工程文件，如图 3-5 所示。从图中可以看到，该工程文件中包含了与整个设计相关的所有文件。

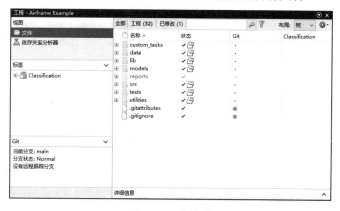

图 3-5　工程文件

3.3.2　创建工程文件

在进行工程设计时，通常要先创建一个项目文件，以便对文件进行管理。

在功能区的"主页"选项卡中选择"新建"→"工程"命令，在弹出的子菜单中可以看到要创建的工程文件类型，如图 3-6 所示。

（1）空白工程。执行该命令，弹出"新建工程"对话框，如图 3-7 所示。在"工程名称"与"工程文件夹"文本框中分别输入工程的名称与保存路径，然后单击"创建"按钮，进入"工程"编辑环境，如图 3-8 所示。

图 3-6　子菜单

图 3-7　"新建工程"对话框

图 3-8 创建空白工程

在图 3-8 中可以看到，系统自动在 MATLAB 当前文件夹面板中显示创建的工程文件及 resources 文件夹，其用于放置工程文件相关的信息文件。

在"工程"面板中显示工程文件管理环境，用于搜索、标记、批处理、共享和升级工程文件，以及创建脚本。

（2）从文件夹。选择该命令，可以将指定文件夹中的文件整理为一个工程。

（3）从 Git。Git 是一个开源的分布式源码的版本控制软件。选择该命令可通过从 Git 源代码管理中检索文件来创建项目的新本地副本。Git 在本地磁盘上保存所有有关当前项目的历史更新版本，并且 Git 中的绝大多数操作都只需要访问本地文件和资源，无须联网，所以处理速度很快。

（4）从 SVN。SVN 是 subversion 的缩写，是一个开放源代码的版本控制系统，由于 MATLAB 内置 SVN 集成，因此无须安装 SVN。内置的 SVN 集成忽略任何现有的 SVN。

该命令用于在 SVN 服务器中从存档工程中创建新工程。SVN 的工作区和版本库是分开的，SVN 工作区中每个目录下都包含一个名为.svn 的控制目录（隐藏的目录）。

（5）从 Simulink 模板。在"Simulink 起始页"窗口中使用 Simulink 模板创建和重用标准工程结构。

3.3.3 管理工程文件

在工程管理界面可以执行新建工程文件、打开工程文件、共享与分析工程文件等操作，如图 3-9 所示。下面简要介绍工程管理中常用的几个操作。

图 3-9 工程管理界面

1. 加载文件

创建一个空白工程后，工程文件视图为空，此时需要在工程中添加文件。下面介绍向工程中添加文件的具体操作步骤。

（1）打开"工程"面板，在功能区的"工程"选项卡中展开"工具"选项组的下拉列表框，单击"添加文件"按钮，如图 3-10 所示，弹出"将文件添加到工程"对话框。

（2）选择需要添加的文件或文件夹，如图 3-11 所示。

（3）单击"确定"按钮，在"工程"面板中可看到添加的文件和文件夹的状态栏显示为对钩，如图 3-12 所示。

通过工程，可以查找所需的文件、管理并共享文件和设置，以及与源代码管理进行交互等，从而有助于组织大型建模工程。

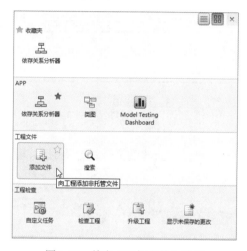

图 3-10　单击"添加文件"按钮

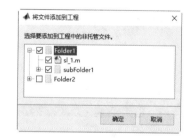

图 3-11　"将文件添加到工程"对话框

图 3-12　添加文件

2. 新建文件

创建工程文件后，在"工程"面板的空白处右击，从弹出的快捷菜单中选择"新建"命令，可以看到在子菜单中包含不同的文件类型，可以新建文件夹、脚本、实时脚本、函数、实时函数、类、模型等，如图 3-13 所示。

（1）选择"文件夹"命令，可在"工程"面板中新建一个文件夹。

（2）选择"脚本"命令，可在"工程"面板中新建一个默认名称为 untitled.m 的脚本文件。

（3）选择"实时脚本"命令，可在"工程"面板中新建一个默认名称为 untitled.mlx 的实时脚本文件。

（4）选择"函数"命令，可在"工程"面板中新建一个默认名称为 untitled.m 的函数文件。

（5）选择"实时函数"命令，可在"工程"面板中新建一个默认名称为 untitled.mlx 的实时函数文件。

（6）选择"类"命令，可在"工程"面板中新建一个默认名称为 untitled.m 的类文件。

（7）选择"模型"命令，可在"工程"面板中新建一个默认名称为 untitled1.slx 的模型文件，如图 3-14 所示。双击该模型文件进入 Simulink 模型文件编辑环境，如图 3 15 所示。

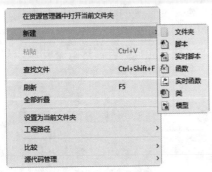

图 3-13　快捷菜单

图 3-14　新建模型文件

3. 文件管理

在创建的文件上右击，弹出如图 3-16 所示的快捷菜单，可以对新建的文件进行重命名、删除、剪切、复制等操作。

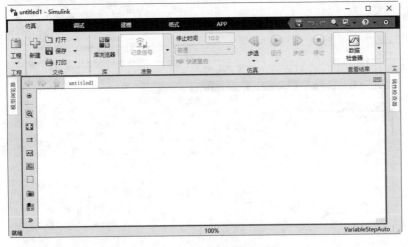

图 3-15　模型文件编辑环境

图 3-16　快捷菜单

📢 提示：

在不同的文件类型上右击，弹出的快捷菜单也会有所不同。例如，对于脚本文件，可以查看文件帮助；对于文件夹，可以设置为当前文件夹。

3.4　以编程的方式创建和编辑工程

用户可以使用工程来查找运行代码所必需的文件、管理并共享文件和设置，也可以通过编程的方式创建和编辑工程，与源代码管理进行交互。

3.4.1　创建和导出工程文件

在 MATLAB 中，currentProject 函数用于获取当前工程，该函数的调用格式见表 3-1。

表 3-1　currentProject 函数调用格式

调　用　格　式	说　　　明
proj = currentProject	获取当前打开的工程，并返回工程对象 proj，可以使用该对象以编程的方式操作工程

在当前打开的工程正在为引用工程运行快捷方式、启动文件或关闭文件时，currentProject 函数将为引用工程返回对象。如果没有打开的工程，MATLAB 将显示错误。

实例——获取当前工程的信息

源文件：yuanwenjian\ch03\current_project.m
本实例使用 currentProject 函数获取一个示例工程的相关信息。

操作步骤

MATLAB 程序如下。

```
>> clear                                %清除工作区中的变量
>> matlab.project.example.timesTable     %打开 Times Table App 示例工程文件
>> proj = currentProject                 %获取工程对象 proj
proj =
            Project - 属性:
                        Name: "Times Table App"
  SourceControlIntegration: "Git"
        RepositoryLocation: "C:\Users\QHTF\MATLAB\Projects\examples\repositories\
TimesTableApp"
      SourceControlMessages: ["分支状态: Normal"    ...    ]
                    ReadOnly: 0
                    TopLevel: 1
                Dependencies: [1×1 digraph]
                  Categories: [1×1 matlab.project.Category]
                        Files: [1×15 matlab.project.ProjectFile]
                    Shortcuts: [1×4 matlab.project.Shortcut]
                  ProjectPath: [1×3 matlab.project.PathFolder]
            ProjectReferences: [1×0 matlab.project.ProjectReference]
                StartupFiles: [1×0 string]
                ShutdownFiles: [1×0 string]
        DefinitionFilesType: FixedPathMultiFile
                  Description: "This example project contains the source code and tests
for a simple educational app. ↵Use the "Project Shortcuts" toolstrip tab to find ways of
getting started with this project."
```

```
                    RootFolder: "C:\Users\QHTF\MATLAB\Projects\examples\TimesTableApp"
        SimulinkCacheFolder: ""
      SimulinkCodeGenFolder: ""
        DependencyCacheFile: ""
      ProjectStartupFolder: "C:\Users\QHTF\MATLAB\Projects\examples\TimesTableApp"
```

程序运行结果如图 3-17 所示。

在 MATLAB 中，openProject()函数用于加载现有工程，该函数的调用格式见表 3-2。

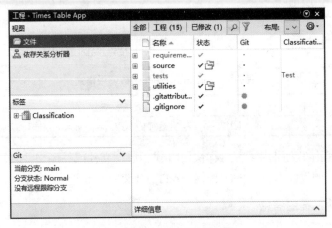

图 3-17 运行结果

表 3-2 openProject()函数调用格式

调用格式	说　明
proj = openProject(projectPath)	将工程加载到指定的文件或文件夹中

如果当前有任何工程处于打开状态，则 MATLAB 会先关闭打开的文件再加载指定的工程文件。

在 MATLAB 中，close()函数用于关闭工程文件，该函数的调用格式见表 3-3。

表 3-3 close()函数调用格式

调用格式	说　明
close(proj)	关闭指定的工程文件

扫一扫，看视频

实例——打开、关闭工程文件

源文件：yuanwenjian\ch03\open_project.m
本实例加载指定路径下的工程文件，然后关闭。
操作步骤
MATLAB 程序如下。

```
>> clear                              %清除工作区中的变量
>> proj = openProject("\yuanwenjian\ch03")  %打开指定路径下的工程文件，并获取工程对象 proj
proj =
          Project - 属性:
                    Name: "myproject"
    SourceControlIntegration: ""
        RepositoryLocation: ""
```

```
        SourceControlMessages: [1×0 string]
                    ReadOnly: 0
                    TopLevel: 1
                Dependencies: [1×1 digraph]
                  Categories: [1×1 matlab.project.Category]
                       Files: [1×2 matlab.project.ProjectFile]
                   Shortcuts: [1×0 matlab.project.Shortcut]
                 ProjectPath: [1×0 matlab.project.PathFolder]
           ProjectReferences: [1×0 matlab.project.ProjectReference]
                StartupFiles: [1×0 string]
               ShutdownFiles: [1×0 string]
          DefinitionFilesType: FixedPathMultiFile
                 Description: ""
                  RootFolder: "C:\Users\QHTF\Documents\MATLAB\yuanwenjian\ch03"
          SimulinkCacheFolder: ""
        SimulinkCodeGenFolder: ""
          DependencyCacheFile: ""
        ProjectStartupFolder: "C:\Users\QHTF\Documents\MATLAB\yuanwenjian\ch03"
>> close(proj)                           %关闭工程，对应的"工程"面板也随之关闭
```

程序运行结果如图 3-18 所示。

图 3-18　运行结果

工程存档会保留工程文件、结构、标签和快捷方式，但不包括任何源代码管理信息。可以使用工程存档将工程发送给无权访问源代码管理存储库的客户、供应商或同事。收件人可以通过双击工程存档文件从存档中创建新工程。

在 MATLAB 中，export()函数用于将所有工程引用打包在存档中，该函数的调用格式见表 3-4。

表 3-4　export()函数调用格式

调 用 格 式	说　　明
export(proj,archiveName)	将指定工程导出到名为 archiveName 的新工程存档文件中。archiveName 必须包含.mlproj 扩展名或无任何扩展名。如果未指定扩展名，默认添加.mlproj 扩展名
export(proj,archiveName,'ArchiveReferences',archiveReferences)	将指定的工程导出到新工程存档文件中，并指定是否在包中包含工程引用

实例——将工程导出到工程存档文件中

源文件：yuanwenjian\ch03\export_project.m

本实例将获取当前打开的工程对象，然后导出到指定的工程存档文件中。

扫一扫，看视频

操作步骤

MATLAB 程序如下。

```
>> clear                                    %清除工作区中的变量
>> matlab.project.example.timesTable        %打开示例工程
>> proj = currentProject;                   %获取工程对象 proj
>> export(proj,"timestableproj.mlproj")     %将工程导出到 mlproj 格式的工程存档文件中
```

程序运行结果如图 3-19 所示。

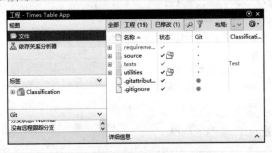

图 3-19　示例工程

在 MATLAB 中，matlab.project.createProject()函数用于创建空白工程，该函数的调用格式见表 3-5。

表 3-5　matlab.project.createProject()函数调用格式

调 用 格 式	说　　明
proj = matlab.project.createProject	在默认工程文件夹中创建新工程，并返回工程对象
proj = matlab.project.createProject(path)	在指定文件夹中创建工程
proj = matlab.project.createProject(name)	使用指定的名称在默认文件夹中创建工程

实例——创建工程文件

源文件：yuanwenjian\ch03\create_project.m
本实例创建一个指定名称的新工程文件。

操作步骤

MATLAB 程序如下。

```
>> clear                                   %清除工作区中的变量
>> proj = matlab.project.createProject;    %创建新工程，并返回工程对象
>> proj.Name = "New Project";              %设置工程名称
```

运行后打开"工程"面板，显示打开的工程文件，如图 3-20 所示。

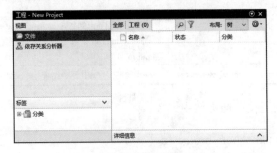

图 3-20　运行结果

工程在加载时会将文件夹放在 MATLAB 搜索路径上，关闭时会将其从搜索路径中删除。其他操作工程文件的函数见表 3-6。

表 3-6　操作工程文件的函数

函　　数	说　　明
matlab.project.deleteProject	停止文件夹管理并删除工程定义文件
matlab.project.loadProject	加载工程
matlab.project.rootProject	获取根工程
Simulink.createFromTemplate	从模板中创建模型或项目
Simulink.findTemplates	查找具有指定属性的模型或项目模板
Simulink.exportToTemplate	从模型或项目中创建模板

3.4.2　设置工程文件

设置工程文件的常用操作包括在工程中添加文件、添加文件夹、删除文件等。

1. 添加文件和文件夹

在 MATLAB 中，addFile()函数用于将文件或文件夹添加到工程中，该函数的调用格式见表 3-7。

表 3-7　addFile()函数调用格式

调 用 格 式	说　　明
addFile(proj,fileOrFolder)	将一个文件或文件夹添加到 proj 工程中
newfile = addFile(proj,fileOrFolder)	添加文件，返回 ProjectFile 对象

使用 addFolderIncludingChildFiles()函数也可以将文件或文件夹添加到工程中，该函数的调用格式见表 3-8。

表 3-8　addFolderIncludingChildFiles()函数调用格式

调 用 格 式	说　　明
addFolderIncludingChildFiles(proj,folder)	将文件夹及其所有子文件夹和文件添加到指定的工程中
newfile = addFolderIncludingChildFiles(proj,folder)	添加文件，返回 ProjectFile 对象

fullfile()函数用于在工程中创建完整的文件名，该函数的调用格式见表 3-9。

表 3-9　fullfile()函数调用格式

调 用 格 式	说　　明
f = fullfile(filepart1,…,filepartN)	根据指定的文件夹和文件名构建完整的文件名，并未实际创建该文件

mkdir()函数用于在工程中创建文件夹，该函数的调用格式见表 3-10。

表 3-10　mkdir()函数调用格式

调 用 格 式	说　　明
mkdir folderName	创建文件名为 folderName 的文件夹
mkdir parentFolder folderName	在 parentFolder 中创建 folderName

续表

调 用 格 式	说　明
status = mkdir(…)	创建指定的文件夹，并在操作成功或文件夹已存在时返回状态 1
[status,msg] = mkdir(…)	返回发生的任何警告或错误的消息文本
[status,msg,msgID] = mkdir(…)	返回发生的任何警告或错误的消息 ID

removeFile()函数用于从工程中删除指定文件，该函数的调用格式见表 3-11。

表 3-11　removeFile()函数调用格式

调 用 格 式	说　明
removeFile(proj,file)	从工程 proj 中删除 file 指定的文件

扫一扫，看视频

实例——在工程中创建、删除文件夹

源文件：yuanwenjian\ch03\folders.m

操作步骤

MATLAB 程序如下。

```
>> clear                                          %清除工作区中的变量
>> proj = matlab.project.createProject;           %创建空白工程，打开工程视图
>> proj.Name = "New_Project";                     %定义工程文件名称
>> newfolder = fullfile(proj.RootFolder,"folder1");   %在工程文件的根目录下创建文件夹名
>> mkdir(newfolder);                              %创建文件夹
>> addFile(proj,newfolder);                       %在工程中添加创建的文件夹
>> removeFile(proj,newfolder);                    %在工程中删除文件夹
```

程序运行后打开"工程"面板，显示打开的工程文件，如图 3-21 所示。

（a）添加文件夹

（b）删除文件夹

图 3-21　运行结果

实例——在工程中添加多级文件夹

源文件：yuanwenjian\ch03\add_folders.m

操作步骤

MATLAB 程序如下。

```
>> clear                                          %清除工作区中的变量
>> proj = matlab.project.createProject;            %创建空白工程
>> proj.Name = "New Project";                      %定义工程文件名称
>> newf = fullfile(proj.RootFolder,'new1','new11'); %创建文件夹名
>> mkdir(newf);                                    %创建文件夹
>> newfolder = fullfile(newf,'new.m');             %创建文件名
>> save(newfolder);                                %保存文件
>> addFolderIncludingChildFiles(proj,newfolder);   %在工程中添加包含子文件夹的文件夹
```

程序运行后打开"工程"面板，显示打开的工程文件，如图 3-22 所示。

图 3-22 运行结果

2. 引用文件

在 MATLAB 中，addReference()函数用于将引用工程文件添加到工程中，该函数的调用格式见表 3-12。

表 3-12 addReference()函数调用格式

调 用 格 式	说　明
projreference = addReference(proj,referenceFolder)	添加 referencefolder 指定的引用工程文件到指定工程文件中
projreference = addReference(proj,referenceFolder,type)	指定要创建的引用工程文件的类型，type 取值为"relative"或"absolute"

removeReference 函数用于删除工程中的引用工程文件，函数格式与上面类似，这里不再赘述。

3. 工程路径

在 MATLAB 中，addPath()和 removePath()函数用于在工程路径中添加、删除文件夹，其中添加、删除的文件夹必须在工程中。该函数的调用格式见表 3-13。

表 3-13 addPath()和 removePath()函数调用格式

调 用 格 式	说　明
folderonpath = addPath(proj,folder)	将文件夹添加到指定的工程路径中
removePath(proj,folderpath)	从当前工程路径中移除文件夹

其他有关工程设置的函数见表 3-14。

表 3-14　工程设置函数

函　　数	说　　明
addShortcut	向工程添加快捷方式
addShutdownFile	将关闭文件添加到工程中
addStartupFile	将启动文件添加到工程中
findFile	按名称查找工程文件
isLoaded	确定工程是否已加载
reload	重新加载工程
removeReference	删除引用工程文件
removeShortcut	从工程中删除快捷方式
removeShutdownFile	从工程关闭列表中删除关闭文件
removeStartupFile	从工程启动列表中删除启动文件

3.5　Simulink 的工作环境

本节主要介绍 Simulink 的工作环境，使读者初步认识各组成部分，并掌握其操作方法。启动 Simulink 有多种方式，下面介绍常用的几种。

（1）在"主页"选项卡中选择"新建"→"Simulink 模型"命令。

（2）直接单击 Simulink 按钮。

（3）在命令行窗口中执行 simulink 命令。

打开图 3-23 所示的"Simulink 起始页"窗口，在该窗口中可以分别创建仿真工程文件、模型文件、库文件、子系统等文件。

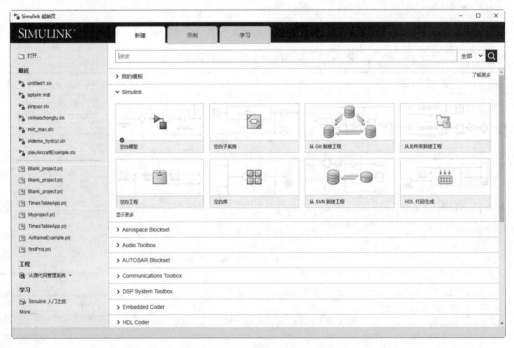

图 3-23　"Simulink 起始页"窗口

3.5.1　工程文件

创建 Simulink 工程有以下两种常用方法。

（1）在 MATLAB 的"主页"选项卡中单击 Simulink 按钮，打开"Simulink 起始页"窗口，选择其中的工程文件模板进行创建。

（2）在 MATLAB 的"主页"选项卡中选择"新建"→"工程"→"从 Simulink 模板"命令，打开"Simulink 起始页"窗口，在 Simulink 选项组下包含了 7 种具有不同标准结构的工程模板文件，如图 3-24 所示。

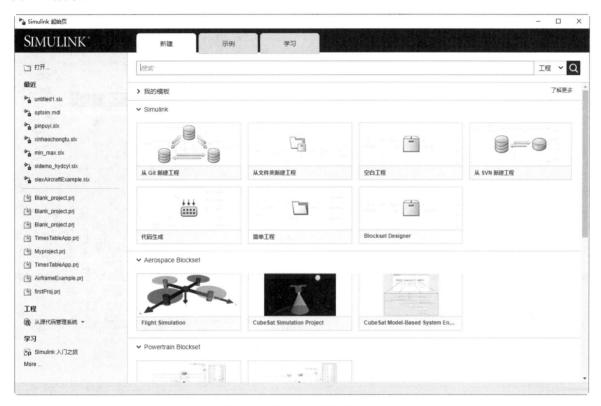

图 3-24　Simulink 工程模板文件

在"Simulink 起始页"窗口中单击一个模板，打开图 3-25 所示的"创建工程"对话框。分别在"名称"和"文件夹"文本框中指定工程名称和工程路径文件夹，然后单击"确定"按钮，即可在指定文件夹下创建工程文件。

图 3-25　"创建工程"对话框

3.5.2 模型文件

Simulink 是动态系统的图形建模和仿真环境，在模型文件中，它可以创建模块图，用模块表示系统的各个组成部分。模块可以用于表示物理组件、小型系统或函数，而输入/输出关系则完整描述了模块特征。

Simulink 建立的模型具有以下 3 个特点。

（1）仿真结果的可视化。

（2）模型的层次性。

（3）可封装子系统。

在"Simulink 起始页"窗口中将鼠标指针移到"空白模型"上显示"创建模型"按钮，单击"创建模型"按钮，打开 Simulink 模型编辑界面，如图 3-26 所示。

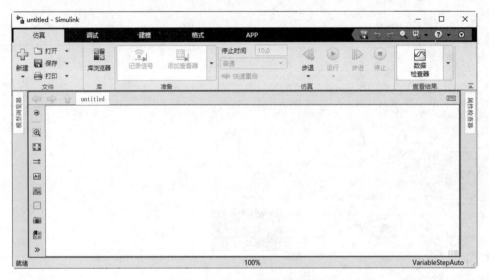

图 3-26　Simulink 模型编辑界面

1. 新建文件

在功能区的"仿真"选项卡中单击"新建"按钮，弹出如图 3-27 所示的下拉菜单，利用该菜单中的命令可创建空白模型文件、空白子系统模型文件，基于模板创建模型文件、子系统文件、状态图、模块库，以及工程文件等。

2. 打开文件

在功能区的"仿真"选项卡中单击"打开"按钮，弹出如图 3-28 所示的"打开"对话框，可以打开模型文件或其他格式的 MATLAB 文件。

3. 保存文件

在功能区的"仿真"选项卡中单击"保存"按钮，可以保存当前编辑的模型文件或其他格式的 MATLAB 文件。如果当前文件是首次保存，会弹出如图 3-29 所示的"另存为"对话框。

图 3-27 "新建"菜单

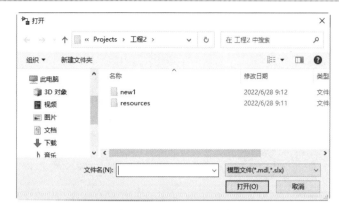

图 3-28 "打开"对话框

图 3-29 "另存为"对话框

在"保存类型"下拉列表框中可以看到以下几种保存类型。

❧ Simulink 模型(*. slx)：slx 是 mdl 的二进制格式，是与较新的 SLX 格式相关联的 Simulink 模型文件类型。R2012a 版本及以后的所有 Simulink 模型都采用该文件作为默认格式。slx 取代了以前的 mdl 格式，由于采用了 ZIP 压缩，其可以实现更小的文件大小，同时具有更好的内化支持，并能实现增量加载，因此一般推荐使用.slx。

❧ Simulink 模型(*. mdl)：mdl 是文本文件，可以用 notepad++打开。

❧ 所有文件 (*.*)：保存为 Simulink 模型文件，扩展名为 mdl 或 slx。

实例——Simulink 模型的特点

源文件：yuanwenjian\ch03\sldemo_hydcyl4.slx
本实例使用 Simulink 示例模型文件演示 Simulink 模型的特点。

扫一扫，看视频

操作步骤

（1）在 MATLAB "主页"选项卡中单击 Simulink 按钮，打开如图 3-30 所示的"Simulink 起始页"窗口。

（2）切换到"示例"选项卡，单击 Simulink 类别右侧的"查看全部"超链接，打开示例列表，如图 3-31 所示。

图 3-30　"Simulink 起始页"窗口

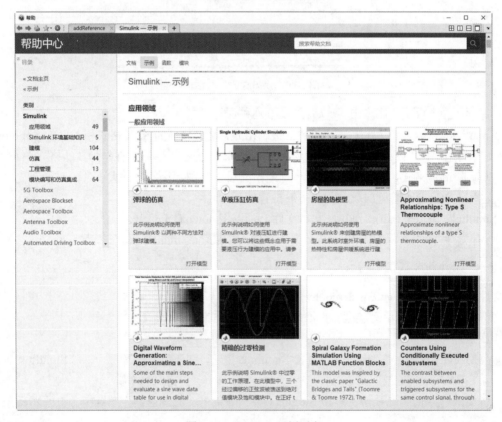

图 3-31　Simulink 示例列表

（3）单击 Four Hydraulic Cylinder Simulation（四液压缸模拟）示例右下角的"打开模型"超链接，打开模型文件，如图 3-32 所示。

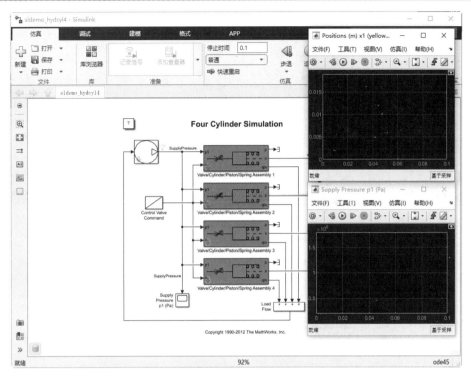

图 3-32 示例模型文件

（4）单击"仿真"选项卡中的"运行"按钮，即可编译运行模型文件。运行完成后，在示波器中可以看到如图 3-33 所示的仿真结果。

（5）在模型文件中双击 Control Valve Command（控制阀命令）模块，即可打开如图 3-34 所示的 Control Valve Command 子系统图标。

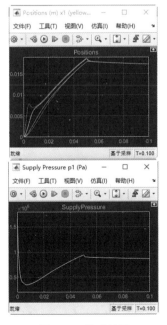

图 3-33 仿真结果

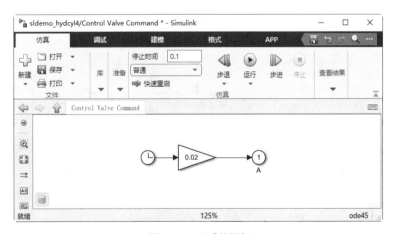

图 3-34 子系统图标

3.5.3　模块库

Simulink 提供了一些模块库，它们是按功能分组的模块的集合，是系统仿真的基础。使用系统提供的预定义模块库中的模型表示动态系统，然后使用信号线连接模块，以确立各系统组件之间的数学关系。

在功能区的"仿真"选项卡中单击"库浏览器"按钮，弹出如图 3-35 所示的"Simulink 库浏览器"对话框，在该对话框中显示系统分类的模块库。

图 3-35　"Simulink 库浏览器"对话框

3.5.4　子系统文件

用户可以把一个完整的系统按照功能划分为若干个子系统，而每一个子系统又可以进一步划分为更小的子系统，按照这样依次细分下去，就可以把系统划分成多层。

图 3-36 所示为一个二级系统图的基本结构。

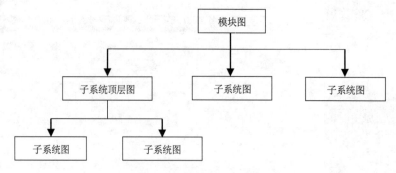

图 3-36　二级系统图的基本结构

在"Simulink 起始页"窗口中单击"空白子系统"，即可进入 Simulink 子系统编辑界面，如图 3-37所示。

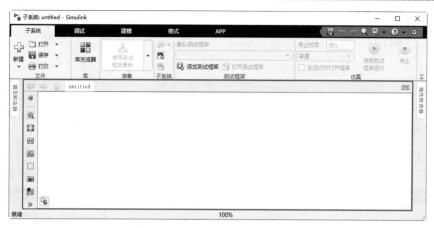

图 3-37　Simulink 子系统编辑界面

3.5.5　Simulink 的数据类型

Simulink 在仿真开始之前和运行过程中会自动确认模型的类型安全性，以保证该模型产生的代码不会出现上溢或下溢的情况。

1．Simulink 支持的数据类型

Simulink 支持所有的 MATLAB 内置数据类型，除此之外，Simulink 还支持布尔类型。绝大多数模块都默认为 double 类型的数据，但有些模块需要 boolean 类型和复数类型等。

在 Simulink 模型窗口中右击，弹出快捷菜单，选择 Other Displays（其他显示命令）→Signal & Ports（信号与端口）→Port Data Types（模块端口数据类型）命令，如图 3-38 所示，查看信号的数据类型和模块输入/输出端口的数据类型。示例如图 3-39 所示。

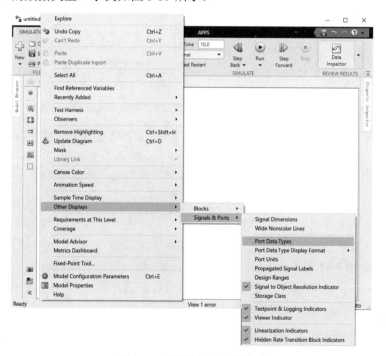

图 3-38　查看信号的数据类型

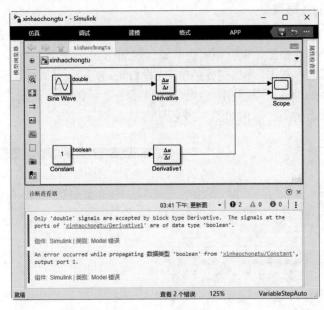

（a）执行命令前　　　　　　　　　　（b）执行命令后

图 3-39　信号的数据类型示例

2. 数据类型的统一

如果模块的输入/输出信号支持的数据类型不相同，则在仿真时会弹出错误提示对话框，告知出现冲突的信号和端口。此时可以尝试在冲突的模块间插入 Data Type Conversion（数据类型转换）模块来解决类型冲突。

扫一扫，看视频

实例——信号冲突

源文件：yuanwenjian\ch03\xinhaochongtu_1.slx、xinhaochongtu.slx

本实例通过解决信号冲突演示统一模块输入/输出信号数据类型的方法。

操作步骤

（1）打开如图 3-40 所示的示例模型 xinhaochongtu_1.slx，当常数模块的输出信号类型设置为 boolean 型时，由于连续信号积分器只接收 double 类型的信号，所以会弹出错误提示框。

图 3-40　示例模型

（2）在"仿真"选项卡中单击"库浏览器"按钮，打开 Simulink 库浏览器，搜索 Data Type Conversion 模块，将找到的模块拖放到模型文件中，在示例模型中插入 Data Type Conversion 模块，并将其输出改为 double 类型，如图 3-41 所示。

（3）双击模型文件中的 Scope（示波器）模型，即可打开示波器，显示输出结果，如图 3-42 所示。

3. 复数类型

Simulink 默认的信号值都是实数，但在实际问题中有时需要处理复数信号。此时 Simulink 通常会使用 Real-Image to Complex 模块和 Magnitude-Angle to Complex 模块建立处理复数信号的模型。

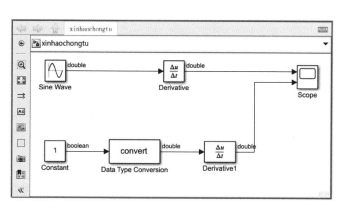

图 3-41　修改后的模型文件

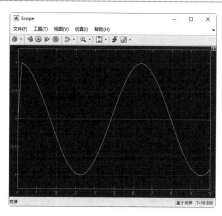

图 3-42　仿真结果

扫一扫，看视频

实例——输出复数

源文件： yuanwenjian\ch03\Complex.slx

本实例创建输出复数的仿真模型。

操作步骤

（1）创建模型文件。在 MATLAB "主页" 选项卡中单击 Simulink 按钮，打开 "Simulink 起始页" 窗口。单击 "空白模型"，创建空白模块文件，进入 Simulink 编辑环境。

（2）放置模块。单击 "库浏览器" 按钮，打开 "库浏览器" 窗口。

选择 Commonly Used Blocks（常用模型）→Sources（信号源）库，在模型中加入 3 个常量模块 constant，将 3 个模块的参数分别设置为复数 1+3i、5 和 2，并显示模块名称。

在 Sinks（输出方式）库中选择显示模块 Display，并拖放 3 个模块到模型文件中。

在 Math Operations（数学操作符）库中将 Real-Image to Complex 模块和 Magnitude-Angle to Complex 模块拖放到模型文件中。Real-Image to Complex 模块用于生成复数的实部和虚部，Magnitude-Angle to Complex 模块用于生成复数的幅值和辐角。

选中任意一个模块，在 "格式" 选项卡中单击 "自动名称" 下拉按钮，在弹出的下拉菜单中取消勾选 "隐藏自动模块名称" 复选框，此时将显示当前模型中所有模块的名称。

连接模型，分别生成复数的虚部和实部、幅值和辐角，联合生成复数。

（3）运行仿真。单击 "仿真" 选项卡中的 "运行" 按钮，编译结束后，在 Display（显示）模块中显示输出结果，如图 3-43 所示。

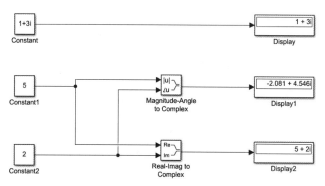

图 3-43　复数信号模型

第 4 章　Simulink 建模设计

内容指南

　　Simulink 为用户创建系统仿真模型提供了友好的可视化环境，用户通过鼠标的单击和拖动就能完成创建模型的大部分工作。模块和信号线是方框图的基本组成单位。因此，了解模块与信号线的概念和使用是创建模型的第一步。

　　本章主要介绍 Simulink 创建模型中的有关概念、相关的工具和操作方法，旨在使读者熟悉 Simulink 环境的使用和模型创建的基本操作，为以后进一步深入学习奠定基础。

内容要点

- ↘ 模型和模型文件
- ↘ 模块操作
- ↘ 信号线操作
- ↘ 模型界面设计
- ↘ 回调函数
- ↘ 综合实例——弹球模型动态系统

4.1　模型和模型文件

　　在 Simulink 环境中，系统模型由方框图表示，创建模型方框图是 Simulink 进行动态系统仿真的第一步。在实际应用中，通过以下类型的更改可以提高模型的可读性。

- ↘ 改进模型布局。
- ↘ 翻转或旋转模块或模块组。这些调整有助于模块更好地适应模型布局并与其他模块相连接。
- ↘ 移动或隐藏模块名称。
- ↘ 为模块和背景添加颜色。
- ↘ 通过更改字体、加深阴影强度来调整美观性。
- ↘ 使用方框围起一组模块，表示这些模块是相关的。
- ↘ 将一个模块、信号线或区域的格式复制给另一个模型元素。
- ↘ 使用文本、图像和数学注释说明模型。
- ↘ 注释模块。
- ↘ 更改模块图标，如在模块上显示一个图形，可以使用封装实现此效果。封装还允许为模块设计自定义接口。

4.1.1　设置模型环境

Simulink 为用户创建系统仿真模型提供了友好的可视化环境，为了增加可读性，达到最好的效果，可以调整模块及模块文件的工作环境。

进入模型文件编辑环境后，编辑窗口的背景默认是白色的，模块背景也是白色的，执行以下操作可以更改模型编辑窗口的背景颜色。

（1）在未选中任何对象的条件下，单击"格式"选项卡中的"背景"下拉按钮，在如图 4-1 所示的下拉列表中选择需要的颜色块，即可将选中颜色设置为编辑窗口的背景颜色。

（2）在未选中任何对象的条件下，右击窗口内的任意空白位置，在弹出的快捷菜单中选择"画布颜色"命令，在子菜单中选择需要的颜色，如图 4-2 所示，也可以修改编辑窗口的背景颜色。

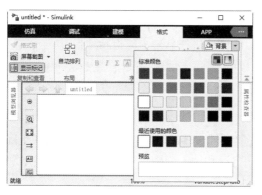

图 4-1　修改模型文件背景色

图 4-2　右键快捷菜单

4.1.2　模型层次关系

Simulink 模型可以组织成具有层次结构的组件，在分层模型中，可以选择查看整体系统。

在"建模"选项卡的"评估和管理"选项组中单击"环境"下拉按钮，在弹出的下拉菜单中选择"模型浏览器"命令，在模型编辑窗口中激活"模型浏览器"窗口。该窗口中显示了模型层次结构，如图 4-3 所示。

图 4-3　"模型浏览器"窗口

4.1.3　使用模型资源管理器

在"建模"选项卡的"设计"选项组中单击"模型资源管理器"按钮 ，或在模型文件工作区中右击，从弹出的快捷菜单中选择"浏览"命令，打开"模型资源管理器"窗口，如图 4-4 所示。

图 4-4　"模型资源管理器"窗口

该界面中主要包含菜单栏、工具栏、"模块层次结构"面板、"内容"工作区和"模型属性"面板。利用模型资源管理器可以很方便地对模型文件中的模块进行显示、编辑与搜索。

4.2　模块操作

模型设计是 Simulink 设计的第一步，是仿真运行等后续步骤的基础。因此，一幅模型图正确与否，直接关系到整个设计是否能够成功。另外，为了方便自己和他人读图，模型图的美观、清晰和规范也十分重要。

选中模型文件中的一个模块后，功能区的"格式"选项卡如图 4-5 所示。

图 4-5　"格式"选项卡

Simulink 系统会自动给出与当前选中模块相关的显示属性，但大多数情况下，这些默认参数不一定适合用户的需求，尤其是模型显示样式。用户可以根据设计对象的复杂程度，对模型的显示格式及其他相关参数重新进行定义。

Simulink 提供了通过命令行建立模型和设置模型参数的方法。一般情况下，用户不需要使用这种方法来建模，因为它很不直观，因此这里不再介绍。

4.2.1　模块的基本概念

模块是 Simulink 建模的基本元素，了解各个模块的作用是熟练掌握 Simulink 的基础。下面介绍利用 Simulink 进行系统建模和仿真的基本步骤。

（1）绘制系统流程图。首先将要建模的系统根据功能划分成若干子系统，然后用模块搭建每个子系统。

（2）新建一个模型窗口，启动 Simulink 模块库浏览器。

（3）将所需模块放入模型窗口中，并按系统流程图的布局连接各模块，然后封装子系统。

（4）设置各模块的参数和与仿真有关的各种参数。

（5）保存模型，模型文件的后缀名为.slx。

（6）运行并调试模型。

4.2.2　模块的基本操作

模块是 Simulink 模型方框图的基本组成单位，其用于实现某种功能。Simulink 编辑区默认采用一个不可见的 5 像素的网格来控制模块的定位，以保证模型中的所有模块和网格中的网格线对齐。本小节介绍模块的基本操作，包括选择、放置、复制、移动、删除等。

1. 选择模块

选择模块是模块进行其他操作的前提，将鼠标放置在要选择的模块上，四个角处将会出现白色小矩形，称为柄（handle），单击要选择的模块，模块边框显示为蓝色并高亮显示，如图 4-6 所示。

- ➥ 选择一个模块：单击要选择的模块，模块高亮显示。选择一个模块后，之前选择的模块会被取消选择。
- ➥ 选择多个模块：按住鼠标左键并拖动鼠标，将要选择的模块包括在鼠标拖出的方框内，如图 4-7 所示；或者按住 Shift 键，然后逐个选择。
- ➥ 选择所有模块：在模型文件的空白处右击，从弹出的快捷菜单中选择"全选"命令；或者按 Ctrl+A 组合键，即可选中当前窗口中的所有模块。

图 4-6　选择一个模块

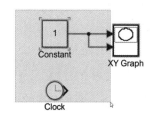

图 4-7　选择多个模块

2. 放置模块

在"库浏览器"对话框中选择需要的模块后，在模型文件中放置模块有以下两种方式。

- ➥ 将选择的模块拖放到模块文件中。
- ➥ 在选择的模块上右击，在如图 4-8 所示的快捷菜单中选择"向模型添加模块"命令（其中的 untitled 为模型文件的名称），完成放置的模块如图 4-9 所示。

图 4-8　快捷菜单

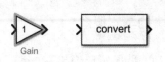

图 4-9　放置增益模块 Gain

添加模块时，编辑器会自动为模块命名。例如，将添加的第一个 Gain 模块命名为 Gain，下一个模块命名为 Gain1，以此类推。默认情况下，在模型文件中自动隐藏模块名称，可以通过选择模块来查看名称，也可以通过设置模块名称的隐藏与显示状态来显示名称。在"调试"选项卡中单击"叠加信息"下拉按钮，在如图 4-10 所示的下拉菜单中单击"隐藏自动模块名称"按钮，取消其选中状态，即可自动显示所有模块的名称。

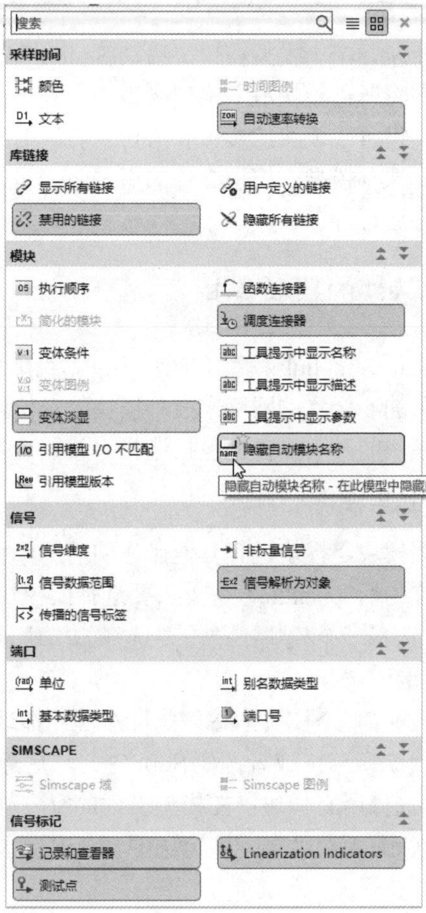

3．复制模块

在绘制模型图时，有时需要大量功能和设置都相同的模块，如果逐个放置然后设置参数，不仅操作效率低下，而且容易出错。这种情况下，采用"复制"命令可以减少烦琐的重复步骤。

（1）在不同模型窗口之间复制模块。直接将模块从一个窗口拖动到另一个窗口。

（2）在同一模型窗口中复制模块，主要有以下四种方式。

- ❥ 选中模块，然后按 Ctrl+C 组合键，再按 Ctrl+V 组合键。
- ❥ 右击模块，在弹出的快捷菜单中选择"复制"命令和"粘贴"命令。
- ❥ 选中模块，按住 Ctrl 键的同时，按住鼠标左键拖动模块。
- ❥ 按住鼠标右键拖动选中的模块。

4．移动模块

移动模块有以下两种常用的方法。

- ❥ 在模块上按住鼠标左键拖放到目的地释放。移动模块后，Simulink 会自动重新布置连接到该模块上的信号线。
- ❥ 选中模块后，利用键盘上的 4 个方向键移动模块的位置。

5．删除模块

虽然不删除模型中多余的模块，Simulink 也可以正常运行，也并不会因此而影响仿真结果。但多余的模块会降低模型的可读性，并会在 MATLAB 命令行窗口中显示大量的警告信息，这对调试程序不利，因此建议删除多余模块。选中模块，直接按 Delete 键即可删除。

图 4-10　"叠加信息"下拉菜单

6. 查看模块的信息

在"Simulink 库浏览器"对话框中，将鼠标指针停留在模块图标上时，会出现一个信息提示框，从中可以查看模块的名称和描述等信息，如图 4-11 所示。

7. 改变模块的大小

选中模块，将鼠标指针移动到模块方框的一角，当鼠标指针变成双向箭头时，按住鼠标左键拖动到合适大小后释放，即可改变模块的大小，如图 4-12 所示。

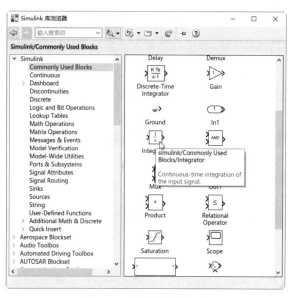

图 4-11　查看模型的信息

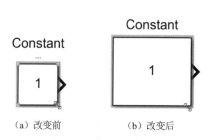

　　（a）改变前　　　　　（b）改变后

图 4-12　改变模块大小

4.2.3　修改模块外观

为增强 Simulink 模型图的视觉效果，可以设置模块的颜色、阴影与字体。

1. 修改模块颜色

选中需要修改的模块，在"格式"选项卡中单击"背景"下拉按钮，从弹出的下拉列表中选择需要的颜色，即可修改模块的背景色。同样的方法，在"格式"选项卡中单击"前景"下拉按钮，从弹出的下拉列表中选择需要的颜色，即可修改模块的前景色，如图 4-13 所示。

　　（a）原图　　　　　　（b）设置背景色　　　　　（c）设置前景色

图 4-13　修改模块颜色

右击模块，利用快捷菜单中的"格式"→"前景颜色"（或"背景颜色"）菜单项的子菜单，也可以很方便地修改模块的前景色（或背景色）。

2. 添加阴影

默认情况下，模块都带有阴影。有时为了提高系统的可读性，或者为了强调模型中的重点模块，可以通过修改模块阴影的强度以增强视觉效果，凸显模块。

选中模块，在功能区的"格式"选项卡中单击"阴影"按钮，可以增强模块的阴影效果，再次单击"阴影"按钮则恢复。不同强度的阴影效果如图 4-14 所示。

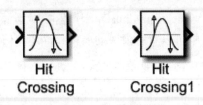

图 4-14 不同强度的阴影效果

4.2.4 设置模块字体

为了使模型更易于阅读或符合某种标准，可随意更改任何模块的字体系列、样式和大小。

选中模块，在"格式"选项卡的"字体和段落"选项组中可以看到字体的设置选项，如图 4-15 所示。

（1）Arial：在该下拉列表中选择字体名称。

（2）10：在该下拉列表中选择字号大小。

（3）A⁺：单击该按钮，选中的模块标签字号增大。

图 4-15 "字体和段落"选项组

（4）A⁻：单击该按钮，选中的模块标签字号减小。

（5）B：单击该按钮，选中的模块标签字体加粗或取消加粗。

（6）I：单击该按钮，选中的模块标签字体倾斜或取消倾斜。

（7）A：为选中的模块标签设置字体属性。单击下拉按钮，在弹出的下拉菜单中包含"字体属性""模型字体"两个菜单项。

> 选择"字体属性"命令，弹出如图 4-16 所示的 Select Font（选择字体）对话框，在此对话框中可以设置模型文件中对象的字体、样式和字号。

> 选择"模型字体"命令，弹出如图 4-17 所示的"字体样式"对话框，可分别设置模型中的标签、信号线名称、注释的文字属性，包括字体名称、字体样式、字体大小。

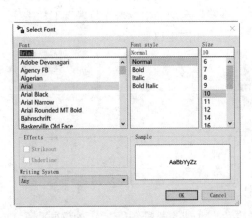

图 4-16 Select Font 对话框

图 4-17 "字体样式"对话框

4.2.5 设置模块名称

在 Simulink 中，系统根据模块可以实现的功能或者表示的含义为每个模块定义一个名称，称作模块名称（或标签），该名称默认用英文符号表示，如表示常量的模块名称为 Constant。

名称是模块的属性之一，系统会自动为每个模块指定名称。名称不可同名，对于相同的模块，系统会自动在名称后面追加数字进行区别。

1. 修改名称

单击模块的名称，名称便变为可编辑状态。输入新的名称，编辑完成后按 Enter 键或单击名称之外的任意位置，即可完成修改，如图 4-18 所示。

（a）名称可编辑状态　　　　　（b）输入新名称　　　　　（c）完成修改

图 4-18　标签修改

2. 显示名称

显示模块的名称有两种常用的方法。

（1）功能区。单击要显示名称的模块，在"格式"选项卡或"模块"选项卡中单击 name 自动名称 ▼ 按钮，弹出如图 4-19 所示的下拉菜单。

选择"名称打开"选项，即可显示名称；选择"名称关闭"选项，即可隐藏名称，如图 4-20 所示，勾选"隐藏自动模块名称"复选框，默认情况下将自动隐藏添加到模型文件中的模块名称。选中"自动名称"单选按钮，则根据"隐藏自动模块名称"的选中状态自动显示或隐藏模块名称。

图 4-19　"自动名称"下拉菜单

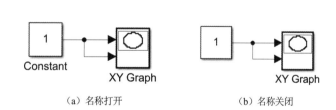

（a）名称打开　　　　　　　　（b）名称关闭

图 4-20　标签的显示与隐藏

（2）右键快捷命令。右击模块，利用右键快捷菜单中的"格式"→"显示模块名称"子菜单决定是否显示模块名。子菜单中包括三个命令，"自动""打开"和"关闭"。

3. 翻转名称

默认情况下，对于端口在两侧的模块，名称显示在模块下方；对于端口在顶部和底部的模块，名称显示在模块的左侧。

选中模块，在"格式"选项卡中单击"翻转名称"按钮，可将名称从默认的模块下方移动到模块上方，如图 4-21 所示。

动手练一练——放置模块

创建一个模型文件，添加构建信号放大输出系统模型所需要的所有模块，如图 4-22 所示。

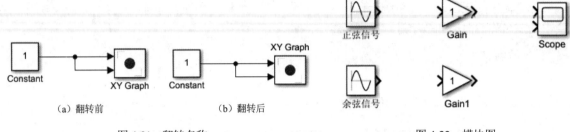

（a）翻转前　　　　　（b）翻转后

图 4-21　翻转名称　　　　　　　　　　　　　图 4-22　模块图

思路点拨：

> 源文件：yuanwenjian\ch04\Sine_Gain_1.slx
>
> （1）新建一个空白的 Simulink 模型文件。
>
> （2）打开 Simulink 库浏览器。
>
> （3）在库浏览器中找到 Sine Wave 模块、Gain 模块和 Scope 模块，并添加到模型文件中。
>
> （4）复制 Sine Wave 模块和 Gain 模块。
>
> （5）显示所有模块的名称。
>
> （6）修改正弦波模块的名称。
>
> （7）调整模块的大小和位置。
>
> （8）保存模型文件。

4．调整模块的方向

默认情况下，信号总是从模块的左边流入，从模块的右边流出，即输入端口在左，输出端口在右。在复杂模型图中，为了简化信号线连接，有时还需要调整模块的方向。在 Simulink 模型编辑窗口中调整模块的方向，有以下两种常用方式。

（1）使用功能区调整。选中模块后，在功能区的"格式"选项卡中的"排列"功能组中可以看到 6 种排列方式：顺时针旋转 90°⬚、逆时针旋转 90°⬚、左右翻转⬚、上下翻转⬚、置于顶层⬚、置于底层⬚。

选中模块，单击上述按钮，即可调整模块的方向，如图 4-23 所示。

（2）使用快捷菜单。右击要调整方向的模块，利用快捷菜单中的"格式"命令的子菜单（图 4-24）改变模块方向。

在如图 4-24 所示的子菜单中，如果选择"翻转模块"命令，则左右翻转模块；如果选择"翻转模块名称"命令，则上下翻转模块的名称方向，如图 4-25 所示。

（a）原图　（b）逆时针旋转 90°　（c）左右翻转　（d）顺时针旋转 90°

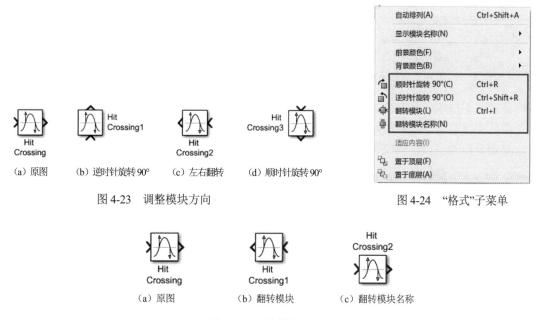

图 4-23　调整模块方向

图 4-24　“格式”子菜单

（a）原图　（b）翻转模块　（c）翻转模块名称

图 4-25　翻转模块和名称

4.2.6　显示模块的其他属性

在模型文件空白处右击，在弹出的快捷菜单中选择“其他显示”→“模块”命令，显示如图 4-26 所示的子菜单。

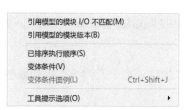

图 4-26　“模块”子菜单

4.2.7　模块快捷设置

选中模块后，模块上方会显示 ··· 图标，将鼠标放置在该图标上，将会自动显示一系列快捷命令，如图 4-27 所示，下面介绍各个快捷命令的具体含义。

- %：注释掉该模块。选择该命令后，模块被禁用，虽然不删除该模块，但该模块在模型图中不实现相应的功能，只相当于注释文字，如图 4-28 所示的 Integrator 模块。在某些情况下，为了测试 Simulink 中各个模块的功能，可以使用该命令禁用模块。在模型仿真运行时，表现为注释掉的模块不存在，这意味着该模块的输入/输出信号基本上只是保持打开状态。再次执行该命令，还原已经注释掉的模块。
- ：隐藏模块名称，即标签。
- ：自动布线。执行该命令，自动改进信号线的形状。如果模块之间存在更好的路线，则重新绘制信号线。如果框选了多个模块，则自动改进多条信号线。

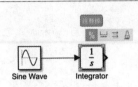

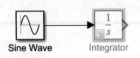

图 4-27　显示快捷命令　　　　　　　　　　图 4-28　注释掉模块

↘ 🖌 ；复制格式。选择要复制其格式的模块、信号线或区域，然后选择该命令，这时鼠标指针
显示为画笔形状，使用画笔单击要应用该格式的元素，即可应用复制的格式，如图 4-29 所示。
单击窗口的空白区域或按 Esc 键即可退出复制模式。

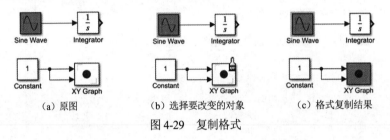

（a）原图　　　　　　　　（b）选择要改变的对象　　　　　　（c）格式复制结果

图 4-29　复制格式

4.2.8　模块参数与属性

模块只有定义了输入和输出才算完成，并且此模型定义任务需与建模目的相关。

模型是利用信号线将模块联系起来的一个有机整体，若模块和信号线是模型的骨架，那么模块和
模型的参数设置是模型的灵魂。

1. 设置参数

双击模块或选择右键快捷菜单中的"模块参数"命令，弹出"模块参数"对话框，如图 4-30 所示。

2. 设置属性

在模块的右键快捷菜单中选择"属性"命令，弹出"模块属性"对话框，如图 4-31 所示，其中包
括以下三项内容。

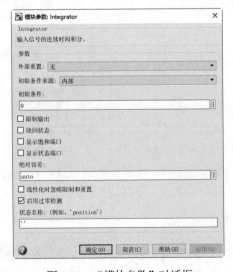

图 4-30　"模块参数"对话框　　　　　　　　图 4-31　"模块属性"对话框

（1）"常规"选项卡。

↳ 描述：用于说明该模块在模型中的用法。

↳ 优先级：定义该模块在模型中执行的优先顺序，其中优先级的数值必须是整数，且数值越小（可以是负整数），优先级越高，一般由系统自动设置。

↳ 标记：为模块添加文本格式的标记。

（2）"模块注释"选项卡。如图 4-32 所示，该选项卡用于指定在模块图标下显示的模块参数、取值及格式。

（3）"回调"选项卡。如图 4-33 所示，该选项卡用于定义该模块发生某种指定行为时所要执行的回调函数。

图 4-32　"模块注释"选项卡

图 4-33　"回调"选项卡

扫一扫，看视频

动手练一练——设置模块参数

打开模型文件 Sine_Gain_1.slx，设置 Sine Wave 模块、增益模块和示波器模块的参数，使正弦信号和余弦信号经过增益模块放大后，在示波器中分开显示。

思路点拨：

源文件：yuanwenjian\ch04\Sine_Gain_2.slx

（1）打开 Simulink 模型文件 Sine_Gain_1.slx，另存为 Sine_Gain_2.slx。

（2）设置余弦信号模块的相位为 pi/2，Gain 和 Gain1 的增益分别为 3 和 2。

（3）设置 Scope 模块的输入端口数为 2，视图为两行一列的布局，并显示图例。

4.3　信号线操作

在 Simulink 中，可以将模块连接到其他模块以构成系统，从而表示更复杂的功能。例如，音频播放器可将数字文件转换为声音。软件从内存中读取数字，并以数学方式对其进行解释，然后将其转换为物理声音。处理数字文件以计算声音波形的软件是一个模块，接收波形并将其转换为声音的扬声器是另一个模块，生成输入的组件又是另一个模块。单独的模块只能完成局部功能，只有将所有模块连接到一起才能完成由数字文件到声音的转换。

信号是 Simulink 在仿真过程中模块输入、输出的数据流。这里的信号与物理世界的信号含义不同，Simulink 中的信号表示的是模块之间的逻辑关系，信号在信号线中的传输并不消耗额外的时间。

在 Simulink 中，信号可以是一维向量，也可以是二维矩阵。只有一个元素的向量称为标量，而矩阵中的行与列都可以看作是一维向量，分别称为行向量与列向量。

4.3.1 信号线的绘制与整理

Simulink 模型是通过用信号线将各种功能模块进行连接而构成的，为了达到模型简洁、美观的目的，还需要对信号线进行整理。下面就对连线的几个基本操作进行讲解。

1. 直接连线

在功能模块的输入端口与输出端口之间直接连线，有以下几种方法。

（1）将鼠标指针移动到模块输出端口，鼠标将变为十字形状，按住鼠标左键向外拖动，显示带箭头的红色虚线，移动到模块输入端口松开鼠标，即可连接两模块，如图 4-34 所示。

（a）按下鼠标　　　　　　　（b）向外拖动　　　　　　　（c）完成连线

图 4-34　连接模块流程 1

（2）将鼠标指针移动到模块输出端口和输入端口的水平、垂直线上，两模块间显示带箭头的信号线，将鼠标移动到带箭头的信号线上单击，即可连接两模块，如图 4-35 所示。

（a）模块在同一水平线　　　　（b）单击信号箭头　　　　　（c）完成连线

图 4-35　连接模块流程 2

（3）选中源模块，然后按住 Ctrl 键单击目标模块，Simulink 会自动连接两个模块的输出端口和输入端口，如图 4-36 所示。

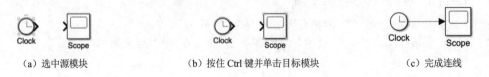

（a）选中源模块　　　　　（b）按住 Ctrl 键并单击目标模块　　　　　（c）完成连线

图 4-36　连接模块流程 3

（4）将鼠标指针移动到模块输出端口，按住鼠标左键拖动模块到要连接的模块输入端口，然后向外拖动模块即可，如图 4-37 所示。

（a）连接前　　　（b）移动到输入端口　　　（c）向外拖动　　　（d）完成连线

图 4-37　连接模块流程 4

（5）拖动模块到信号线上，使模块的输入/输出端口对准信号线后，在功能模块的输入与输出端信号线之间插入连接，如图 4-38 所示。

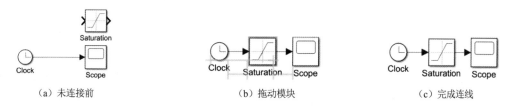

（a）未连接前　　　　　　（b）拖动模块　　　　　　（c）完成连线

图 4-38　多个端口连接

2. 整理信号线

选择信号，显示 ••• 图标，将鼠标放置在该图标上，自动显示一系列快捷命令，如图 4-39 所示。

单击 🔁 按钮，会自动根据模块位置布局信号线。如果框选了多条信号线，则使用该快捷命令可以自动对多条信号线进行布局，如图 4-40 所示。

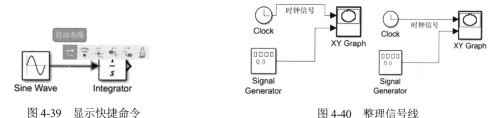

图 4-39　显示快捷命令　　　　　　图 4-40　整理信号线

扫一扫，看视频

动手练一练——信号放大输出

创建一个模型文件，添加构建系统模型所需的所有模块并连线，如图 4-41 所示。

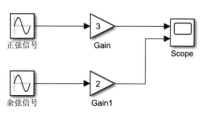

图 4-41　模型图

📋 **思路点拨：**

源文件：yuanwenjian\ch04\Sine_Gain_3.slx

（1）打开 Simulink 模型文件 Sine_Gain_2.slx，另存为 Sine_Gain_3.slx。

（2）连接模块端口，并手动调整布局。

（3）运行仿真，查看仿真结果。

4.3.2 删除与断开信号线

1. 删除信号线

与删除模块类似，单击要删除的信号线，然后按 Delete 键，即可删除指定的信号线。

2. 断开信号线

按住 Shift 键，拖动模块到另一个位置，即可断开信号线，如图 4-42 所示。

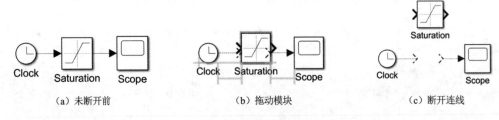

（a）未断开前　　　　　　　　（b）拖动模块　　　　　　　　（c）断开连线

图 4-42　断开信号线

4.3.3 选择与移动信号线

在复杂的模型中通常有大量的信号线，而信号线之间往往容易发生交叉现象，这种情况下，可以通过选择、移动、调整信号线来增强程序的可读性。

1. 选择信号线

（1）选择一条直线：单击要选择的信号线，选择一条信号线后，之前选择的信号线会被取消选择。

（2）选择多条直线：与选择多个模块的方法相同，可以使用鼠标框选，也可以按住 Shift 键依次单击要选择的信号线。

2. 移动信号线

在实际创建模型时，有时需要调整两个模块间的信号线，使信号线变形，将直线变形为折线与斜线段。

（1）将鼠标指向信号线的箭头处，当出现一个小圆圈○圈住箭头时，按住鼠标左键并移动信号线，如图 4-43 所示。此时，按 Delete 键可直接删除选中的信号线。

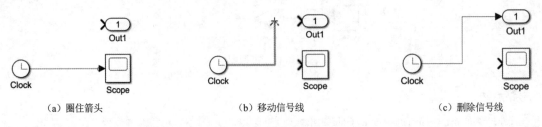

（a）圈住箭头　　　　　　　　（b）移动信号线　　　　　　　　（c）删除信号线

图 4-43　断开连接模块流程

（2）将鼠标指针移动到信号线的一个折点处，指针变为圆圈○，按住 Shift 键直接拖动直线，可将直线调整为斜线段，如图 4-44 所示。

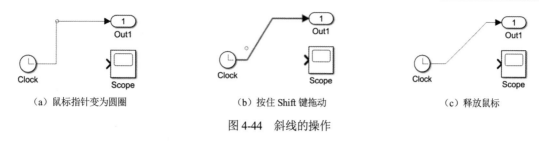

|（a）鼠标指针变为圆圈|（b）按住 Shift 键拖动|（c）释放鼠标|

图 4-44　斜线的操作

（3）按住鼠标左键不放直接拖动直线，将直线调整为折线段，如图 4-45 所示。

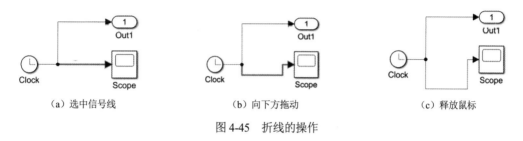

|（a）选中信号线|（b）向下方拖动|（c）释放鼠标|

图 4-45　折线的操作

4.3.4　信号线的分支

在实际模型中，模块的信号经常需要与不同的模块进行连接，因此不可避免地会出现一个输出端口与多个输入端口连接的情况。此时，信号线将出现分支，需要在连接的信号线上创建分支线。

绘制信号分支线的步骤如下。

将鼠标指针移动到任一条信号线上，按住鼠标右键在要分支的地方拖动，信号线将在开始拖动处显示一个黑色的圆点，并被分割成两段。拖动分支线到第三个模块的输入端口，则可使一个输出对应到多个输入，如图 4-46 所示。

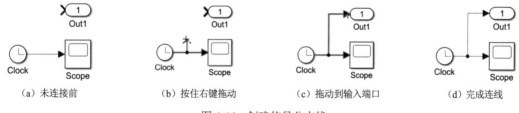

|（a）未连接前|（b）按住右键拖动|（c）拖动到输入端口|（d）完成连线|

图 4-46　创建信号分支线

4.3.5　信号线颜色

在 Simulink 模型中，根据传递的信号性质不同，信号线会呈现出不同的状态，如不同的宽度和颜色。下面介绍几种改变信号线颜色的方法。

1. 通过改变模块的前景色，改变该模块输出信号线的颜色

（1）选中需要修改的模块，在"格式"选项卡中单击"前景"下拉按钮，在下拉列表中单击需要的颜色块。

（2）右击要编辑的模块，在右键快捷菜单中选择"格式"→"前景颜色"命令，利用图 4-47 所示的子菜单设置前景色，默认颜色为黑色。

执行上述操作之一，即可修改模块的前景色及输出端口的所有信号线的颜色，如图 4-48 所示。

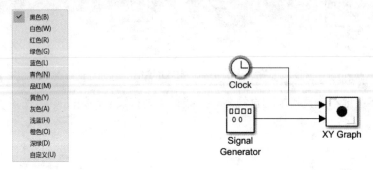

图 4-47 "前景颜色"子菜单   图 4-48 修改信号线颜色

2. 根据采样时间信息改变信号线的颜色

（1）在"调试"选项卡中"诊断"选项组的"叠加信息"下拉列表中，显示有关模块状态、模块输入和输出，以及模块方法执行的信息。

在"采样时间"选项组单击"颜色"按钮，如图 4-49 所示，使用颜色显示采样时间信息。

（2）在模型文件空白处右击，从弹出的快捷菜单中选择"采样时间显示"→"颜色"命令，如图 4-50 所示。

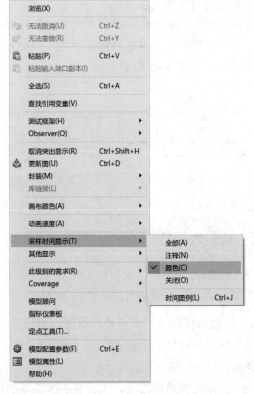

图 4-49 单击"颜色"按钮   图 4-50 右键快捷菜单

执行上述任一种操作后，会自动打开"时间图例"属性面板，并按采样时间的类型进行分类，因此列表中会显示模型中存在的采样时间名称、颜色及图例名称。

每个采样时间类型有一个或多个关联的颜色，表 4-1 列出了对应的关联的颜色和注释。

表 4-1　采样时间关联的颜色和注释

采样时间类型	采样时间	颜　色	注　释
离散	$[T_s, T_o]$	按速度降序排列：红色、绿色、蓝色、浅蓝色、深绿色、橙色	D1,D2,D3,D4,D5,D6,D7,…,Di
连续	[0, 0]	黑色	Cont
固定子步	[0, 1]	灰色	F1M
继承	[–1, 0]	不适用	不适用
常量	[Inf, 0]	品红色	Inf
可变	$[-2, T_{vo}]$	棕色	V1,V2,…,Vi
可控制	[base, –2i]，i = 0, 1, 2,…	棕色	Ctrl1, Ctrl2, Ctrl3, …,Ctrli
混合	不适用	黄色	不适用
触发	Source: D1,Source:D2,…,Source:Di	青蓝色	T1, T2,…,Ti
异步	[–1, –n]	紫色	A1, A2,…,Ai
数据流	不适用	浅紫色	不适用

在"突出显示"下拉列表框中选择高亮显示的模块类型，默认选择"无"，表示在当前模型窗口中没有高亮显示对象；选择"来源"选项，则高亮显示采样时间的源模块，如图 4-51 所示；选择"全部"选项，则高亮显示采样时间的所有模块，如图 4-52 所示。

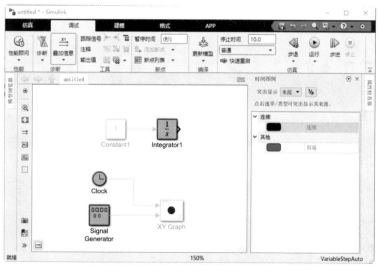

图 4-51　高亮显示连续采样源信号

如果存在离散采样时间，1/p 按钮将离散值显示为 1/周期；对于非零偏移量，它显示为偏移量/周期。

在模型文件空白处右击，从弹出的快捷菜单中选择"采样时间显示"→"关闭"命令，关闭颜色显示。完成操作后，Simulink 自动执行"模型更新"命令，显示颜色添加或删除结果。

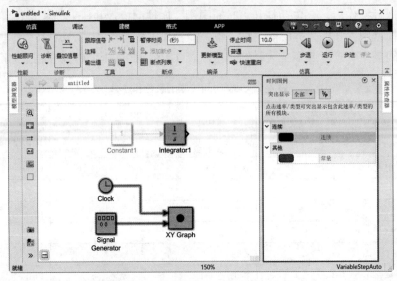

图 4-52　高亮显示所有采样信号

4.3.6　信号线标签

作为友好的 Simulink 系统模型界面，对系统模型的注释是不可缺少的。与模块相同，每段信号线都可以有一个标签。

1. 添加信号线标签

添加信号线标签，有利于表明信号线的功能。在要添加标签的信号线上双击，信号线相应的地方会出现一个编辑标签，如图 4-53 所示，输入文本即可。完成编辑后，在编辑框外单击即可退出编辑模式。

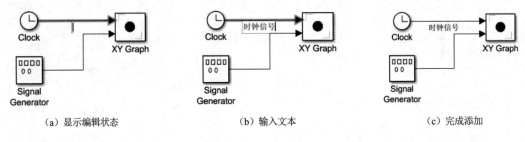

（a）显示编辑状态　　　　　　　　（b）输入文本　　　　　　　　（c）完成添加

图 4-53　添加标签

2. 编辑信号线标签

单击要编辑的标签文本，当文本呈现可编辑状态时，即可编辑标签内容。

3. 选择、移动信号线标签

信号线标签都是固定于某个信号线的，既不可以摒除信号线被单独选择，也不能随意移动。如果要移动信号标签，需要与信号线一起移动，如图 4-54 所示。

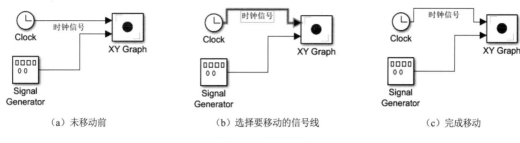

（a）未移动前　　　　　（b）选择要移动的信号线　　　　　（c）完成移动

图 4-54　移动标签

4. 复制信号线标签

在建模的过程中可能会遇到重复的标签，如果依次对每个标签都进行编辑，就显得非常麻烦、费时，且容易出错。但信号线标签都是固定于某个信号线的，也不能复制，这种情况下，可以在窗口空白处创建标签，按住鼠标右键拖动要复制的标签，然后将复制的标签拖放到需要的信号线上。使用这种方法复制的标签实质上只是一个文本。下面介绍复制信号标签的常用方法。

（1）在模型文件窗口的空白处双击，并在出现的编辑框中输入需要创建的标签，如图 4-55 所示。单击标签编辑框之外的区域退出编辑状态，然后按下面的方法复制。

（2）执行以下操作之一，复制标签。

> 右击要复制的标签，在右键快捷菜单中选择"复制"命令，再选择右键菜单中的"粘贴"命令。

> 单击要复制的标签，按 Ctrl+C 组合键，然后按 Ctrl+V 组合键。

> 单击要复制的标签，按住 Ctrl 键的同时，使用鼠标拖动要复制的标签到合适的位置释放。

图 4-55　创建标签

4.3.7　信号线属性

在仿真过程中，两个模块之间依靠信号传输数据，传输的数据可以是模块计算的输出，也可以是简单的消息。Simulink 可以在模拟期间和之后显示信号数据和属性，查看方框图上的实时值；可以通过指定数字数据类型、初始值和值范围等信号特征来控制模型的数学行为；也可以将这些值作为变量记录在工作区中；还可以将信号导出到文件或工作区以作进一步的研究。

右击信号线，从弹出的快捷菜单中选择"属性"命令，在弹出的"信号属性"对话框中包含两个选项卡，如图 4-56 所示。

其中，"信号名称"可以自定义信号线的标签。如果勾选"记录信号数据"复选框，则使用信号属性限制记录的数据，包括记录名称和以下几项记录数据。

> Limit data points to last（限制数据点到最后）：设置模块的显示数据点限制。如果勾选，表示只显示最后 N（用户指定）个数据，其余的不显示。

> Decimation（抽取）：抽取数据。每 N（用户指定）个采样数据变化一次。

> 采样时间：设置已记录信号的采样时间，在 SIL 模式下进行模拟，信号日志记录将忽略为记录的信号指定的采样时间。

如果勾选"测试点"复选框，则添加测试点。将信号指定为测试点可以使信号免受模型优化，Simulink 可以指定模型中的任何信号作为测试点。

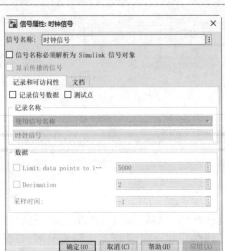
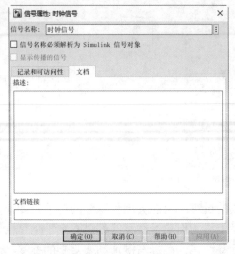

图 4-56   "信号属性"对话框

4.3.8   信号跟踪

在模型仿真过程中，如果需要对模型进行分析与检查，可以跟踪各个模块的输入、输出信号。

Simulink 可以高亮显示信号及其源或目标模块。信号高亮显示可跨子系统和模型引用边界，从而允许跨多个子系统层级跟踪信号。

跟踪信号有以下三种常用的方法。

（1）选择信号，在功能区的"信号"选项卡中的"跟踪信号"选项组中单击"跟踪到源"按钮 、"跟踪到目标"按钮 、"删除跟踪"按钮 ，跟踪效果如图 4-57 所示。

➜ 跟踪到源：高亮显示源模块命令。

➜ 跟踪到目标：高亮显示目标模块命令。

➜ 删除跟踪：取消高亮显示命令，按 Ctrl+ Shift+H 组合键也可以实现该操作。

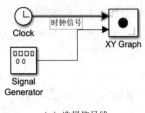
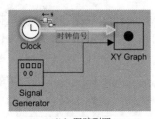
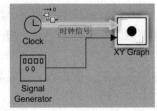

（a）选择信号线   （b）跟踪到源   （c）跟踪到目标

图 4-57   跟踪信号

高亮显示要跟踪的信号模块后，如果要继续跟踪到信号的源或目标，可以分别使用键盘上的向左和向右的箭头键。

（2）选择信号，将鼠标放置在信号线上方的 ••• 图标上，这时自动显示快捷命令，单击其中的"突出显示信号到信源"按钮 、"突出显示信号到目标"按钮 。

（3）右击信号，在弹出的快捷菜单中选择高亮显示命令：突出显示信号到信源、突出显示信号到目标、取消突出显示。

实例——弯曲应力仿真分析

源文件：yuanwenjian\ch04\Bending_stress.slx

梁横截面上的正应力为

$$\sigma = \frac{My}{I_z}$$

最大正应力发生在弯矩最大的横截面且距离中性轴最远的点上，即

$$\sigma_{max} = \frac{M_{max} y_{max}}{I_z}$$

如图 4-58 所示，将一根直径 $d = 1\text{mm}$ 的直钢丝绕于直径 $D = 1\text{m}$ 的卷筒上，已知钢丝的弹性模量 $E = 200\text{GPa}$，试求钢丝由于弹性弯曲而产生的最大弯曲正应力。材料的屈服极限 $s = 350\text{MPa}$，求不使钢丝产生塑性变形的卷筒轴径 D_1 应为多大？

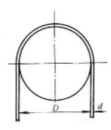

图 4-58 卷筒钢丝示意图

操作步骤

（1）系统分析。钢丝的直径 d 远小于卷筒的直径 D，因此钢丝的曲率半径可以近似为

$$\rho = \frac{D}{2} + \frac{d}{2} \approx \frac{D}{2}$$

曲率与弯矩应力间的关系为

$$\frac{1}{\rho} = \frac{M}{EI_z}$$

因此可以得到

$$\sigma_{max} = \frac{M}{W_z} = \frac{EI_z y}{\rho I_z} = \frac{Ey}{\rho}$$

同时最大弯矩应力为

$$\sigma_{max} = \frac{Ey}{\rho} = \sigma_s$$

则卷筒轴半径为

$$\rho = \frac{Ey}{\sigma_s}$$

（2）创建模型文件。在 MATLAB "主页" 选项卡中单击 Simulink 按钮，打开 "Simulink 起始页" 窗口。单击 "空白模型" 按钮，进入 Simulink 编辑窗口，创建一个 Simulink 空白模型文件。

（3）打开库文件。单击功能区的 "库浏览器" 按钮，打开如图 4-59 所示的 Simulink 库浏览器。

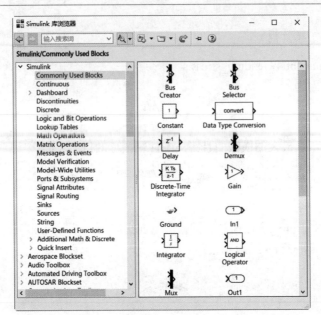

图 4-59　"Simulink 库浏览器" 对话框

（4）放置模块。

选择 Simulink（仿真）→Sources（信号源）库中的 Constant（常量）模块，将其拖动到模型中。然后复制多个常量模块，用于定义不同参数，包括钢丝的直径 d、卷筒的直径 D、钢丝的弹性模量 E。

在模块库中搜索 Clock（时钟信号）、Gain（增益）、Divide（除法）、Display（显示器）、XY Graph（XY 图），并将它们拖动到模型中，用于显示参数计算与结果。

将常量模块的标签分别修改为 d、D 和 E，分别表示钢丝的直径、卷筒的直径和钢丝的弹性模量。

选中任一个模块，在"格式"选项卡中单击"自动名称"按钮，从弹出的下拉菜单中取消勾选"隐藏自动模块名称"复选框。

（5）设置模块参数。双击模块，即可弹出对应的模块参数设置对话框，用于设置对应参数。

1）Constant 模块参数设置。其中，直径 d 的常量值为 0.01、卷筒的直径 D 的常量值为 1、钢丝的弹性模量 E 的常量值为 200。

2）Gain 模块和 Gain1 模块参数设置。将 Gain 模块、Gain1 模块的"增益"均设置为 0.5，通过增益模块计算直径 d、D 的 0.5 倍，得出半径值。

3）Divide 模块和 Divide1 模块参数设置。其中 Number of input 为 "**/"，表示有三个输入 I1、I2、I3，即计算 1*I1*I2/I3。

4）Clock 模块参数设置。其中，模块名称为 σs，"抽取"为 350。

5）根据信号流动方向连接模块端口，结果如图 4-60 所示。

（6）模块布局。在"格式"选项卡中单击"自动排列"按钮，对连线结果进行自动布局，最终结果如图 4-61 所示。

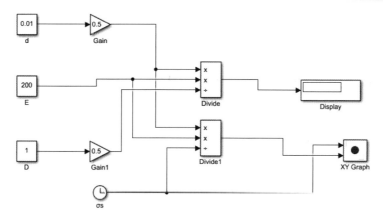

图 4-60 放置模块并进行连线

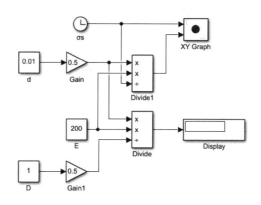

图 4-61 模块布局结果

（7）保存模型。在"仿真"选项卡中单击"保存"按钮，将生成的模型文件保存为 Bending_stress.slx。

4.4 模型界面设计

本节介绍 Simulink 界面设计，主要用于改善系统模型的界面，以便用户对系统模型的理解与维护。

4.4.1 视图缩放

在 Simulink 系统模型编辑器中，可以对系统模型的视图进行调整以便更好地观察系统模型。调整视图有以下两种常用的方法。

（1）在"建模"选项卡中的"评估和管理"选项组中单击"环境"下拉按钮，选择"缩放"命令，如图 4-62 所示，使用子菜单中的命令可以控制模型在视图区的显示。

➥ 放大：放大视图，也可以按 Ctrl++组合键。

➥ 缩小：缩小视图，也可以按 Ctrl+-组合键。

➥ 普通视图 (100%)：视图按照 100%显示，也可以按 Ctrl+0 组合键。

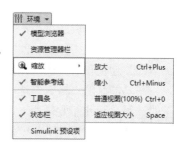

图 4-62 "缩放"子菜单

➥ 适应视图大小：系统模型充满整个视图窗口，也可以按 Space 键。

（2）向上、向下滚动鼠标中键对模型视图进行任意缩放。视图调整效果如图 4-63 所示。

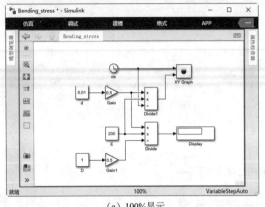 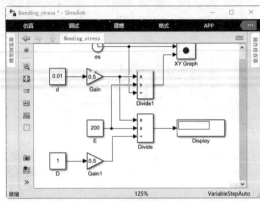

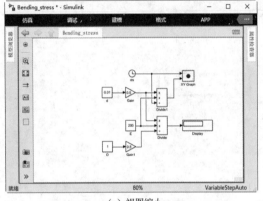 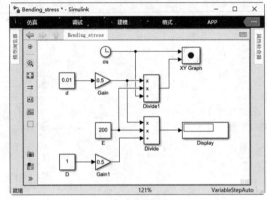

（a）100%显示　　　　　　　　　　（b）视图放大

（c）视图缩小　　　　　　　　　　（d）适应视图大小

图 4-63　视图调整效果

4.4.2　自动布局

Simulink 提供了强大的模型自动布局功能，模型编辑器根据一套智能算法可以自动地将模块与信号线连接起来并进行调整，然后放置到规划好的布局区域内并进行合理的布局与连接。

自动布局原则如下。

（1）从左向右对齐模型中的模块。

（2）从输入开始，以输出结束。

（3）调整模块的大小，如 Constant 模块，以显示长参数值。

（4）标准化相似模块间的模块大小。

（5）通过移动模块来拉直信号线。

在功能区的"格式"选项卡中单击"自动排列"按钮，即可开始自动布局。自动布局需要经过大量的计算，因此需要耗费一定的时间。图 4-64 所示为自动布局前后的结果。

自动布局结果并不一定是完美的，如果存在不合理的地方，用户可以对自动布局进行调整。

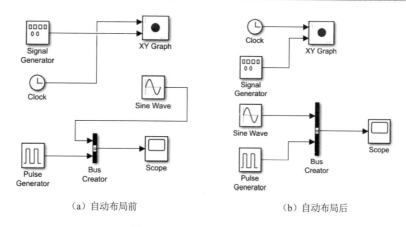

(a) 自动布局前　　　　　　　　(b) 自动布局后

图 4-64　自动布局前后的结果

4.4.3　手动布局

　　自动布局可能会出现一些不合理的情况，因此要改进图的布局和外观，通常需要进行手动布局。手动布局是指手动确定模块的位置，通过移动模块与信号线来完成手动布局的操作，但是单纯的手动移动不够精细，不能整齐地摆放好模块。

　　选择要排列的多个模块，在功能区的"格式"选项卡中会显示专门的手动布局按钮，包括对齐、分布、匹配等，如图 4-65 所示。

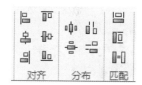

图 4-65　手动布局按钮

1. 对齐模块

　　模块的对齐操作使得模型布局更好地满足"整齐、对称"的要求。这样不仅使模型看起来更美观，而且有利于进行信号线连接操作。对模块未对齐的模型进行连线时会有很多转折，如信号线的长度较长，占用的空间较大，这样会降低优化程度，同时也会影响模型的美观程度。利用"对齐"选项组中的有关按钮可以很便捷地对齐选中的多个模块，对齐按钮的功能简要介绍如下。

- ➥ "左对齐"按钮▣：用于使所选模块按左对齐方式排列。
- ➥ "居中对齐"按钮▣：用于使所选模块按水平居中对齐方式排列。
- ➥ "右对齐"按钮▣：用于使所选模块按右对齐方式排列。
- ➥ "顶端对齐"按钮▣：用于使所选模块按顶端对齐方式排列。
- ➥ "中间对齐"按钮▣：用于使所选模块按垂直居中对齐方式排列。
- ➥ "底端对齐"按钮▣：用于使所选模块按底端对齐方式排列。

2. 调整模块间距

模块间距分为水平间距和垂直间距。

- ➥ "横向分布"按钮▣：以最左侧和最右侧的模块为基准，模块的 Y 坐标不变，X 坐标上的间距相等。当模块的间距小于安全间距时，系统将以最左侧的模块为基准对模块进行调整，直到各个模块间的距离满足最小安全间距的要求为止。
- ➥ "纵向分布"按钮▣：以最顶端和最底端的模块为基准，使模块的 X 坐标不变，Y 坐标上的间距相等。当模块的间距小于安全间距时，系统将以最底端的模块为基准对模块进行调整，直到各个模块间的距离满足最小安全间距的要求为止。

- ↘ "横向等间距"按钮：使选中的模块水平方向上的间距相等。
- ↘ "纵向等间距"按钮：使选中的模块垂直方向上的间距相等。

3. 匹配模块大小

匹配模块大小主要包括使选中模块的宽度相等、高度相等或宽度高度都相等。

- ↘ "匹配宽度"按钮：使所选中的模块宽度相等。
- ↘ "匹配高度"按钮：使所选中的模块高度相等。
- ↘ "匹配大小"按钮：使所选中的模块宽度和高度都相等。

4.4.4 模型区域

在模型中添加一个区域，可以用直观的方式将相关模型元素组织到一个方框中。添加的区域可随它所包围的模块一起移动。Simulink 还可以为区域添加文本，简单地说明或标记该区域。

1. 创建区域

（1）在模型中选定的区域按住鼠标左键拖出一个方框（也可以在空白区域拖出一个方框），如图 4-66 所示。

（2）将鼠标指针移动到区域右下角的 ··· 图标上，在弹出的快捷操作栏中单击"创建区域"按钮，如图 4-67 所示。

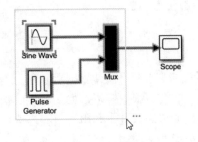

图 4-66　拖出方框

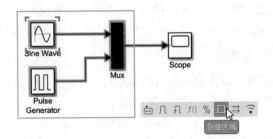

图 4-67　创建区域

（3）区域的左上角为名称编辑框，显示一个?占位符，如图 4-68 所示。输入区域的名称后，单击其他空白区域退出编辑状态，如图 4-69 所示。

2. 移动区域

单击选中区域，此时区域方框四周显示白色小方块，鼠标指针显示为四向箭头，如图 4-70 所示。按住鼠标左键拖动，即可移动区域。

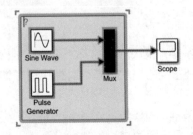

图 4-68　输入名称

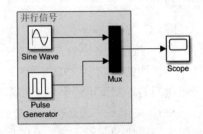

图 4-69　创建的区域

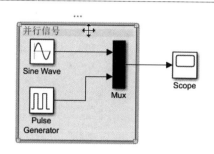

图 4-70　移动区域

3. 调整区域的大小

单击选中区域，区域方框四周显示白色小方块。将鼠标放置在小方框上，这时鼠标指针显示为双向箭头↖或↘，按住鼠标左键向内或向外拖动到合适的位置释放鼠标，即可调整区域大小，如图 4-71 所示。

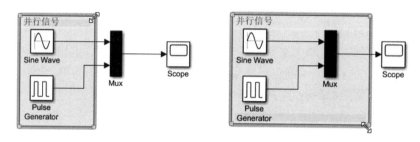

图 4-71　调整区域大小

4. 修改区域的颜色

创建的区域默认为紫色，用户可根据需要修改区域的颜色。右击区域方框，在弹出的快捷菜单中选择"区域颜色"命令，如图 4-72 所示，然后在子菜单中选择需要的颜色。例如，选择"黄色"的效果如图 4-73 所示。

5. 设置区域的属性

右击区域方框，从弹出的快捷菜单中选择"属性"命令，弹出如图 4-74 所示的"区域属性"对话框，该对话框用于设置区域的名称、描述和字体格式。

图 4-72　快捷菜单

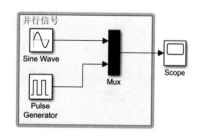

图 4-73　改变颜色

单击 字体... 按钮，弹出 Select Font（选择字体）对话框，用于设置区域的字体样式与字号，如图 4-75 所示。

图 4-74　"区域属性"对话框

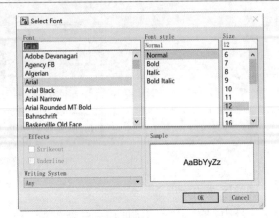

图 4-75　Select Font 对话框

6. 将区域转换为子系统

子系统与区域类似，也是一种组织相关模块的方式。生成的子系统与该区域具有相同的名称、模块、说明和需求可追溯性信息。

右击区域，从弹出的快捷菜单中选择"基于区域创建子系统"命令，即可将选中的区域转换为子系统，如图 4-76 所示。在子系统中创建一个层次结构，相当于将模型中的多个模块替换为一个模块，在模型浏览器中会显示该层次结构，如图 4-77 所示。

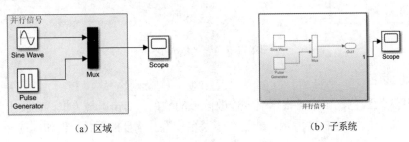

（a）区域　　　　　　　　　　　　　　　（b）子系统

图 4-76　将区域转换为子系统

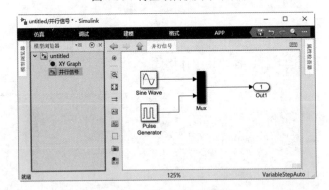

图 4-77　模型浏览器

扫一扫，看视频

实例——显示平面图形

源文件：yuanwenjian\ch04\XY_Plot.slx

操作步骤

本实例使用 XY Graph 模块绘制状态数据 x1（沿 X 轴）和状态数据 x2（沿 Y 轴）的平面图。

（1）创建模型文件。在 MATLAB "主页" 选项卡中单击 Simulink 按钮，打开 "Simulink 起始页" 窗口。单击 "空白模型" 按钮，进入 Simulink 编辑窗口，创建一个 Simulink 空白模型文件。

（2）打开库浏览器。在功能区的 "仿真" 选项卡中单击 "库浏览器" 按钮，打开模块库浏览器。

（3）放置模块。

选择 Simulink（仿真）→Math Operations（数学运算）库中的 Sine Wave Function（正弦波函数）模块，将其拖动到模型中，用于计算输入信号。

选择 Simulink（仿真）→Continuous（连续系统）库中的 Integrator（积分）模块，将其拖动到模型中。然后按住 Ctrl 键拖动 Integrator（积分）模块，复制该模块，这两个积分模块用于计算输入数据的积分。

使用同样的方法，在模块库中搜索 Gain（增益）和 XY Graph（XY 图），并拖动到模型中，用于显示图形。

选中所有模块，在 "格式" 选项卡中单击 "自动名称" 下拉按钮，从弹出的下拉菜单中选择 "名称打开" 选项，显示模型中所有模块的名称。

（4）模块参数设置。分别双击 Integrator1 和 Integrator 模块，在弹出的对应的 "模块参数" 对话框中，设置 "初始条件" 值为 0.25，如图 4-78 所示。

双击 Gain 模块，在弹出的对应的 "模块参数" 对话框中，设置 "增益" 值为 -1.5，如图 4-79 所示。

（5）连接信号线。在 "格式" 选项卡中单击 "自动排列" 按钮，对连线结果进行自动布局，最终结果如图 4-80 所示。

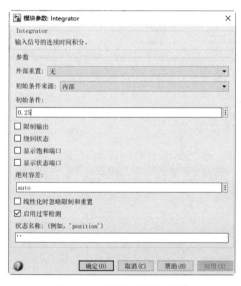

图 4-78　设置积分模块参数

图 4-79　设置增益模块参数

（6）界面设计。

1）添加信号线标签。双击 Integrator（积分）模块输出信号线上的任一位置，信号线相应的地方会出现一个编辑标签，输入信号线名称 x1；使用同样的方法，添加 Integrator1（积分）模块输出信号线标签 x2，如图 4-81 所示。

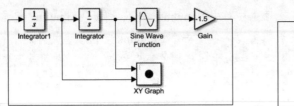

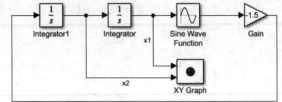

图 4-80　模块连接结果　　　　　　　　　　　图 4-81　添加信号线标签

2）修改信号线颜色。选中 Integrator1（积分）模块，在"格式"选项卡中单击"前景"按钮，从下拉列表中单击红色颜色块，修改信号线 x2 的颜色，结果如图 4-82 所示。

使用同样的方法，将 Integrator（积分）模块输出信号线 x1 的颜色设置为蓝色，结果如图 4-83 所示。

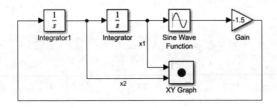

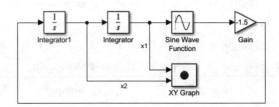

图 4-82　修改信号线 x2 的颜色　　　　　　　　图 4-83　修改信号线 x1 的颜色

3）修改模块颜色。选中 Gain（增益）模块，在"格式"选项卡中单击"背景"按钮，从下拉列表中单击绿色颜色块，修改模块背景色为绿色，如图 4-84 所示。

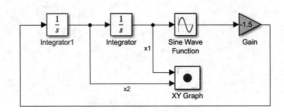

图 4-84　修改模块背景色

4）创建区域。手动调整模型位置，如图 4-85 所示。框选模型中第一行的四个模块，在区域右下角的操作栏中单击"创建区域"按钮，然后在区域左上角输入区域的名称"XY 坐标轴数据"，如图 4-86 所示。

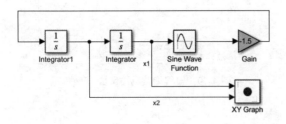

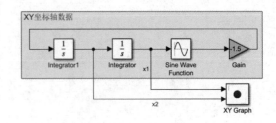

图 4-85　手动调整模型　　　　　　　　　　　图 4-86　创建区域

（7）保存模型。在"仿真"选项卡中单击"保存"按钮，将生成的模型文件保存为 XY_Plot.slx。

（8）运行仿真。在"仿真"选项卡中单击"运行"按钮▶，编译完成后，双击打开 XY Graph 模块显示运行结果，如图 4-87 所示。

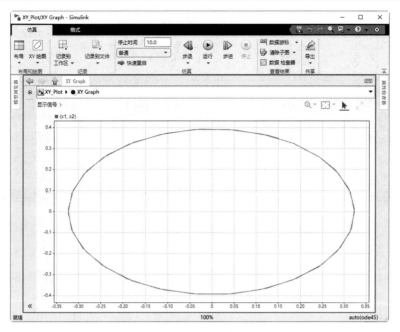

图 4-87　运行结果

接下来将子图添加到 XY Graph 模块中的布局，以查看 x1 数据和 x2 数据随时间的变化。

在"仿真"选项卡中单击"布局"下拉按钮，在弹出的布局列表中选择"叠加"下的"底部"。此时绘图区底部会显示两个子图，如图 4-88 所示。

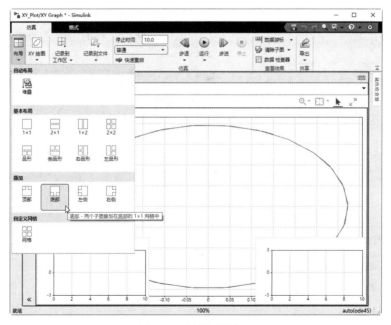

图 4-88　设置子图布局

单击绘图区左上角的"显示信号"，在绘图区左侧显示信号。选择左侧叠加的子图，然后在信号区勾选 x1 左侧的复选框，绘制 x1 信号；选择右侧叠加的子图，然后在信号区勾选 x2 左侧的复选框，绘制 x2 信号。效果如图 4-89 所示。

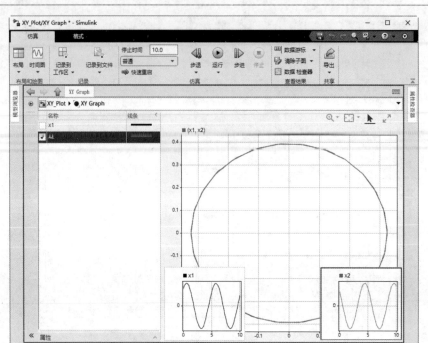

图 4-89　叠加子图

4.4.5　模型注释

在模型窗口中，使用模型注释可以使模型更易读懂，其效果如同 MATLAB 程序中的注释行一样，如图 4-90 所示。对于经常使用 Simulink 的用户，养成经常使用注释的习惯是非常重要的。

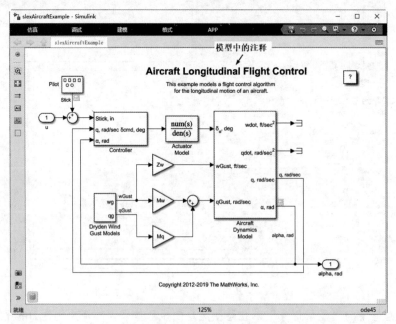

图 4-90　模型注释

1. 创建注释文本

在模型窗口中要添加注释的位置双击，出现编辑框，单击编辑框中的"创建注释"，输入所需的文本，利用编辑框上方的浮动工具栏设置文本格式。输入完成后，单击编辑框以外的区域，完成注释文本的创建，如图 4-91 所示。

（a）激活文本框　　　　　　　　　（b）输入文本　　　　　　　　（c）完成编辑

图 4-91　创建注释

2. 移动注释的位置

单击注释文本，待出现编辑框后，按住鼠标左键拖动，即可将编辑框连同其中的内容移动到任何位置。

3. 在注释中添加方程

双击注释文本显示编辑框，且在编辑框上方显示如图 4-92 所示的文本格式浮动工具栏。单击"插入方程"按钮 **Σ**，弹出如图 4-93 所示的"编辑方程"对话框。在"输入方程代码"文本框中输入 LaTeX 或 MathML 代码以生成方程，在"预览"区域中可以看到输入的公式。输入完成后，单击"确定"按钮关闭对话框，即可在注释中添加方程。

图 4-92　文本格式浮动工具栏　　　　　　　　　图 4-93　"编辑方程"对话框

4.5　回调函数

为模型或模块设置回调函数有以下两种常用方法。

↘ 通过模型或模块的编辑对话框设置。

↘ 通过 MATLAB 相关的命令设置。

在图 4-94 和图 4-95 所示的"模型属性"和"模块属性"对话框的"回调"选项卡中给出了回调函数列表，分别见表 4-2 和表 4-3。

图 4-94 "模型属性"对话框

图 4-95 "模块属性"对话框

表 4-2 模型的回调参数

模型回调参数名称	参 数 含 义
PreLoadFcn	在模型载入之前调用，用于预先载入模型使用的变量
PostLoadFcn	在模型载入之后调用
InitFcn	在模型仿真开始时调用
StartFcn	在模型仿真开始之前调用
PauseFcn	在模型仿真暂停之后调用
ContinueFcn	在模型仿真继续之前调用
StopFcn	在模型仿真停止之后，在 StopFcn 执行前，仿真结果先写入工作空间中的变量和文件中
PreSaveFcn	在模型保存之前调用
PostSaveFcn	在模型保存之后调用
CloseFcn	在模型图表被关闭之前调用

表 4-3 模块的回调参数

模块回调参数名称	参 数 含 义
ClipboardFcn	在模块被复制或剪切到系统粘贴板时调用
CloseFcn	使用 close-system 命令关闭模块时调用
ContinueFcn	在仿真继续之前调用
CopyFcn	模块被复制之后调用，该回调对于子系统是递归的。如果使用 add-block 命令复制模块，该回调也会被执行
DeleteFcn	在模块被删除之前调用
DestroyFcn	模块被毁坏时调用
InitFcn	在模块被编译和模块参数被估值之前调用
LoadFcn	模块载入之后调用，该回调对于子系统是递归的
ModelCloseFcn	模块关闭之前调用，该回调对于子系统是递归的

续表

模块回调参数名称	参 数 含 义
MoveFcn	在模块被移动或调整大小时调用
NameChangeFcn	模块的名称或路径发生改变时
OpenFcn	打开模块时调用，通常与 Subsystem 模块结合使用
ParentCloseFcn	在关闭包含该模块的子系统或使用 new-system 命令建立的包含该模块的子系统时调用
PauseFcn	在仿真暂停之后调用
PostSaveFcn	在模块保存之后调用，该回调对于子系统是递归的
PreCopyFcn	在复制模块之前调用。执行所有 PreCopyFcn 回调后，将调用模块 CopyFcn 回调
PreDeleteFcn	在图形意义上删除模块之前调用。如果包含该模块的模型关闭时，不会调用
PreSaveFcn	在模块保存之前调用，该回调对于子系统是递归的
StartFcn	在模块被编译之后，仿真开始之前调用
StopFcn	在仿真结束时调用
UndoDeleteFcn	在一个模块的删除操作被取消时调用

扫一扫，看视频

4.6　综合实例——弹球模型动态系统

源文件：yuanwenjian\ch04\Ball_Model.slx

弹球模型演示了一个经典的混合动态系统。混合动态系统既有连续动力学特性，又有离散转换特性，其动力学特性会发生变化，而且状态会发生跃变。弹球的连续动力学特性可以简单描述如下。

$$\frac{\mathrm{d}v}{\mathrm{d}t} = -g$$

$$\frac{\mathrm{d}x}{\mathrm{d}t} = v$$

其中，g 为重力加速度，x 为球的位置，v 为速度。因此，系统有两个连续状态，分别为位置 x 和速度 v。

该模型的混合系统方面来源于对球与地面碰撞的建模。如果假定与地面发生部分弹性碰撞，则碰撞前的速度 v^- 和碰撞后的速度 v^+ 可通过球的恢复系数 k 联系起来，如下所示。

$$v^+ = -kv^-, x = 0$$

因此，在转移条件 $x = 0$ 下，弹球显示出以连续状态（速度）弹跳。

弹球是说明 Zeno 行为的最简单模型之一。Zeno 行为的非正式特征是，特定混合系统在有限时间间隔内发生无数次的事件。在弹球模型中，随着球的能量的损失，弹球会开始以逐级变小的时间间隔出现大量与地面的碰撞现象。因此，该模型会表现出 Zeno 行为。具有 Zeno 行为的模型本身很难在计算机上仿真，但会在许多常见和重要的工程应用中遇到。

操作步骤

（1）创建模型文件。在 MATLAB "主页" 选项卡中单击 Simulink 按钮，打开 "Simulink 起始页" 窗口。单击 "空白模型" 按钮，进入 Simulink 编辑窗口，创建一个 Simulink 空白模型文件。

（2）打开库文件。在 "仿真" 选项卡中单击 "库浏览器" 按钮，弹出模块库浏览器。

（3）放置模块。

在模块库中，选择 Simulink（仿真）→Commonly Used Blocks（常用模块）库中的 1 个常数模块 Constant、2 个终止模块 Terminator 和 1 个增益模块 Gain，将其拖动到模型中。

选择 Simulink（仿真）→Continuous（连续系统）库中的 1 个积分模块 Intergrator Second-Order，将其拖动到模型中。

选择 Simulink（仿真）→Discrete（离散）库中的 1 个 Memory（存储）模块，将其拖动到模型中，用于保存上一个采样的信号值。

选择 Simulink（仿真）→Signal Attributcs（信号属性）库中的 IC 模块，将其拖动到模型中。

选中所有模块，在"格式"选项卡中单击"自动名称"下拉按钮，从弹出的下拉菜单中选择"名称打开"选项。

（4）仿真模型中参数的设定。设置增益模块 Gain 中的增益值为-0.8，常数模块 Constant 的值为-9.81。

双击积分模块 Intergrator Second-Order，参数设置如图 4-96 所示。在 x 选项卡中设置 x 初始条件为 10.0，勾选"x 限制"复选框，设置 x 下限为 0，x 状态名称为'Position'。在 dx/dt 选项卡中设置 dx/dt 初始条件来源为"外部"，dx/dt 状态名称为'Velocity'。在"属性"选项卡中，勾选"当 x 达到饱和时重新初始化 dx/dt"复选框，通过此选项可以在 x 达到饱和限制时将 $\frac{dx}{dt}$（弹球模型中的 v）重新初始化为一个新值。

选中增益模块 Gain 和存储模块 Memory，在"格式"选项卡中单击"左右翻转"按钮，调整端口的方向。

连接模块，调整模块的大小和位置，结果如图 4-97 所示。

单击"仿真"选项卡中的"保存"按钮，将生成的模型文件保存为 Ball_Model.slx。

（5）创建输出信号。双击积分模块 Intergrator Second-Order 右侧的输出线，将输出信号线的名称分别修改为'Position'和'Velocity'。

（a）x 选项卡　　（b）dx/dt 选项卡

图 4-96　积分模块参数设置

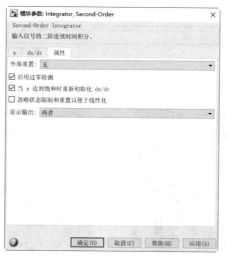

（c）"属性"选项卡

图 4-96（续）

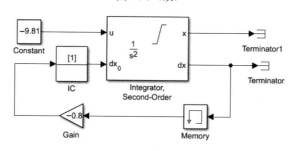

图 4-97 模型图

在输出信号线'Position'上右击，在图 4-98 所示的快捷菜单中选择"创建并连接查看器"→DSP（数字信号处理器）→Scope（示波器）命令，打开如图 4-99 所示的 Viewer（查看器）对话框，在示波器中显示输出信号。

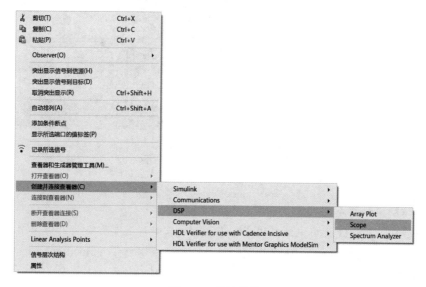

图 4-98 快捷菜单

在信号线'Velocity'上右击，从弹出的快捷菜单中选择"连接到查看器"→Scope（示波器）命令，连接两个示波器窗口，如图 4-100 所示。

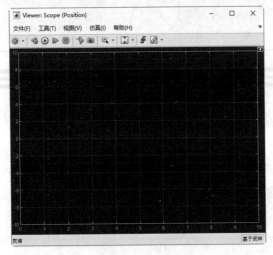

图 4-99　Viewer 对话框

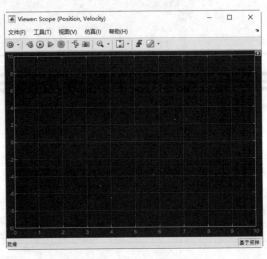

图 4-100　连接示波器窗口

在图 4-98 所示的快捷菜单中选择"查看器和生成器管理工具"命令，弹出"查看器和生成器管理工具"窗口，如图 4-101 所示。

（6）仿真分析。单击"仿真"选项卡中的"运行"按钮▶，在示波器中显示分析结果，如图 4-102 所示。

图 4-101　"查看器和生成器管理工具"窗口

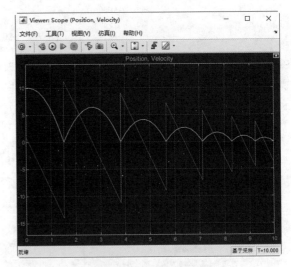

图 4-102　示波器分析图

在示波器窗口中选择"视图"→"布局"命令，选择两个信号的输出样式，如图 4-103 所示，表示两个视图竖向排列，如图 4-104 所示。

右击输出信号线，在快捷菜单中选择"查看器和生成器管理工具"命令，弹出"查看器和生成器管理工具"窗口，如图 4-105 所示。在"连接的信号"选项组中设置 Velocity 信号线的"显示"编号为 2，如图 4-106 所示。

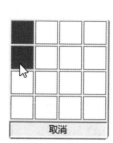

图 4-103 视图布局

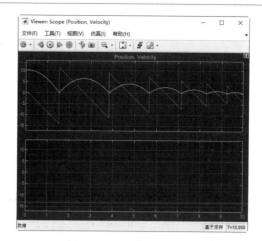

图 4-104 示波器布局视图

单击"仿真"选项卡中的"运行"按钮 ⏵，在示波器中显示分析结果，如图 4-107 所示。

图 4-105 "查看器和生成器管理工具"窗口

图 4-106 设置信号线的显示编号

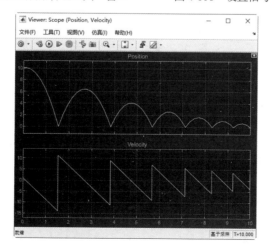

图 4-107 示波器分析图

第 5 章　Simulink 模块库

内容指南

根据前面章节的学习，用户已经掌握了如何启动 Simulink 并新建一个动态系统模型。为便于用户能够快速构建所需的动态系统，Simulink 提供了大量以图形方式给出的内置系统模块，用户使用这些内置模块可以快速方便地设计出特定的动态系统。

Simulink 模块库按应用领域和功能组成若干子库，大量封装子系统模块按照功能分门别类地存储，以方便查找，每一类即为一个模块库。

本章主要介绍 Simulink 中的仿真模块库，该模块库是系统建模的基础，提供了用于建立仿真模型的设备及器件等模块。熟练掌握该基本模块的功能与应用有助于完成更深层次的建模与仿真。

内容要点

- ↘ 模块库
- ↘ 通用模块库
- ↘ 数学运算模块库
- ↘ 信号源模块库
- ↘ 输出方式模块库
- ↘ 查表模块库
- ↘ 逻辑和位操作模块库

5.1　模　块　库

为了便于用户认识与使用 Simulink 内置的模块库，本节简单介绍 Simulink 中的模块库，以及模块库中具有代表意义的系统模块。

图 5-1 所示的"Simulink 库浏览器"对话框按树状结构显示，目的是方便查找模块。本节介绍 Simulink 常用子库中的常用模块的功能。

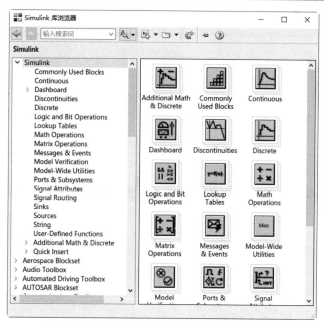

图 5-1　"Simulink 库浏览器"对话框

5.2　通用模块库

单击 Simulink 模块库中的 Commonly Used Blocks（通用模块）库，即可打开通用模块库，如图 5-2 所示。Simulink 通用模块库是 Simulink 中最为基础、最为通用的模块库，它可以被应用到不同的专业领域中。通用模块库中的各子模块功能见表 5-1。

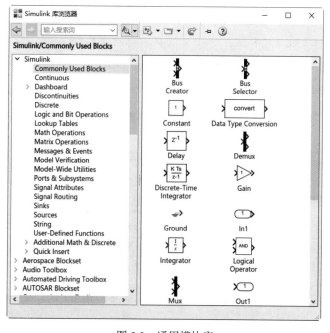

图 5-2　通用模块库

表 5-1 Commonly Used Blocks 子库

模 块 名	功　　能
Bus Creator	将输入信号合并成向量信号
Bus Selector	将输入向量分解成多个信号，输入只接收从 Mux 和 Bus Creator 输出的信号
Constant	输出常量信号
Data Type Conversion	数据类型的转换
Delay	按固定或可变采样期间延迟输入信号，根据 Delay length 参数的值来确定延迟时间
Demux	将输入向量转换成标量或更小的标量
Discrete-Time Integrator	离散积分器模块
Gain	增益模块
Ground	接地模块
In1	输入模块
Integrator	连续积分器模块
Logical Operator	逻辑运算模块
Mux	将输入的向量、标量或矩阵进行信号合成
Out1	输出模块
Product	乘法器，执行标量、向量或矩阵的乘法
Relational Operator	关系运算，输出布尔类型的数据
Saturation	定义输入信号的最大值和最小值
Scope	在示波器中输出
Subsystem	创建子系统
Sum	加法器
Switch	选择器，根据第二个输入信号来选择输出第一个还是第三个信号
Terrainator	终止输出，用于防止模型最后的输出端没有接任何模块时报错
Vector Concanate	向量连接模块

除了通用模块库之外，Simulink 中还集成了许多面向不同专业领域的专业模块库，普通用户一般很少用到其中的模块。因此，本书在介绍 Simulink 的专业模块库时，仅对模块库的总体功能做简单的概述，见表 5-2。如果用户需要，可以在 Simulink 中的模块描述栏中了解其主要功能。

表 5-2 专业模块库

模 块 库	功　　能
Control System Toolbox	面向控制系统的设计与分析，主要提供线性时不变系统的模块
DSP Blockset	面向数字信号处理系统的设计与分析，主要提供 DSP 输入模块、DSP 输出模块、信号预测与估计模块、滤波器模块、DSP 数学函数库、量化器模块、信号管理模块、信号操作模块、统计模块，以及信号变换模块等
Simulink Extras	主要补充 Simulink 公共模块库，提供附加连续模块库、附加线性系统模块库、附加输出模块库、触发器模块库、线性化模块库、系统转换模块库，以及航空航天系统模块库等
S-function demos	主要提供 C++、C、FORTRAN，以及 M 文件下 S-函数的模块库的演示模块
Real-Time Workshop 与 Real-Time Windows Target	主要提供各种用于进行独立可执行代码或嵌入式代码的生成，以实现高效实时仿真的模块。它们和 RTW、TLC 有着密切的联系
Stateflow	对使用状态图所表达的有限状态机模型进行建模仿真和代码生成。有限状态机用于描述基于事件的控制逻辑，也可用于描述响应型系统
定点模块库	包含一组用于定点算法仿真的模块

续表

模 块 库	功 能
通信模块库	专用于通信系统仿真的一组模块
Dials & Gauges 库	图形仪表模块库，它们实际上是一组 ActiveX 控件
神经网络模块库	用于神经网络的分析设计和实现的一组模块
模糊控制模块库	包括一组有关模糊控制的分析设计和实现的模块
xPC 模块库	提供了一组用于 xPC 仿真的模块

5.2.1 向量和标量模块

Simulink 模块处理的信号包括标量信号和向量信号，标量信号是一种单一信号，而向量信号为一种复合信号，是多个信号的集合，是系统中几条信号线的合成。

默认情况下，大多数模块的输出都为标量信号，对于输入信号，模块都具有一种"智能"的识别功能，其能够自动进行匹配。某些模块通过对参数的设定，可以使模块输出向量信号。

Simulink 提供了两个标量与向量转换的模块：Mux（信号合成）模块和 Demux（信号分解）模块。Mux 模块将多路信号集成一束，这一束信号在模型中传递和处理过程中都看作一个整体，实际上代表多路信号；与 Mux 配套的是 Demux，它将各路信号相互分离以便能对各路信号进行单独处理，如图 5-3 所示。

 知识拓展：

> 所有输入 Mux 模块的信号都必须是同种数据类型，如果需要将不同类型的信号集合在一起，可以使用 Bus。总线 Bus 信号可以使模型图变得更整洁，其中 Bus Creator 和 Bus Selector 以图示的形式方便管理信号和组织模型。

双击模块，弹出如图 5-4 所示的"模块参数：Mux"对话框，在该对话框中可以设置相关参数，参数属性见表 5-3。

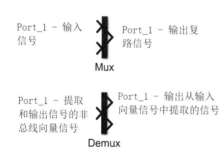

图 5-3 信号合成与分解模块

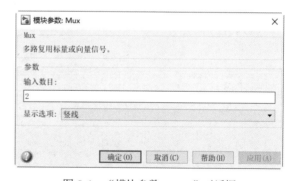

图 5-4 "模块参数：Mux"对话框

表 5-3 Mux 模块参数属性

参　数	说　明	参　数　值
输入数目	输入信号数量	标量、向量、元胞数组、信号名称列表（以逗号分隔），默认为标量 2
显示选项	模块图标外观，可以根据需要调整模块的大小，以适合模块图标上的文本	指定为"竖线"（默认值，不显示文本）、"信号"（显示输入信号名称）或"无"（显示模块的类型）

5.2.2 总线模块

总线（Bus）是计算机各种功能部件之间传输信息的公共通信干线，是一组具有相同性质的并行信号线的组合，如数据总线、地址总线、控制总线等的组合，分别用来传输数据、数据地址和控制信号，主要包括 Bus Creator 模块和 Bus Selector 模块，如图 5-5 所示。

图 5-5 总线模块

总线模块默认显示两个端口，如果所有输入端口都已连接，则将另一条信号线直接拖动到 Bus Creator 模块已连接端口附近，模块自动添加一个输入端口，如图 5-6 所示。

以交互方式添加端口会更新"输入数目"参数，并将新信号添加到总线的信号列表中。

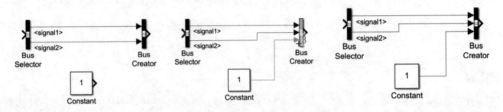

图 5-6 模块添加端口

（1）Bus Creator 模块用于根据输入信号创建总线，可将一组输入信号合并成一条总线，可以将任何信号类型连接到输入端口，包括其他总线。

双击模块，弹出如图 5-7 所示的"模块参数：Bus Creator"对话框，在该对话框中可以设置相关参数，参数属性见表 5-4。

图 5-7 "模块参数：Bus Creator"对话框

表 5-4 Bus Creator 模块参数属性

参 数	说 明
输入的数目	输入信号数量，参数值为整数，默认为 2
按名称筛选	用于筛选显示的输入信号的搜索词
启用正则表达式	通过正则表达式筛选显示的输入信号的选项
将筛选结果显示为扁平列表	将筛选结果显示为扁平列表的选项
总线中的元素	输入信号列表
输出数据类型	输出总线的数据类型
要求输入的名称与以上的名称匹配	检查输入信号名称是否与对话框中列出的名称相匹配

（2）Bus Selector 模块用于从输入总线中选择信号。该模块可以单独输出所选的各元素或在一个新的虚拟总线中输出所选元素，主要用于访问总线中的信号。该模块自上而下地对每个输出信号使用一个单独的端口。

双击模块，弹出如图 5-8 所示的"模块参数：Bus Selector"对话框，在该对话框中可以设置相关参数，参数属性见表 5-5。

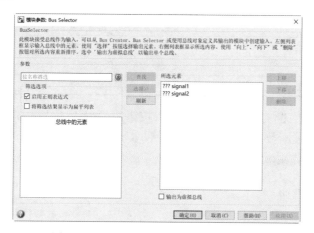

图 5-8 "模块参数：Bus Selector"对话框

表 5-5 Bus Selector 模块参数属性

参 数	说 明
按名称筛选	用于筛选显示的输入信号的搜索词
启用正则表达式	通过正则表达式筛选显示的输入信号的选项
将筛选结果显示为扁平列表	将筛选结果显示为扁平列表的选项
所选元素	输入总线的所选元素
输出为虚拟总线	输出单个总线
总线中的元素	输入总线中元素的列表

5.2.3 常量模块

在 Simulink 中，Constant（常量）模块用于创建实数或复数常量值信号，如图 5-9 所示。

双击模块，弹出如图 5-10 所示的"模块参数：Constant"对话框，在该对话框中可以设置相关参数。该对话框中包含两个选项卡，参数属性见表 5-6。

图 5-9　常量模块

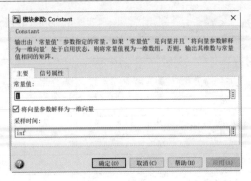

图 5-10　"模块参数：Constant"对话框

表 5-6　Constant 模块参数属性

选项卡	参　　数	说　　明
主要	常量值	常量输出值，设置模块的输出的维度和元素。默认值为 1
	将向量参数解释为一维向量	勾选该复选框，模块将输入参数解析为向量。否则，如果为"常量值"参数指定了向量，模块会将该向量视为一个矩阵
	采样时间	指定仿真过程中 Constant 模块输出可以更改的时间间隔。默认值 inf 表示模块输出永不更改。可通过避免重新计算模块输出，加快仿真和代码生成速度
信号属性	输出最小值、输出最大值	定义输出常量的范围
	输出数据类型	定义输出信号的数据类型
	锁定输出数据类型设置以防止被定点工具更改	防止定点工具覆盖输出数据类型

单击"常量值"参数右侧的"获取可用操作"按钮，选择"创建变量"命令，将弹出"创建新数据"对话框，如图 5-11 所示，在该对话框中设置变量名称、值和作用域。

5.2.4　数据类型转换模块

图 5-11　"创建新数据"对话框

在 Simulink 中，Data Type Conversion（数据类型转换）模块可将任何 Simulink 数据类型的输入信号转换为指定的数据类型，如图 5-12 所示。

双击模块，弹出如图 5-13 所示的"模块参数：Data Type Conversion"对话框，在该对话框中可以设置相关参数，参数属性见表 5-7。

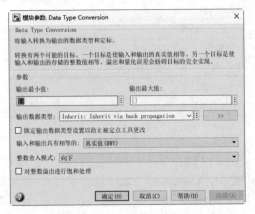

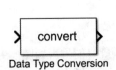

图 5-12　数据类型转换模块　　　　图 5-13　"模块参数：Data Type Conversion"对话框

表 5-7 Data Type Conversion 模块参数属性

参　数	说　明
输出最小值、输出最大值	定义输出数据的范围
输出数据类型	定义输出信号的数据类型
锁定输出数据类型设置以防止被定点工具更改	防止定点工具覆盖输出数据类型
输入和输出具有相等的	转换定点数据类型的约束，取值为"真实值（RWV）"（默认）、"存储的整数（SI）"
整数舍入模式	指定定点运算的舍入模式
对整数溢出进行饱和处理	溢出操作的方法

5.2.5 延迟模块

图 5-14 时间延迟模块

在 Simulink 中，Delay（时间延迟）模块按固定或可变采样期间延迟输入信号，如图 5-14 所示。输入/输出端口属性见表 5-8。

表 5-8 Delay 模块输入/输出端口属性

端　口	参　数	说　明	参　数　值
输入	u	数据输入信号	标量、向量
	d	延迟长度	标量
	Enable	外部使能信号	标量
	External reset	外部重置信号	标量
	x0	初始条件	标量、向量
输出	Port_1	输出信号	标量、向量

Delay 模块会在一段时间的延迟之后再输出模块的输入，延迟时间根据"延迟长度"参数的值来确定。

初始模块的输出取决于以下几个因素。

> 初始条件：确定参数和仿真开始时间。

> 外部重置：确定模块输出是否在触发时复位为初始条件。

> 显示使能端口：确定是否由外部使能信号控制每一时间步的模块执行。

仿真前几个时间步的输出取决于模块的采样时间、延迟长度和仿真开始时间。模块通过指定或继承离散采样时间，以确定采样之间的时间间隔。

模块继承离散采样时间表示为[Tsampling,Toffset]，其中，Tsampling 表示采样期间，Toffset 是初始时间偏移量。n 是"延迟长度"参数的值，Tstart 是模型的仿真开始时间。

双击模块，弹出如图 5-15 所示的"模块参数：Delay"对话框，在该对话框中可以设置相关参数，参数属性见表 5-9。

图 5-15 "模块参数：Delay"对话框

表5-9 Delay 模块参数属性

选 项 卡	参 数	说 明
主要	延迟长度	延时的采样周期数
	初始条件	仿真开始时间
	输入处理	指定基于采样或基于帧的处理
	使用环形缓冲区保存状态	存储状态的环形缓冲区
	显示使能端口	创建使能端口
	外部重置	外部状态复位
	采样时间（-1 表示继承）	采样时间点之间的离散间隔
状态属性	状态名称	模块状态的唯一名称

扫一扫，看视频

动手练一练——模拟蓝藻的成长模型

蓝藻作为一种繁殖十分迅速的藻类原核生物，在温度高、气压低的时候容易大量爆发。假定蓝藻的繁殖率和当前蓝藻的总数成正比，死亡率和当前蓝藻的总数的平方成正比。若以 x 代表当前蓝藻的总数，则系统可表示为如下的方程形式：

$$x = bx - px^2$$

假定 b=10/h，p=5/h，当前蓝藻的总数为 1000，为抑制蓝藻总数的生长，将采取短时间的蓝光照射措施。本练习模拟蓝藻的繁殖或死亡模型，观察该措施对生长模式的影响。

思路点拨：

源文件：yuanwenjian\ch05\Seaweed_growth.slx

（1）创建模型文件，放置模块。

（2）调整增益模块、乘法模块、延迟模块的方向。

（3）设置模块参数：积分模块初始条件为 1000；增益模块的增益分别为 5 和 10；求和模块的符号列表为"-+"；延迟模块的延迟长度为 10。

（4）连接模块端口，并自动调整布局，如图 5-16 所示。

（5）运行仿真，查看仿真结果。

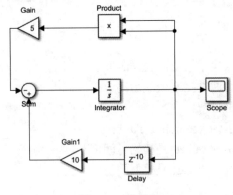

图 5-16 模型图

5.3　数学运算模块库

在 Simulink 中，Math Operations（数学运算）模块库包括指数函数、对数函数、求平方、开根号等常用数学函数，这些函数与 MATLAB 中一般代数表达式的数学函数运算结果相同。数学运算模块库如图 5-17 所示。数学运算模块库中的各子模块功能见表 5-10。

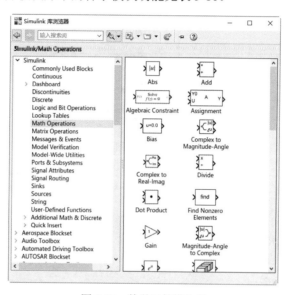

图 5-17　数学运算模块库

表 5-10　Math Operations 子库

模　块　名	功　　能
Abs	输出/输入信号的绝对值
Add	输入信号的加减运算
Algebraic Constraint	限制输入信号
Assignment	为指定的信号元素赋值
Bias	为输入添加偏差
Complex to Magnitude-Angle	计算复信号的幅值和/或相位角
Complex to Real-Imag	输出复数输入信号的实部和虚部
Divide	一个输入除以另一个输入
Dot Product	生成两个向量的点积
Find Nonzero Elements	查找数组中的非零元素
Gain	将输入乘以常量
Magnitude-Angle to Complex	将幅值和/或相位角信号转换为复信号
Math Function	执行数学函数
MinMax	输出最小或最大输入值
MinMax Running Resettable	确定信号随时间而改变的最小值或最大值
Permute Dimensions	重新排列多维数组的维数
Polynomial	对输入值执行多项式系数计算

续表

模 块 名	功 能
Product	标量和非标量的乘除运算或矩阵的乘法和逆运算
Product of Elements	复制或求一个标量输入的倒数，或者缩减一个非标量输入
Real-Imag to Complex	将实和/或虚输入转换为复信号
Reshape	更改信号的维度
Rounding Function	对信号应用舍入函数
Sign	指示输入的符号
Sine Wave Function	使用外部信号作为时间源生成正弦波
Slider Gain	使用滑块更改标量增益
Sqrt	计算平方根、带符号的平方根或平方根的倒数
Squeeze	从多维信号中删除单一维度
Trigonometric Function	指定应用于输入信号的三角函数
Unary Minus	对输入求反
Vector Concatenate、Matrix Concatenate	串联相同数据类型的输入信号以生成连续输出信号
Weighted Sample Time Math	样本时间计算

5.3.1　Abs 模块

在 Simulink 中，Abs（求绝对值）模块用于输出/输入信号的绝对值，即 $y=|u|$。一般情况下，模块有一个输入端口和一个输出端口，如图 5-18 所示。

双击模块，弹出如图 5-19 所示的"模块参数：Abs"对话框，在该对话框中可以设置相关参数，参数属性见表 5-11。

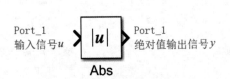

图 5-18　求绝对值模块

（a）"主要"选项卡

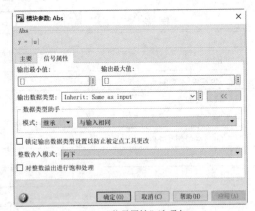

（b）"信号属性"选项卡

图 5-19　"模块参数：Abs"对话框

表 5-11　Abs 模块参数属性

参　　数	说　　明
启用过零检测	使用过零检测技术精确定位不连续点，以免仿真时步长过小导致仿真时间太长
输出最小值	范围检查的最小输出值
输出最大值	范围检查的最大输出值

续表

参　　数	说　　明
输出数据类型	指定输出数据类型。单击 ⟩⟩ 按钮，可以设置数据类型助手选项
锁定输出数据类型设置以防止被定点工具更改	防止定点工具覆盖输出数据类型
整数舍入模式	定点运算的舍入模式
对整数溢出进行饱和处理	发生整数溢出时进行饱和处理

5.3.2　Sum 模块

数学中把 Σ 作为求和符号使用。例如，$\sum K_i$，其中 $i=1,2,\cdots,n$，即为求 $K_1 + K_2 + \cdots + K_n$ 的和，也可以表示为

$$\sum_{i}^{n} k$$

在 Simulink 中，Sum（求和）模块用于对输入信号执行加减运算，计算 $y = u[0]\,(+/-)\,u[1]\,(+/-)\,u[2]\,(+/-)\cdots(+/-)\,u[k-1]\,(+/-)\,u[k](+/-)\cdots(+/-)\,u[n]$。一般情况下，模块有两个或更多个输入端口和一个输出端口，如图 5-20 所示。

双击模块，弹出如图 5-21 所示的"模块参数：Sum"对话框，在该对话框中可以设置相关参数。相关参数的含义已在前面的模块参数中进行了介绍，这里不再赘述。

Add（加法）、Subtract（减法）、Sum of Elements（元素求和）和 Sum 模块是相同的，如图 5-22 所示。这些模块可以对标量、向量或矩阵输入执行加减运算，还可以缩减信号的元素并执行求和。

Port_1
第 1 个输入操作数信号　　　　Port_1
　　　　　　　　　　　　　输出信号

Port_n
第 n 个输入操作数信号

图 5-20　求和模块

（a）"主要"选项卡

（b）"信号属性"选项卡

图 5-21　"模块参数：Sum"对话框

Add　　Subtract　　Sum of Elements　　Sum

图 5-22　模块图标

5.3.3 Divide 模块

在数学中，除法是四则运算之一。已知两个因数的积与其中一个非零因数，求另一个因数的运算，叫作除法。

图 5-23　除法模块

在 Simulink 中，Divide（除法）模块用于进行输入信号的除法运算，即 $y = a \div b$。一般情况下，模块默认有两个输入端口和一个输出端口，如图 5-23 所示，Divide 模块端口属性详细信息见表 5-12。

表 5-12　Divide 模块端口属性

参　　数	说　　明	参　数　值
×	要相乘的输入信号	标量、向量、矩阵、N 维数组
÷ −	要进行除法或逆运算的输入信号	标量、向量、矩阵、N 维数组
Port_1	要进行乘法或除法运算的第 1 个输入	标量、向量、矩阵、N 维数组
Port_N	要进行乘法或除法运算的第 N 个输入	标量、向量、矩阵、N 维数组
Port_1	通过对输入进行乘法、除法或逆运算来计算得出输出	标量、向量、矩阵、N 维数组

双击模块，弹出如图 5-24 所示的"模块参数：Divide"对话框，在该对话框中可以设置相关参数，参数属性见表 5-13。

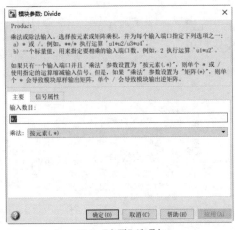
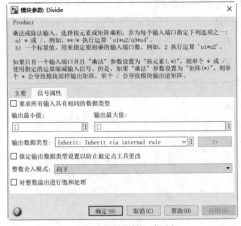

（a）"主要"选项卡　　　　　　　　　　（b）"信号属性"选项卡

图 5-24　"模块参数：Divide"对话框

表 5-13　Divide 模块参数属性

参　　数	说　　明	参　数　值
输入数目	控制输入的数量和运算的类型（* 或 /）	*/（默认）、正整数标量、对每个输入端口应用 * 或 /
乘法	按元素（.*）或矩阵（*）乘法	Element-wise(.*)（默认）、Matrix(*)

在 Simulink 中，Product（乘法）模块用于进行输入信号的乘法运算，即 $y = ab$。一般情况下，模块默认有一个输入端口和一个输出端口，如图 5-25 所示，其用法与 Divide 模块类似，这里不再赘述。

动手练一练——矩阵的除法运算

设计一个模型，对输入矩阵进行除法运算，并输出结果。

扫一扫，看视频

📋 **思路点拨：**

源文件：yuanwenjian\ch05\divide_demo.slx

（1）创建模型文件，放置模块。

（2）设置模块参数：常量模块为一个常量值 5 和两个 3 阶矩阵。

（3）连接模块端口，并调整模型布局，如图 5-26 所示。

（4）运行仿真，查看仿真结果。

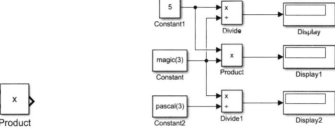

图 5-25　乘法模块　　　　　　　　图 5-26　模型图

5.3.4　Dot Product 模块

在数学中，点积又称为数量积或内积（dot product、scalar product），是指接收在实数 R 上的两个向量并返回一个实数值标量的二元运算，是欧几里得空间的标准内积。

设二维空间内有两个向量 $\vec{a} = (x_1, y_1)$ 和 $\vec{b} = (x_2, y_2)$，定义它们的点积为以下实数。

$$\vec{a} \cdot \vec{b} = x_1 x_2 + y_1 y_2$$

一般地，n 维向量的内积定义如下：

$$\vec{a} \cdot \vec{b} = \sum_{i=1}^{n} a_1 b_1 + a_2 b_2 + \cdots + a_n b_n$$

在 Simulink 中，Dot Product（点积）模块用于计算两个向量的点积，在 MATLAB 中，$u1 \cdot u2 = u1' * u2$。若向量中存在复数项，则向量的点积 $y = \mathrm{sum}(\mathrm{conj}(u1).*u2)$，其中，conj 用于求解共轭复数。

一般情况下，该模块有两个输入端口和一个输出端口，如图 5-27 所示。

双击模块，弹出如图 5-28 所示的"模块参数：Dot Product"对话框，在该对话框中可以设置相关参数。相关参数的含义已在前面的模块参数中进行了介绍，这里不再赘述。

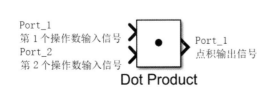

图 5-27　点积模块

图 5-28　"模块参数：Dot Product"对话框

5.3.5　Sqrt 模块

在 Simulink 中，Sqrt（平方根）模块用于输出/输入信号的平方根、带符号的平方根或平方根的倒数。一般情况下，该模块有一个输入端口和一个输出端口，如图 5-29 所示。

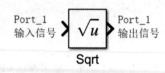

图 5-29　平方根模块

双击模块，弹出如图 5-30 所示的"模块参数：Sqrt"对话框，在该对话框中可以设置相关参数，参数属性见表 5-14。

（a）"主要"选项卡

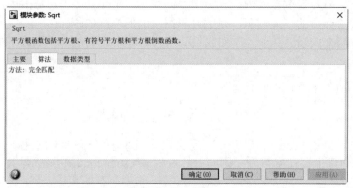

（b）"算法"选项卡

（c）"数据类型"选项卡

图 5-30　"模块参数：Sqrt"对话框

表 5-14 Sqrt 模块参数属性

参　数	说　明
函数	模块执行的函数：sqrt（默认）、signedSqrt、rSqrt
输出信号类型	输出信号的类型，取值有自动（默认）、实数、复数
算法	计算平方根倒数的方法
中间结果	中间结果的数据类型
输出	输出信号的数据类型和范围

5.3.6 MinMax 模块

在 Simulink 中，MinMax（最值）模块用于输出/输入信号的最小或最大元素。一般情况下，该模块有一个输入端口和一个输出端口，如图 5-31 所示。模块默认输出最小值，但可以根据需要修改为输出最大值，同时，当模块有多个输入时，输出是与输入具有相同维度的信号，每个输出元素等于对应输入元素的最小值或最大值，如图 5-32 所示。

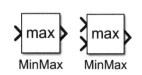

图 5-31　最值模块　　　　　　　　　　图 5-32　模块转换

双击模块，弹出如图 5-33 所示的"模块参数：MinMax"对话框，在该对话框中可以设置相关参数，参数属性见表 5-15。

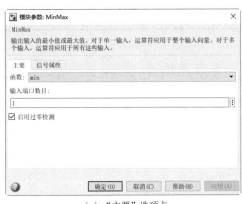

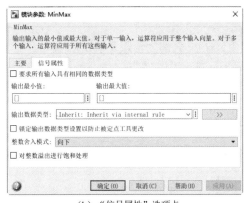

（a）"主要"选项卡　　　　　　　　　　　（b）"信号属性"选项卡

图 5-33　"模块参数：MinMax"对话框

表 5-15　MinMax 模块参数属性

参　数	说　明	参　数　值
函数	指定最小值或最大值：min（默认）、max	
输入端口数目	指定输入端口的数量	1（默认）、positive integer

在 Simulink 中，MinMax Running Resettable 模块用于输出/输入信号的动态最小值或最大值。与 MinMax 模块不同的是，该模块输出信号的最值随时间而改变。一般情况下，该模块有两个输入端口

和一个输出端口，如图 5-34 所示。

双击模块，弹出如图 5-35 所示的"模块参数：MinMax Running Resettable"对话框，在该对话框中可以设置相关参数，参数属性见表 5-16。

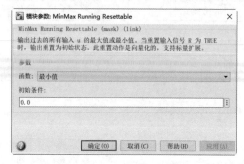

图 5-34 动态最值模块　　　　图 5-35 "模块参数：MinMax Running Resettable"对话框

表 5-16 MinMax Running Resettable 模块参数属性

参 数	说 明
函数	指定最小值或最大值：min（默认）、max
初始条件	输出重置后的值，可取值为 0.0（默认）、标量或向量

5.3.7 Gain 模块

在电子学上，增益一般指对于元器件、电路、设备或系统，其电流、电压或功率增加的程度，以分贝（dB）数来规定，即增益的单位一般是分贝，是一个相对值。电子学上常使用对数单位量度增益，并以贝（bel）作为单位。

$$Gain = \log 10(P2/P1) \text{ bel}$$

其中，P1 与 P2 分别为输入及输出的功率。

在 Simulink 中，Gain（增益）模块将输入信号乘以一个常量值（增益），输出放大（缩小）后的信号。一般情况下，该模块有一个输入端口和一个输出端口，如图 5-36 所示。

双击模块，弹出如图 5-37 所示的"模块参数：Gain"对话框，在该对话框中可以设置相关参数，参数属性见表 5-17。

图 5-36 增益模块

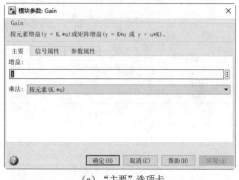

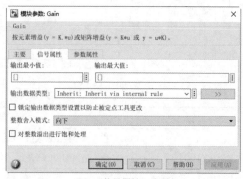

（a）"主要"选项卡　　　　　　　　（b）"信号属性"选项卡

图 5-37 "模块参数：Gain"对话框

（c）"参数属性"选项卡

图 5-37（续）

表 5-17　Gain 模块参数属性

参　　数	说　　明
增益	要与输入相乘的值，默认值为 1，可取值为实数或复数标量、向量、矩阵
乘法	指定乘法模式

增益的一般含义简而言之就是放大倍数，根据需求通过控制增益值得到符合要求的输出信号。

在 Simulink 中，Slider Gain（滑块增益）模块使用滑块调整增益，一般情况下，该模块有一个输入端口和一个输出端口，如图 5-38 所示。

双击模块，弹出如图 5-39 所示的"模块参数：Slider Gain"对话框，在该对话框中可以设置相关参数，参数属性见表 5-18。

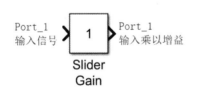

图 5-38　滑块增益模块

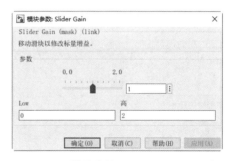

图 5-39　"模块参数：Slider Gain"对话框

表 5-18　Slider Gain 模块参数属性

参　　数	说　　明
增益	增益值，默认值为 1，取值为实数值
Low	滑块范围的下限，默认值为 0
高	滑块范围的上限，默认值为 2

实例——计算数乘与矩阵乘积

源文件：yuanwenjian\ch05\Matrix_Product.slx

扫一扫，看视频

操作步骤

（1）创建模型文件。在 MATLAB"主页"选项卡中单击 Simulink 按钮，打开"Simulink 起始页"窗口。单击"空白模型"按钮，进入 Simulink 编辑窗口，创建一个 Simulink 空白模型文件。

（2）打开库文件。单击"仿真"选项卡中的"库浏览器"按钮，打开 Simulink 库浏览器。

（3）放置模块。

选择 Simulink（仿真）→Sources（信号源）库中的 Constant（常量）模块，将其拖动到模型中，用于定义输入参数。

选择 Simulink（仿真）→Math Operations（数学运算）库中的 Divide（除法）模块、Gain（增益）模块、Dot Product（点积）模块，将其拖动到模型中，用于计算乘积。

在 Sinks（输出方式）库中选择 Display（显示器）模块，将其拖动到模型中，用于显示计算结果。

选中所有模块，在"格式"选项卡中单击"自动名称"按钮，从下拉菜单中选择"名称打开"选项。

按住 Ctrl 键拖动模块，复制 3 个 Constant 模块、3 个 Gain 模块和 5 个 Display 模块。

（4）模块参数设置。

1）设置 Constant 模块的常量值：Constant 为 5、Constant1 为 ones(3,2)、Constant2 为 ones(1,1)、Constant3 为 ones(3,1)，如图 5-40 所示。

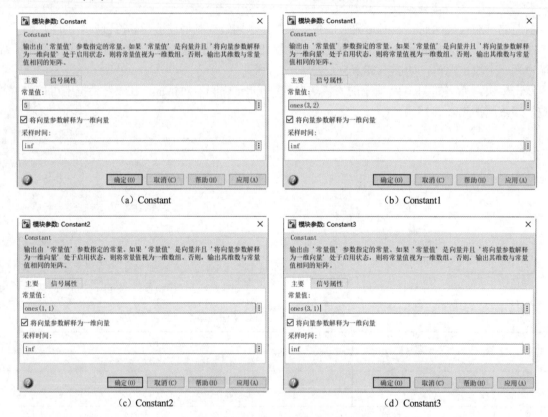

(a) Constant　　　　　　　　　　(b) Constant1

(c) Constant2　　　　　　　　　　(d) Constant3

图 5-40　设置 Constant 模块的参数

2）设置 Divide 模块的"输入数目"为"**"，如图 5-41 所示。

3）设置 Gain 模块的"增益"为 5，"乘法"下拉列表框中包括 4 种运算方式，如图 5-42 所示，Gain、Gain1、Gain2、Gain3 模块分别选择其中一种。

 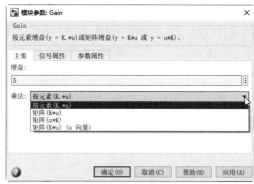

图 5-41　设置 Divide 模块的参数　　　　图 5-42　设置 Gain 模块的参数

（5）连接信号线。连接模块端口，然后调整各个模块的大小和位置，结果如图 5-43 所示。

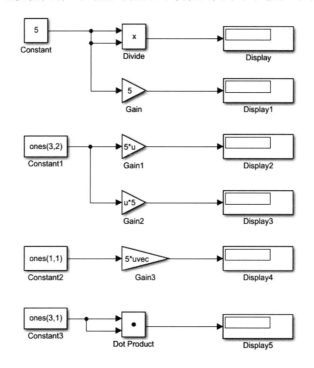

图 5-43　模块连接结果

（6）添加注释。在模型窗口中双击，在出现的编辑框中单击"创建注释"按钮，在框中输入对应程序的标注，选择字体大小为 16，颜色为红色，添加结果如图 5-44 所示。

（7）保存模型。单击"仿真"选项卡中的"保存"按钮，将生成的模型文件保存为 Matrix_Product.slx。

（8）运行仿真。单击"仿真"选项卡中的"运行"按钮⊙运行程序，手动调整模块的大小和模型的布局，结果如图 5-45 所示。

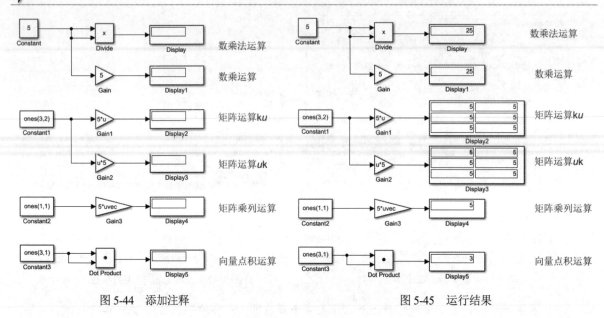

<table>
<tr><td>图 5-44　添加注释</td><td>图 5-45　运行结果</td></tr>
</table>

（9）结果分析。根据图 5-45 分析仿真结果，Gain 模块中的"乘法"一栏用于设置运算方式，如第 1 种运算方式用于数乘运算，第 2 种运算方式用于矩阵运算 ku，第 3 种运算方式用于矩阵运算 uk，第 4 种运算方式用于矩阵乘列运算。

5.3.8　Complex to Real-Imag 模块

在 Simulink 中，Complex to Real-Imag 模块用于输出复数输入信号的实部和虚部。一般情况下，该模块有一个输入端口和一个输出端口，如图 5-46 所示。

双击模块，弹出如图 5-47 所示的"模块参数：Complex to Real-Imag"对话框，在该对话框中可以设置输出输入复数的实部和（或）虚部。

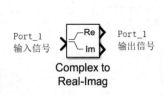

图 5-46　模块图标

图 5-47　"模块参数：Complex to Real-Imag"对话框

在 Simulink 中，Complex to Magnitude Angle 模块用于计算复信号的幅值和相位角，参数设置与 Complex to Real-Imag 模块类似，这里不再赘述。

5.3.9　Bias 模块

在 Simulink 中，Bias（信号偏移）模块根据以下公式为输入信号添加偏差或偏移量。

$$y = u + \text{Bias}$$

其中，u 是模块输入，y 是输出。

一般情况下，模块有一个输入端口和一个输出端口，如图 5-48 所示。

双击模块，弹出如图 5-49 所示的"模块参数：Bias"对话框，在该对话框中可以设置要添加到输入信号的偏移量，以及发生整数溢出时是否进行饱和处理。

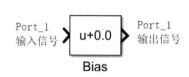

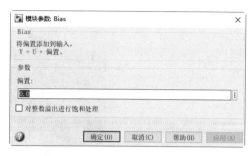

扫一扫，看视频

图 5-48 信号偏移模块　　　　　　　　图 5-49 "模块参数：Bias"对话框

实例——信号偏移

源文件：yuanwenjian\ch05\signal_bias.slx

操作步骤

（1）创建模型文件。在 MATLAB "主页"选项卡中单击 Simulink 按钮，打开"Simulink 起始页"窗口。单击"空白模型"按钮，进入 Simulink 编辑窗口，创建一个 Simulink 空白模型文件。

（2）打开库文件。在"仿真"选项卡中单击"库浏览器"按钮，打开 Simulink 库浏览器。

（3）放置模块。

选择 Simulink（仿真）→Sources（信号源）库中的 Signal Generator（信号生成器）模块，将其拖动到模型中，用于演示输入信号。

选择 Simulink（仿真）→Math Operations（数学运算）库中的 Bias（信号偏移）模块，将其拖动到模型中，用于偏移信号。

选择 Simulink（仿真）→Sinks（输出方式）库中的 Scope（示波器）模块，将其拖动到模型中，用于显示输出信号。

选中所有模块，在"格式"选项卡中单击"自动名称"按钮，从下拉菜单中选择"名称打开"选项。

（4）模块参数设置。双击 Bias 模块，即可弹出对应的模块参数设置对话框，设置"偏置"为 0.5，如图 5-50 所示。

（5）连接信号线。连接模块端口，在"格式"选项卡中单击"自动排列"按钮，对连线结果进行自动布局，结果如图 5-51 所示。

图 5-50 设置模块参数

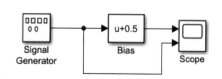

图 5-51 模块连接结果

（6）保存模型。单击"仿真"选项卡中的"保存"按钮，将生成的模型文件保存为 signal_bias.slx。

（7）运行仿真。单击"仿真"选项卡中的"运行"按钮 ▶ 运行程序，编译完成后双击示波器模块，打开 Scope（示波器）对话框查看仿真结果，如图 5-52 所示。

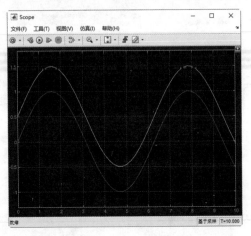

图 5-52 运行结果

（8）结果分析。根据图 5-52 分析仿真结果，模块根据公式为输入信号添加 0.5 的信号偏移，偏移信号比原始信号向上偏移 0.5。

5.3.10 Weighted Sample Time Math 模块

在 Simulink 中，Weighted Sample Time Math（样本时间计算）模块用于为输入信号 u 添加样本时间 T_s，即输出信号 $y=u + (T_s * w)$。该模块使用加权采样时间和加权样本时间的方法从 Simulink 信号中提取样本时间。一般情况下，该模块有一个输入端口和一个输出端口，如图 5-53 所示。

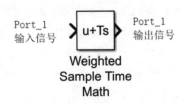

图 5-53 样本时间计算模块

双击模块，弹出如图 5-54 所示的"模块参数：Weighted Sample Time Math"对话框，在该对话框中可以设置相关参数，参数属性见表 5-19。

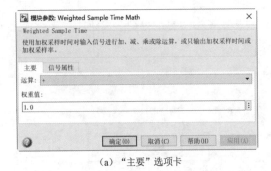

（a）"主要"选项卡

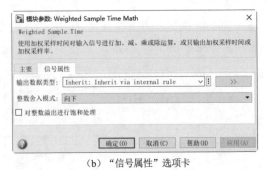

（b）"信号属性"选项卡

图 5-54 "模块参数：Weighted Sample Time Math"对话框

表 5-19　Weighted Sample Time Math 模块参数属性

参　　数	说　　明
运算	数学运算：+(默认)、−、*、/、仅限 T_s、仅限 $1/T_s$
权重值	加权采样时间，默认为 1.0

5.3.11　Trigonometric Function 模块

在 Simulink 中，Trigonometric Function（三角函数）模块用于对输入信号进行三角函数计算，输出结果以 rad 为单位。一般情况下，该模块有一个输入端口和一个输出端口，如图 5-55 所示。

双击模块，弹出如图 5-56 所示的"模块参数：Trigonometric Function"对话框，在该对话框中可以设置计算使用的三角函数（表 5-20）、逼近方法和输出信号类型。

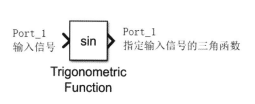

图 5-55　三角函数模块

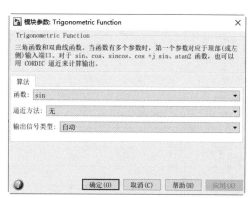

图 5-56　"模块参数：Trigonometric Function"对话框

表 5-20　三角函数列表

函　　数	说　　明	数学表达式	MATLAB® 等效函数
sin	输入信号的正弦	$\sin(u)$	sin
cos	输入信号的余弦	$\cos(u)$	cos
tan	输入信号的正切	$\tan(u)$	tan
asin	输入信号的反正弦	$\operatorname{asin}(u)$	asin
acos	输入信号的反余弦	$\operatorname{acos}(u)$	acos
atan	输入信号的反正切	$\operatorname{atan}(u)$	atan
atan2	输入信号的四象限反正切	$\operatorname{atan2}(u)$	atan2
sinh	输入信号的双曲正弦	$\sinh(u)$	sinh
cosh	输入信号的双曲余弦	$\cosh(u)$	cosh
tanh	输入信号的双曲正切	$\tanh(u)$	tanh
asinh	输入信号的反双曲正弦	$\operatorname{asinh}(u)$	asinh
acosh	输入信号的反双曲余弦	$\operatorname{acosh}(u)$	acosh
atanh	输入信号的反双曲正切	$\operatorname{atanh}(u)$	atanh
sincos	输入信号的正弦；输入信号的余弦	—	—
cos + jsin	输入信号的复指数	—	—

5.3.12　Math Function 模块

在 Simulink 中，Math Function（数学函数）模块包含许多常见的数学函数，见表 5-21，默认进行指数运算。

表 5-21　常见的数学函数

函数	说　明	数学表达式	MATLAB® 等效函数
exp	指数	e^u	exp
log	自然对数	$\ln u$	log
10^u	以 10 为底的幂	10^u	10.^u
log10	常用（以 10 为底）对数	$\log u$	log10
magnitude^2	复数模量	$|u|^2$	(abs(u)).^2
square	2 次幂	u^2	u.^2
pow	幂	$\text{sign}(u)*|u|v$（默认值，仅适用于偶数阶根）或 uv	power
conj	复共轭	$\bar{u}$	conj
reciprocal	倒数	$1/u$	1./u
hypot	平方和的平方根	$(u^2+v^2)0.5$	hypot
rem	除后的余数	—	rem
mod	除后的模数	—	mod
transpose	转置	u^{T}	u.'
hermitian	复共轭转置	u^{H}	u'

一般情况下，该模块有一个输入端口和一个输出端口，图标与端口关系如图 5-57 所示。

双击模块，弹出如图 5-58 所示的"模块参数：Math Function"对话框，在该对话框中可以设置相关参数。

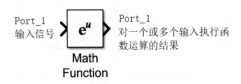

图 5-57　数学函数模块

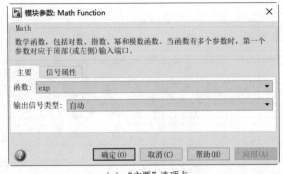

（a）"主要"选项卡

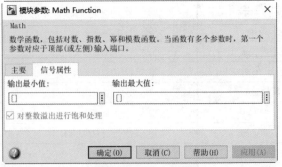

（b）"信号属性"选项卡

图 5-58　"模块参数：Math Function"对话框

5.3.13　Matrix Concatenate 模块

在 Simulink 中，Matrix Concatenate（串联矩阵）模块将执行多维矩阵串联，输入矩阵必须具有兼容的大小才能串联。水平串联要求输入矩阵具有相同的行数，垂直串联要求输入矩阵具有相同的列数。

一般情况下，该模块有 N 个输入端口和一个输出端口，如图 5-59 所示。

双击模块，弹出如图 5-60 所示的"模块参数：Matrix Concatenate"对话框，在该对话框中可以设置相关参数，参数属性见表 5-22。

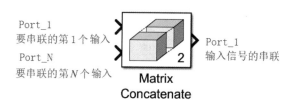

图 5-59　串联矩阵模块

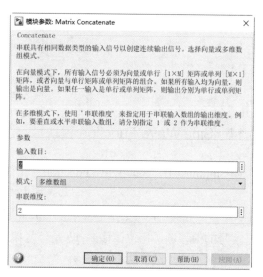

图 5-60　"模块参数：Matrix Concatenate"对话框

表 5-22　Matrix Concatenate 模块参数属性

参　　数	说　　明
输入数目	输入端口个数，默认为 2
模式	串联类型：向量或多维数组
串联维度	串联输入数组的输出维度，默认为 2，即水平串联

在 Simulink 中，Vector Concatenate（串联向量）模块专门用于串联向量，所有输入信号必须为向量、行向量（$1×M$ 矩阵）、列向量（$M×1$ 矩阵），或者向量与行向量或列向量的组合。如果输入是行向量或列向量，则输出对应为行向量或列向量。

动手练一练——串联矩阵并变维

设计一个模型，对输入矩阵分别进行水平串联和垂直串联，然后变维输出。

扫一扫，看视频

📝 思路点拨：

源文件：yuanwenjian\ch05\connect_matrix.slx

（1）创建模型文件，放置模块。

（2）设置模块参数：常量模块为两个 3 阶矩阵，串联矩阵模块的串联维度分别为 2 和 1，Reshape 模块的输出维度为[6,3]。

（3）连接模块端口，并调整模型布局，如图 5-61 所示。

（4）运行仿真，查看仿真结果。

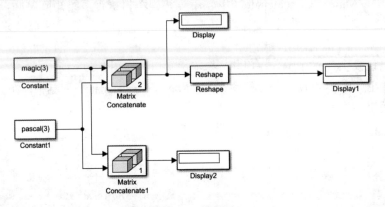

图 5-61　模型图

5.3.14　Sine Wave Function 模块

在 Simulink 中，Sine Wave Function（正弦波函数）模块用于输出正弦曲线波形，即

$$y = A\sin(2\pi(k+\varphi)/p)+b$$

其中，A 是正弦波的幅值；p 是每个正弦波周期内的时间采样数；k 是重复的整数值，范围为 $0\sim p-1$；φ 是信号的偏移量（相位偏移）；b 是信号偏差。

一般情况下，该模块有一个输入端口和一个输出端口，如图 5-62 所示。

双击模块，弹出如图 5-63 所示的"模块参数：Sine Wave Function"对话框，在该对话框中设置相关参数，参数属性见表 5-23。

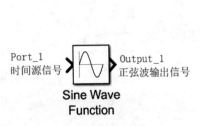

图 5-62　正弦波函数模块

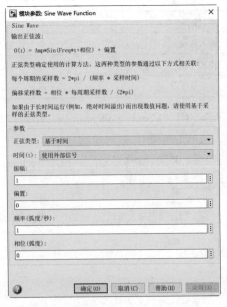

图 5-63　"模块参数：Sine Wave Function"对话框

表 5-23 Sine Wave Function 模块参数属性

参　数	说　明
正弦类型	正弦波的类型：基于时间或基本采样
时间	时间变量的来源：外部信号或仿真时间
振幅	正弦波的幅值，取值为标量，默认为 1
偏置	添加到正弦波的常量，取值为标量，默认为 0
频率（弧度/秒）	正弦波的频率，取值为标量，默认为 1
相位（弧度）	正弦波的相位偏移，取值为标量，默认为 0

5.4　信号源模块库

信号源是仪器系统的重要组成部分，要评价任意一个网络或系统的特性，必须外加一定的测试信号，其性能方能显示出来。最常用的测试信号有正弦波、三角波、方波、锯齿波、噪声波等。

在 Simulink 中，Sources（信号源）模块库包括正弦信号、时钟信号、周期信号等产生信号数据的函数，为仿真提供各种信号源。信号源模块库如图 5-64 所示，信号源模块库中的各子模块功能见表 5-24。

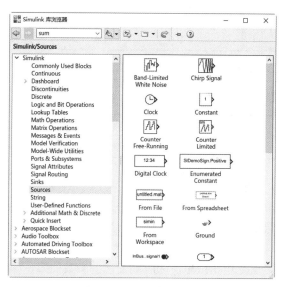

图 5-64　信号源模块库

表 5-24 Sources 子库

模　块　名	功　能
Band-Limited White Noise	在连续系统中添加白噪声
Chirp Signal	生成 Chirp（啁啾）信号
Clock	显示始终信号并提供仿真时间
Constant	生成常量值
Counter Free-Running	进行累加计数，并在达到指定位数的最大值后溢出归 0

续表

模 块 名	功 能
Counter Limited	进行累加计数，并在输出达到指定的上限后归 0
Digital Clock	以指定的采样间隔输出仿真时间
Enumerated Constant	生成枚举常量值
From File	从 MAT 文件加载数据
From Spreadsheet	从电子表格加载数据
From Workspace	从工作区加载数据
Ground	将未连接的输入端口接地
In Bus Element	从输入端连接信号
Inport	为子系统或外部输入创建输入端口
Pulse Generator	按固定间隔生成方波脉冲
Ramp	生成持续上升或下降的信号
Random Number	生成正态分布的随机数
Repeating Sequence	生成任意形状的周期信号
Repeating Sequence Interpolated	输出离散时间序列并重复，从而在数据点之间插值
Repeating Sequence Stair	输出并重复离散时间序列
Signal Builder	创建和生成可交替的具有分段线性波形的信号组
Signal Editor	显示、创建、编辑和切换可互换方案
Signal Generator	生成各种信号
Sine Wave0	使用仿真时间作为时间源以生成正弦波
Step	生成阶跃函数
Uniform Random Number	生成均匀分布的随机数
Waveform Generator	使用信号符号输出波形

5.4.1 Signal Generator 模块

对于任何测试来说，信号的生成非常重要。例如，当现实世界中的真实信号很难获取时，便可以用仿真信号对其进行模拟，向数模转换器提供信号。

所谓电子电路中的信号，就是电压或电流随时间变化的函数曲线，如果涉及波形，即特指交流电压或电流。

在 Simulink 中，Signal Generator（信号发生器）模块用于产生并输出四种基本波形的信号：正弦波、方波、锯齿波、随机波，如图 5-65 所示。

一般情况下，该模块只有一个输出端口，如图 5-66 所示。

双击模块，弹出如图 5-67 所示的"模块参数：Signal Generator"对话框，在该对话框中可以设置要生成的波形、时间变量的来源、信号的幅值、频率、单位等参数。

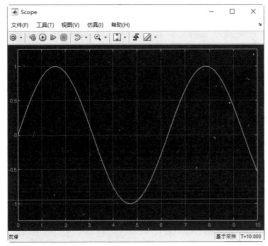

（a）正弦波

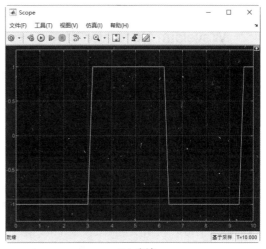

（b）方波

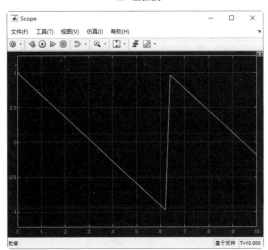

（c）锯齿波

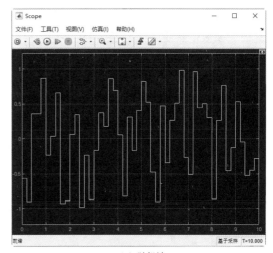

（d）随机波

图 5-65　四种波形

图 5-66　信号发生器模块

图 5-67　"模块参数：Signal Generator" 对话框

5.4.2 Waveform Generator 模块

信号是指在所有时间点都有对应值的时间变量，通常包括以下属性。

- ↳ 信号名称。
- ↳ 数据类型（如 8 位、16 位或 32 位整数）。
- ↳ 数值类型（实数或复数）。
- ↳ 维度（一维、二维或多维数组）。

波形用于描述信号中的参数在时间上的变化所对应函数的曲线图形，表示信号的形状、形式。

在 Simulink 中，Waveform Generator（波形发生器）模块根据信号参数输出波形，定义的信号类型包括常量信号、高斯噪声信号、脉冲波信号、锯齿波信号、正弦波信号、方波信号、阶跃信号。一般情况下，该模块只有一个输出端口，如图 5-68 所示。

双击模块，弹出如图 5-69 所示的"模块参数：Waveform Generator"对话框，在该对话框中可以设置相关参数，参数属性见表 5-25。

图 5-68 波形发生器模块　　　　　　图 5-69 "模块参数：Waveform Generator 对话框

表 5-25 Waveform Generator 模块参数属性

参　数	说　明
Output Signal	指定要输出信号的波形
Waveform Definition	定义波形信号，参数值可以是常量、gaussian(mean,variance,seed)、pulse(amplitude,trigger_time,duration)、sawtooth(amplitude,frequency,phase_offset)、sin(amplitude,frequency,phase_offset)、square(amplitude,frequency,phase_offset)、step(step_time,initial_value,final_value)

5.4.3 Pulse Generator 模块

脉冲信号是指瞬间突然变化、作用时间极短的电压或电流，可以是周期性重复的，也可以是非周期性的或单次的。脉冲信号是一种离散信号，其形状多种多样，与普通模拟信号（如正弦波）相比，波形之间在 Y 轴不连续（波形与波形之间有明显的间隔），但具有一定的周期性。

最常见的脉冲波是矩形波（也就是方波），如图 5-70 所示。脉冲信号可以用来表示信息，也可以作为载波，如脉冲调制中的脉冲编码调制（PCM）、脉冲宽度调制（PWM）等，还可以作为各种数字电路、高性能芯片的时钟信号。

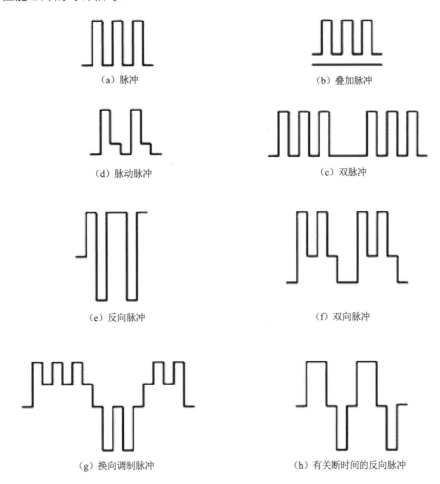

（a）脉冲　　　　　　　　　　　　（b）叠加脉冲

（d）脉动脉冲　　　　　　　　　　（c）双脉冲

（e）反向脉冲　　　　　　　　　　（f）双向脉冲

（g）换向调制脉冲　　　　　　　　（h）有关断时间的反向脉冲

图 5-70　脉冲波形

在 Simulink 中，Pulse Generator（脉冲信号发生器）模块按一定间隔生成一系列脉冲。一般情况下，该模块只有一个输出端口，如图 5-71 所示。

双击模块，弹出如图 5-72 所示的"模块参数：Pulse Generator"对话框，在该对话框中可以设置相关参数，参数属性见表 5-26。

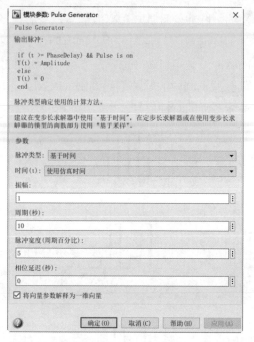

图 5-71 脉冲信号发生器模块   图 5-72 "模块参数：Pulse Generator"对话框

表 5-26 Pulse Generator 模块参数属性

参 数	说 明
脉冲类型	使用的计算方法：基于时间（默认）或基于采样
时间	时间变量的来源：仿真时间（默认）或外部信号
振幅	脉冲幅值，默认为1
周期（秒）	脉冲周期，默认为10
脉冲宽度（周期百分比）	占空比，取值为0～100 的标量，默认为5
相位延迟（秒）	脉冲产生开始前的时间延迟

扫一扫，看视频

动手练一练——调谐脉冲发生器的相位延迟

设计一个模型，以改变脉冲产生的相位延迟。

📋 思路点拨：

源文件：yuanwenjian\ch05\pulse_demo.slx

（1）创建模型文件，放置模块。

（2）设置 Pulse Generator 模块的脉冲宽度和相位延迟，设置 Constant 模块的常量值指定延迟时间，设置示波器在仿真开始时打开。

（3）连接模块端口，并调整模型布局，如图 5-73 所示。

（4）运行仿真，查看仿真结果。

（5）修改 Constant 模块的常量值，调整延迟时间，然后运行仿真。

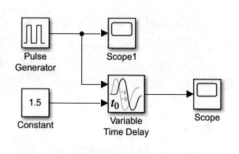

图 5-73 模型图

5.4.4 Signal Editor 模块

在 Simulink 中，Signal Editor（信号编辑器）模块用于对信号进行显示、创建、编辑和切换，可以根据数据文件与特定方案创建、编辑信号。一般情况下，该模块只有一个输出端口，如图 5-74 所示。

双击模块，弹出如图 5-75 所示的"模块参数：Signal Editor"对话框，在该对话框中可以设置相关参数，参数属性见表 5-27。

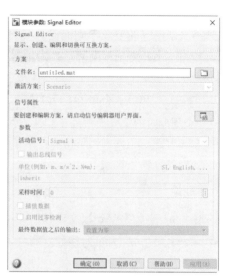

图 5-74 信号编辑器模块

图 5-75 "模块参数：Signal Editor"对话框

表 5-27 Signal Editor 模块参数属性

参　数	说　明
文件名	信号数据文件，untitled（模型文件名）.mat（默认）、字符向量
激活方案	有效的方案，默认为 Scenario
启动信号编辑器用户界面	单击该按钮，打开信号编辑器创建和编辑方案，如图 5-76 所示
活动信号	要配置的信号，默认为 Signal 1
输出总线信号	将信号配置为总线
单位	物理单位
采样时间	采样时间间隔，取值可为 0（默认）、-1、标量
插值数据	线性插值数据
启用过零检测	检测过零点
最终数据值之后的输出	数据可用的最后一个时间点后的模块输出

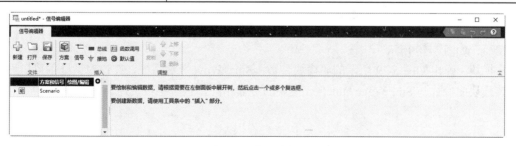

图 5-76 信号编辑器

5.4.5 Sine Wave 模块

正弦波是频率成分最为单一的一种信号，因这种信号的波形是数学上的正弦曲线而得名。在科学研究、工业生产、医学、通信、自控和广播技术等领域，常常需要某一频率的正弦波作为信号源。例如，在实验室，人们常用正弦作为信号源，以测量放大器的放大倍数，观察波形的失真情况；在工业生产和医疗仪器中，利用超声波可以探测金属内的缺陷、人体器官的病变，应用高频信号可以进行感应加热；在通信和广播中更离不开正弦波。可见，正弦波的应用非常广泛，只是应用场合不同，对正弦波的频率、功率等的要求不同而已。

图 5-77 中，ΔT 为采样间隔，T 为信号周期。正弦波信号表示为

$$u(t) = A\sin(\omega t + \varphi)$$

其中，设一个周期内的采样点数为 n，则 A 为信号振幅，ω 为角频率（弧度/秒），φ 为初始相角（弧度）。

正弦信号具有以下性质。

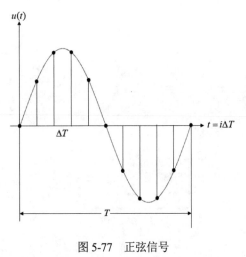

图 5-77　正弦信号

1．周期性

$$x(t) = x(t + T_0) \Rightarrow A\cos(\omega_0 + \varphi) = A\cos(\omega_0 + \omega_0 T_0 + \varphi)$$

其中，$\omega_0 T_0 = 2\pi m$，m 为整数，即

$$T_0 = \frac{2\pi m}{\omega_0} \Rightarrow 周期为 \frac{2\pi m}{\omega_0}$$

2．时间转移与相位改变等价

$$A\cos(\omega_0(t + t_0)) = A\cos(\omega_0 t + \omega_0 t_0 + \varphi)$$

其中，$\omega_0 t_0$ 为相位改变

$$A\cos(\omega_0 t + \varphi) = A\cos(\omega_0 t + \omega_0 t_0) = A\cos[\omega_0(t + t_0)]$$

3．奇偶性

偶函数：

$$x(t) = x(-t)$$

奇函数：

$$x(t) = -x(-t)$$

在 Simulink 中，Sine Wave（正弦波）模块用于输出正弦曲线波形。一般情况下，该模块只有一个输出端口，如图 5-78 所示。

双击模块，弹出如图 5-79 所示的"模块参数：Sine Wave"对话框，在该对话框中可以设置相关参数。该模块的参数与 Sine Wave Function 模块的参数相同，这里不再赘述。

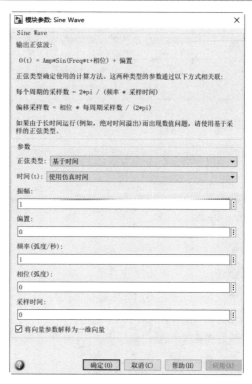

图 5-78 正弦波模块

图 5-79 "模块参数：Sine Wave"对话框

5.4.6 Clock 模块

模块的采样时间是一个参数，它指示在仿真过程中，模块何时生成输出并在适当时间更新其内部状态。内部状态包括但不限于记录的连续状态和离散状态。

在工程中，采样时间是指离散系统对其输入信号进行采样的速率。Simulink 允许通过设置采样时间以控制模块的执行（计算）速度，对单速率和多速率离散系统，以及连续-离散混合系统进行建模。

在 Simulink 中，Clock（时钟）模块用于显示或者提供连续系统的仿真时间。一般情况下，该模块只有一个输出端口，如图 5-80 所示。该模块在每仿真步输出当时的仿真时间。当模块被打开时，会在窗口中显示时间。在打开该模块的情况下仿真会放缓仿真速度。

双击模块，弹出如图 5-81 所示的"模块参数：Clock"对话框，在该对话框中可以设置相关参数，参数属性见表 5-28。

图 5-80 时钟模块

图 5-81 "模块参数：Clock"对话框

表 5-28　Clock 模块参数属性

参　数	说　明
显示时间	在模块图标上显示仿真时间
抽取	更新时间增量，可以是任意正整数，如取值为 1000，则时钟将每隔 1s 更新一次

扫一扫，看视频

动手练一练——求解微分方程

建立一个 Simulink 模型，求解如下微分方程：

$$\begin{cases} y' = y - \dfrac{2x}{y} \\ y(0) = 1 \end{cases}$$

思路点拨：

源文件：yuanwenjian\ch05\function_lines.slx

（1）创建模型文件，放置模块。使用时钟信号定义信号 x，使用 Integrator 模块对参数 y 求积分。

（2）设置模块参数：Integrator 模块初始条件为 1，Gain 模块的增益为 2，Add 模块的符号列表为 "+−"，Scope 模块在仿真开始时打开。

（3）连接模块端口，并调整模型布局。

（4）添加信号线标签，如图 5-82 所示。

（5）运行仿真。

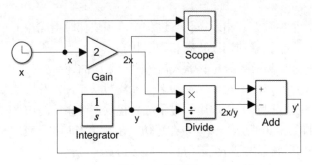

图 5-82　模型图

5.4.7　Digital Clock 模块

若一个模块具有离散采样时间，则 Simulink 将输出模块或更新方法的执行时间 t_n 表示为

$$t_n = nT_s + |T_0|$$

其中，采样时间周期 T_s 始终大于 0 且小于仿真时间 T_{sim}。周期数 n 是一个整数且必须满足以下条件：

$$0 \leqslant n \leqslant \frac{T_{sim}}{T_s}$$

在 Simulink 中，Digital Clock（数字时钟）模块仅输出指定采样时间的仿真时间。在其他时间，输出保持为先前的值。在离散系统中，需要当前时间时应采用该模块。一般情况下，该模块只有一个输出端口，如图 5-83 所示。

双击模块，弹出如图 5-84 所示的"模块参数：Digital Clock"对话框，在该对话框中可以设置采样时间。

图 5-83 数字时钟模块　　　　　　　　图 5-84 "模块参数：Digital Clock"对话框

5.4.8 Repeating Sequence 模块

瞬时幅值随时间重复变化的信号称为周期信号。一般表达式为

$$x(t) = x(t + kT), \quad k=1,2,\cdots$$

其中，t 表示时间，T 表示周期。

在 Simulink 中，Repeating Sequence（周期信号）模块可生成随时间变化的重复信号。波形任意指定，当仿真达到时间值向量中的最大值时，信号开始重复。一般情况下，该模块只有一个输出端口，如图 5-85 所示。

双击模块，弹出如图 5-86 所示的"模块参数：Repeating Sequence"对话框，在该对话框中可以设置单调递增的时间值和用于指定输出波形的输出值向量。输出值向量中的每个元素对应于时间值参数中的时间值。

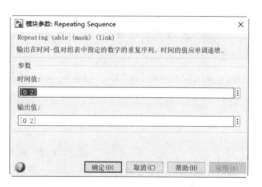

图 5-85 周期信号模块　　　　　　　图 5-86 "模块参数：Repeating Sequence"对话框

5.4.9 Step 模块

单位阶跃信号定义为 $u[n] = \begin{cases} 1, n \geqslant 0 \\ 0, n < 0 \end{cases}$，其序列如图 5-87 所示。

在 Simulink 中，Step（阶跃信号）模块可在指定时间在两个定义的电平之间进行阶跃。一般情况下，该模块只有一个输出端口，如图 5-88 所示。

双击模块，弹出如图 5-89 所示的"模块参数：Step"对话框，在该对话框中可以设置相关参数，参数属性见表 5-29。

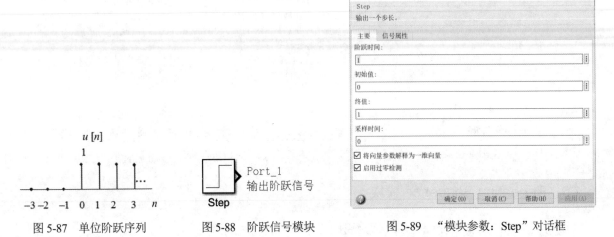

图 5-87　单位阶跃序列　　　图 5-88　阶跃信号模块　　　图 5-89　"模块参数：Step"对话框

表 5-29　Step 模块参数属性

参　数	说　明
阶跃时间	阶跃发生的时间，表示输出从初始值参数跳到终值参数的时间，单位为秒
初始值	仿真时间达到阶跃时间参数时的模块输出值
终值	阶跃之后的输出值，仿真时间达到并超过阶跃时间参数时的模块输出值
采样时间	阶跃的采样率

5.4.10　Chirp Signal 模块

Chirp（啁啾）是通信技术中有关编码脉冲技术的一种术语，特指对脉冲进行编码时，其载频在脉冲持续时间内线性地增加，当将脉冲转换为音频时，会发出一种声音，听起来像鸟叫的啁啾声，故名"啁啾"。该信号是一个典型的非平稳信号，在通信、声呐、雷达等领域具有广泛的应用。在光纤通信中，由于激光二极管本身不稳定而使传输单个脉冲时中心波长瞬时偏移的现象，也叫"啁啾"。

Chirp 信号的表达式如下：

$$x(t) = \exp\left(j2\pi\left(f_0 t + \frac{1}{2} u_0 t^2 \right) \right)$$

其中，f_0 为起始频率，u_0 为调频率。

对相位进行求导，得到角频率及频率随时间的线性变化关系为

$$f = f_0 + u_0 t$$

在 Simulink 中，Chirp Signal（啁啾信号）模块用于产生啁啾信号，实际上是频率随时间按线性速率增加的正弦波。一般情况下，该模块只有一个输出端口，如图 5-90 所示。

双击模块，弹出如图 5-91 所示的"模块参数：Chirp Signal"对话框，在该对话框中可以设置相关参数，参数属性见表 5-30。

图 5-91 "模块参数：Chirp Signal" 对话框

图 5-90 啁啾信号模块

表 5-30 Chirp Signal 模块参数属性

参　　数	说　　明
初始频率	信号的初始频率（Hz），指定为标量、向量、矩阵或 N 维数组
目标时间	频率达到目标频率的时间（秒），在该时间后，频率以相同的速率连续改变。指定为标量、向量、矩阵或 N 维数组
目标时间的频率	信号在目标时间的频率，以 Hz 为单位，指定为标量、向量、矩阵或 N 维数组

动手练一练——追踪线性调频信号运行最大值

设计一个模型，追踪线性调频信号运行的最大值。

思路点拨：

源文件：yuanwenjian\ch05\ChirpSignal_Max.slx

（1）创建模型文件，放置模块。

（2）设置 Chirp Signal 模块的目标时间为 20 秒，目标时间的频率为 2Hz；设置 Pulse Generator 模块的周期为 4

秒；设置 MinMax Running Resettable 模块的函数为"最大值"；设置示波器在仿真开始时打开，并显示图例。

（3）连接模块端口，并调整模型布局，如图 5-92 所示。

（4）运行仿真，查看仿真结果。

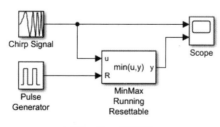

图 5-92 模型图

5.4.11 Random Number 模块

随机信号（random signal）是指幅度不可预知但又服从一定统计特性的信号，又称为不确定信号。随机信号生成随机数组。随机数组，顾名思义，随机生成，没有规律，因此每一次生成的随机数组都不同。

按照随机矩阵的分布规则，可将随机矩阵分为两种：均匀分布的随机数矩阵和正态分布的随机数矩阵。

在 Simulink 中，Random Number（随机信号）模块用于生成正态分布的随机数。一般情况下，该模块只有一个输出端口，如图 5-93 所示。

双击模块，弹出如图 5-94 所示的"模块参数：Random Number"对话框，在该对话框中可以设置相关参数，参数属性见表 5-31。

图 5-93 随机信号模块

图 5-94 "模块参数：Random Number"对话框

表 5-31 Random Number 模块参数属性

参 数	说 明
均值	随机数的均值
方差	随机数的方差
种子	随机数生成函数的起始种子。对于给定种子，生成的数字的输出可以重复

5.4.12 Band-Limited White Noise 模块

在 Simulink 中，Band-Limited White Noise（有限带宽白噪声）模块用于在连续系统中添加白噪声，该模块中使用正态分布随机数模拟白噪声信号。一般情况下，该模块只有一个输出端口，如图 5-95 所示。

双击模块，弹出如图 5-96 所示的"模块参数：Band-Limited White Noise"对话框，在该对话框中可以设置相关参数，参数属性见表 5-32。

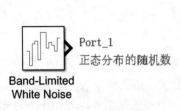

图 5-95 有限带宽白噪声模块

图 5-96 "模块参数：Band-Limited White Noise"对话框

表 5-32　Band-Limited White Noise 模块参数属性

参　数	说　明	参　数　值
噪声功率	白噪声的功率谱密度（PSD）	[0.1]（默认）、标量、向量、矩阵、N 维数组

5.4.13　From File 模块

在 Simulink 中，From File（读取文件）模块用于读取文件中的数据。一般情况下，该模块只有一个输出端口，如图 5-97 所示。

双击模块，弹出如图 5-98 所示的"模块参数：From File"对话框，在该对话框中可以设置相关参数，参数属性见表 5-33。

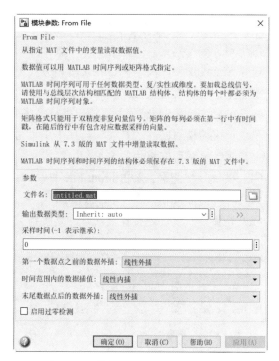

图 5-97　读取文件模块　　　　　图 5-98　"模块参数：From File"对话框

表 5-33　From File 模块参数属性

参　数	说　明
文件名	MAT 文件名或 MAT 文件的路径
输出数据类型	加载的 MAT 文件中数据的数据类型，默认从文件中的数据或从定义信号数据类型的下游模块继承
采样时间	采样周期和时间偏移量
第一个数据点之前的数据外插	MAT 文件中第一个数据点之前的模块输出的方法
时间范围内的数据插值	MAT 文件数据中采样之间仿真时间的输出值的插值方法
末尾数据点后的数据外插	MAT 文件中最后一个数据点之后的模块输出的方法
启用过零检测	启用过零检测技术定位模块输出中的不连续点，即过零点

From Workspace（从工作区加载数据）模块和 From Spreadsheet（从电子表格加载数据）模块的使用格式与 From File 模块相同，这里不再赘述。

实例——-显示文件数据

源文件：yuanwenjian\ch05\File_To_Workspace.slx、capalui.mat

本实例介绍通过 From File 模块从 MAT 文件中读取数据，在示波器中显示，并将数据输出到 MATLAB 工作区，显示输出数据。

操作步骤

（1）创建模型文件。在 MATLAB "主页"选项卡中单击 Simulink 按钮，打开 "Simulink 起始页"窗口。单击 "空白模型"按钮，进入 Simulink 编辑窗口，创建一个 Simulink 空白模型文件。

（2）打开库文件。在 "仿真"选项卡中单击 "库浏览器"按钮，打开 Simulink 库浏览器。

（3）放置模块。

选择 Simulink（仿真）→Sources（信号源）库中的 From File（读取文件）模块，将其拖动到模型中，用于定义输入数据。

选择 Simulink（仿真）→Sinks（输出方式）库中的 To Workspace（保存到工作区）模块，将其拖动到模型中，用于输出数据。

在 Sinks 中选择 Scope（示波器）模块，将其拖动到模型中，用于显示输出。

选中所有的模块，在 "格式"选项卡中单击 "自动名称"按钮，从弹出的下拉菜单中选择 "名称打开"选项，显示所有模块的名称。

（4）模块参数设置。双击 From File 模块，即可弹出对应的模块参数设置对话框，单击 "文件名"右侧的文件夹图标按钮，选择 capalui.mat 文件，如图 5-99 所示。

（5）连接信号线。连接模块端口，连接结果如图 5-100 所示。

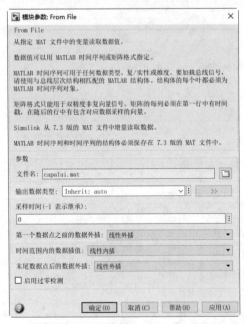

图 5-99　选择文件

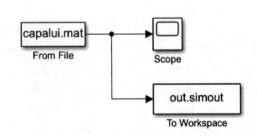

图 5-100　模块连接结果

（6）保存模型。单击 "仿真"选项卡中的 "保存"按钮，将生成的模型文件保存为 File_To_Workspace.slx。

（7）运行仿真。单击"仿真"选项卡中的"运行"按钮 ▶ 运行程序，然后双击 Scope 模块，弹出 Scope 对话框，运行结果如图 5-101 所示。

此时打开 MATLAB 编辑器窗口，在工作区中可以看到输出变量 out，如图 5-102 所示。

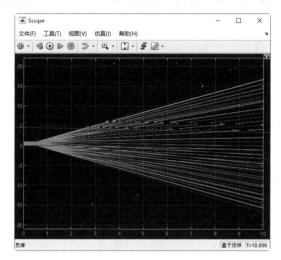

图 5-101　运行结果

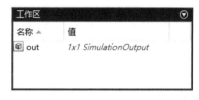

图 5-102　保存的数据

在命令行中输入下面程序。

```
>> out
out =
  Simulink.SimulationOutput:
          simout: [1x1 timeseries]       %仿真输出数据（记录的时间、状态和信号）
            tout: [51x1 double]          %仿真过程中返回的时间变量
    SimulationMetadata: [1x1 Simulink.SimulationMetadata]
        ErrorMessage: [0x0 char]
>> plot(out.tout)                        %绘制曲线
```

程序运行结果如图 5-103 所示。

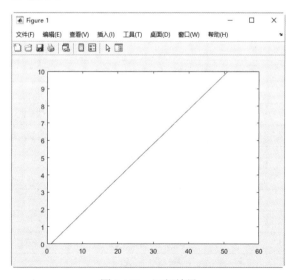

图 5-103　运行结果

5.4.14 In1 模块

在 Simulink 中，In1（输入）模块为子系统或外部输入创建输入端口，将信号从系统外部连接到系统内。一般情况下，该模块只有一个输出端口，如图 5-104 所示。

图 5-104　输入模块

双击模块，弹出如图 5-105 所示的"模块参数：In1"对话框，在该对话框中可以设置相关参数，参数属性见表 5-34。

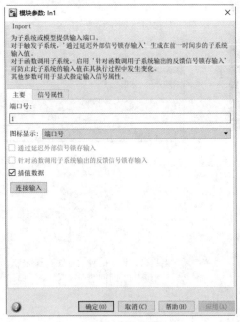

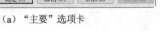

（a）"主要"选项卡

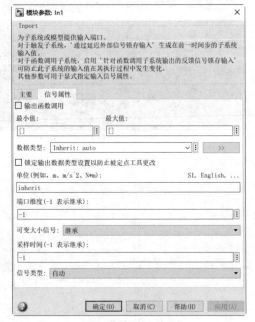

（b）"信号属性"选项卡

图 5-105　"模块参数：In1"对话框

表 5-34　In1 模块参数属性

参　　数	说　　明
端口号	端口在父模块上的位置
图标显示	在模块图标上显示的信息
通过延迟外部信号锁存输入	指定模块输出上一个时间步的输入信号值
针对函数调用子系统输出的反馈信号锁存输入	指定模块锁存此子系统的输入值，以防止此值在子系统执行期间发生更改
插值数据	对输出数据进行插值
连接输入	单击该按钮，打开"根输入端口映射器"窗口，用于将信号映射到输入端口
输出函数调用	输出一个函数调用触发信号
单位	模块输入信号的物理单位
端口维度	模块的输出信号的维度，默认值-1 表示端口从连接的信号继承维度
可变大小信号	允许信号大小可变

5.4.15 Ground 模块

在 Simulink 中，Ground（端口接地）模块用于连接未连接的模块，Ground 模块的输出尽可能接近 0 的非零值。未连接的端口连接接地模块可以防止运行仿真时出现警告。一般情况下，该模块只有一个输出端口，如图 5-106 所示。

双击模块，弹出如图 5-107 所示的"模块参数：Ground"对话框，在该对话框中显示接地模块的功能信息。

图 5-106　端口接地模块　　　　　图 5-107　"模块参数：Ground"对话框

5.5　输出方式模块库

在 Simulink 中，Sinks（输出方式）模块库包括显示器、滤波器、工作区、输出端口和文件等接收器，其为仿真提供输出设备元件，如图 5-108 所示。信号输出模块库中的各子模块功能见表 5-35。

表 5-35　Sinks 子库

模 块 名	功　　　能
Display	显示输入的值
Scope	显示仿真过程中产生的信号
Floating Scope	显示仿真过程中产生的信号，无信号线
Out1	为子系统或外部输出创建输出端口
Record	将来自同一模块的仿真数据记录到工作区和（或）文件中
Terminator	终止未连接的输出端口
Out Bus Element	指定连接到总线输出端口的信号
Stop Simulation	当输入为非零时停止仿真
To File	向文件中写入数据
To Workspace	向工作空间中的矩阵写入数据
XY Graph	使用 MATLAB 的图形窗口显示信号的 X-Y 图

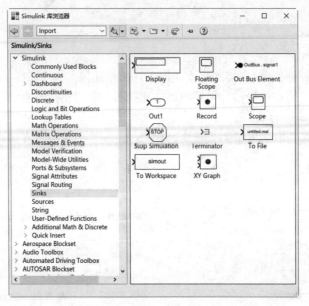

图 5-108　输出方式模块库

5.5.1　Display 模块

在 Simulink 中，Display（显示器）模块用于显示输入数据的值，该模块不仅可以指定显示器显示的频率，还可以指定显示的格式。

对于数值输入数据，设置其输入数据的显示格式；对于字符输入数据，根据特定的符号显示对应的字符内容。

一般情况下，该模块只有一个输入端口，如图 5-109 所示。

双击模块，弹出如图 5-110 所示的"模块参数：Display"对话框，在该对话框中可以设置相关参数，参数属性见表 5-36，数值数据的显示格式见表 5-37。

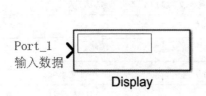

图 5-109　显示器模块

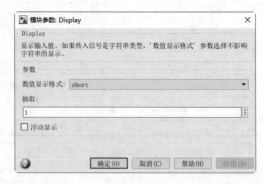

图 5-110　"模块参数：Display"对话框

表 5-36　Display 模块参数属性

参　　数	说　　明
数值显示格式	数值输入数据的显示格式
抽取	显示数据的频率
浮动显示	使用此模块作为浮动显示，模块输入端口消失，模块显示选定信号线上的信号值

表 5-37 数值数据的显示格式

参 数	说 明
short	具有固定十进制小数点的 5 位数定标值
long	具有固定十进制小数点的 15 位数定标值
short_e	具有浮动小数点的 5 位数值
long_e	具有浮动小数点的 16 位数值
bank	具有固定美元和美分格式的值（不显示$或逗号）
十六进制（存储整数）	以十六进制格式存储的定点输入整数值
二进制（存储整数）	以二进制格式存储的定点输入整数值
十进制（存储整数）	以十进制格式存储的定点输入整数值
八进制（存储整数）	以八进制格式存储的定点输入整数值

5.5.2 Scope 模块

示波器是一种用于测量交流电或脉冲电流波形状的仪器，除观测电流的波形外，它还可以用于测定频率和电压强度等。凡可以变为电效应的周期性物理过程都可以用示波器进行观测。

示波器可以分为模拟示波器和数字示波器两种，对于大多数的电子应用，无论是模拟示波器还是数字示波器，都可以进行观测，只是对于一些特定的应用，需要根据模拟示波器和数字示波器所具备的不同特性进行选择。

模拟示波器的工作方式是直接测量信号电压，并且通过从左到右穿过示波器屏幕的电子束在垂直方向描绘电压。

数字示波器的工作方式是通过模拟转换器（ADC）将被测电压转换为数字信息。数字示波器捕获波形的一系列样值，并对样值进行存储，判断累计的样值是否能描绘出波形，如果能够描绘出波形，则在数字示波器上重构波形。

1. 示波器模块

在 Simulink 中，Scope（示波器）模块是最常用的模块之一，用于显示仿真时产生的时域信号曲线，横坐标表示仿真时间，该模块默认接收一个输入但可以显示多个信号的图形。一般情况下，该模块只有一个输入端口，如图 5-111 所示。

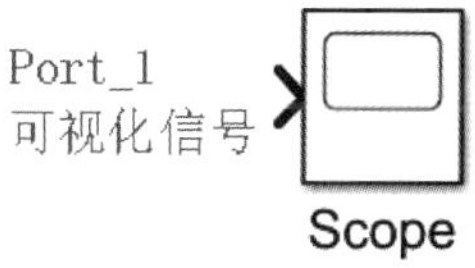

图 5-111 示波器模块

Scope 模块允许调整时间的大小和显示输入值的范围，在工作区中移动该窗口，可根据显示信号图形调整 Scope 窗口的大小，在仿真期间还可以修改 Scope 的参数值。

默认情况下，在开始仿真时，通过输入端口，系统将数据传递给 Scope 窗口，但 Simulink 并不自动打开 Scope 窗口。在仿真结束后，双击打开 Scope 窗口，在该窗口中显示数据仿真信号图形。

2. 示波器属性

双击该模块，弹出如图 5-112 所示的 Scope 窗口，在该窗口中提供了显示数据与图形的菜单栏与工具栏命令，表 5-38 和表 5-39 中显示了这些命令的属性与说明。

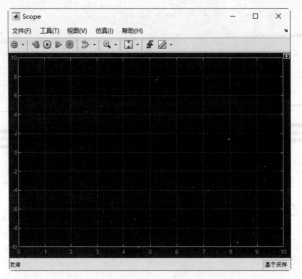

图 5-112　Scope 窗口

表 5-38　Scope 模块菜单栏命令

菜　单	菜　单　项	说　　明
文件	仿真开始时打开	在仿真开始时打开示波器窗口
	输入端口个数	设置 Scope 模块输入端口的数量，最大数量为 96
	复制到剪贴板	将 Scope 模块中的波形复制到剪贴板
	打印	打印波形
	打印预览	打开"打印预览"对话框，设置打印选项
	打印到图窗	在图形窗口中打印波形
	关闭	关闭当前示波器窗口
	关闭所有 Scope 窗口	关闭当前打开的所有示波器窗口
工具	放大	放大视图
	缩放 X	沿 X 轴缩放视图
	缩放 Y	沿 Y 轴缩放视图
	缩小	缩小视图
	平移	平移视图
	坐标区缩放	保存、还原、自动缩放坐标区范围
	触发器	设置触发器，在发生指定事件时同步重复的信号并暂停显示
	测量	选择轨迹，使用游标测量信号值，显示所选信号的最大值、最小值、峰间差、均值、中位数和 RMS 值，测量过渡过程、过冲、下冲和循环，以及寻找峰值
视图	布局	示波器绘图区图形布局，图 5-113 所示为两种不同的布局
	配置属性	打开"配置属性"对话框，设置有关示波器画面的各种属性
	样式	设置示波器样式属性，如图 5-114 所示
	图例	添加图例
	前置所有 Scope 窗口	在当前界面显示所有示波器窗口
	工具栏	显示工具栏
	状态栏	显示状态栏

续表

菜　单	菜　单　项	说　　　　明
视图	突出显示 Simulink 模块	高亮显示仿真模块
仿真	步退	步退仿真
	运行	运行仿真
	步进	步进仿真
	停止	停止仿真
	步进选项	打开"仿真步选项"，设置是否启用步退及最大保存回退步数、回退步间隔、步进/步退数
	Simulink 快照	暂停示波器画面显示
帮助	Scope 帮助	进入帮助中心，显示示波器的相关帮助文档
	Simulink 帮助	进入帮助中心，显示 Simulink 的相关帮助信息
	键盘命令帮助	查看仿真操作的相关键盘快捷键
	Simulink 示例	进入帮助中心，显示仿真实例
	关于 Simulink	关于 Simulink 的版本、发布时间及版权信息

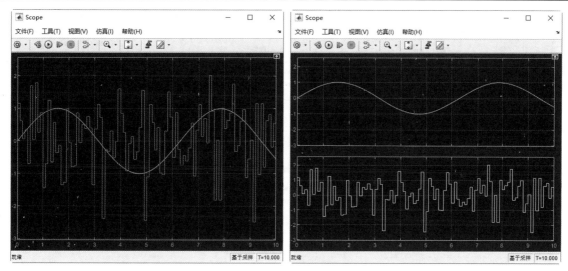

图 5-113　数据仿真图形布局

图 5-114　"样式：Scope"对话框

表 5-39　Scope 工具栏按钮

工具栏	图标	名　称	说　明
⚙ ▾	⚙	Configuration Properties	配置属性
	🖌	Style	图形样式
	⊞	Layout	图形布局
	⊟	Show legend	显示图例
✋		Stepping Options	步进选项
▶		Run	运行仿真
Ⅲ▶		Step Forward	步进仿真
■		Stop	停止仿真
🔀 ▾	🔀	Highlight Simulink Block	高亮显示仿真模块
	📷	Snapshot (Freeze display)	暂停示波器画面显示（冻结显示）
🔍 ▾	⏸Q⏸	Zoom X	缩放 X
	🔍	Zoom Y	缩放 Y
	🔍	Zoom Out	缩小视图
	✋	Pan	平移视图
↕ ▾	↔	Scale X-Axis Limits	缩放 X 轴极限
	✥	Scale X & V Axes Limits	缩放 X 轴、Y 轴极限
🔀		Triggers	触发
📐 ▾	📐	Cursor Measurements	显示鼠标单击处信号的测量信息，如图 5-115 所示
	📈	Signal Statistics	显示信号统计信息，如图 5-116 所示
	📊	Bilevel Measurements	测量输入信号的过渡时间、超调、负调及周期，如图 5-117 所示
	🔯	Peak Finder	查找并显示信号峰值，如图 5-118 所示

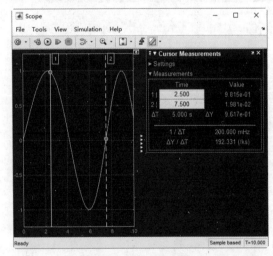

图 5-115　信号测量信息

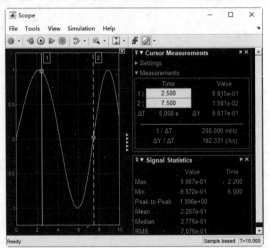

图 5-116　信号统计信息

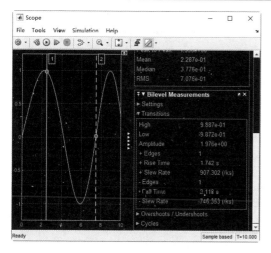

图 5-117　信号过渡信息

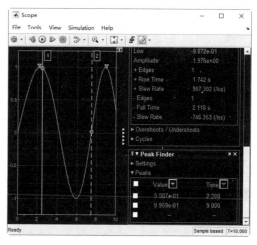

图 5-118　信号峰值信息

3．示波器参数

单击 Scope 模块工具栏中的 Parameters（参数设置）按钮⚙，打开 Scope 模块的参数设置对话框，如图 5-119 所示。Scope 模块的参数设置包含 4 个选项卡：Main（主要）、Time（时间）、Display（显示）和 Logging（记录），在该对话框中可以设置相关参数，参数属性见表 5-40。

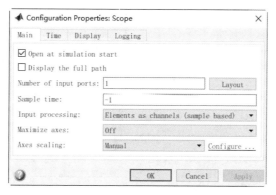

图 5-119　Configuration Properties: Scope 对话框

表 5-40　Scope 模块参数属性

参　　数	说　　明	参　数　值
Open at simulation start	仿真时打开示波器窗口	off（Scope 的默认值）、on（Time Scope 的默认值）
Display the full path	在示波器标题栏中显示模块路径	off（默认）、on
Number of input ports	Scope 模块上输入端口的数量	1（默认）、整数
Layout	显示绘图区的数量和排列方式	1×1 画面（默认）、$m×n$ 个坐标区
Sample time	示波器更新之间的仿真间隔	−1（表示继承）（默认）、正实数
Input processing	需要处理的输入信号	Elements as channels (sample based)（Scope 的默认值）、Columns as channels (frame based)（Time Scope 的默认值）
Maximize axes	最大化图的大小	Off（Scope 的默认值）、Auto（Time Scope 的默认值）、On
Time span	显示 x 轴的长度	Auto（默认）、User defined、One frame period
Time span overrun action	显示超出 x 轴可见范围的数据	Wrap（默认）、Scroll

续表

参　数	说　明	参　数　值
Time units	设置 x 轴单位	None（Scope 的默认值）、Metric（Time Scope 的默认值）、Seconds
Time display offset	设置 x 轴偏移量	0（默认）、标量、向量
Time-axis labels	显示 x 轴标签	Bottom Displays Only（Scope 的默认值）、All（Time Scope 的默认值）、None
Show time-axis label	显示或隐藏 x 轴标签	off（Scope 的默认值）、on（Time Scope 的默认值）
Active display	选择的图形	1（默认）、正整数
Title	为绘图区图形添加波形标题	%<SignalLabel>（默认）、字符串
Show legend	为绘图区图形添加信号图例	off（默认）、on
Show grid	为绘图区图形添加网格线	on（默认）、off
Plot signals as magnitude and phase	将绘图区图形添加拆分为幅值图和相位图	off（默认）、on
Y-limits (Minimum)	y 轴最小值	10（默认）、实数标量
Y-limits (Maximum)	y 轴最大值	10（默认）、实数标量
Y-label	y 轴标签	none（Scope 的默认值）、Amplitude（Time Scope 的默认值）、字符串
Limit data points to last	限制缓冲的数据值	off、5000（默认）、on、正整数
Decimation	减少要显示和保存的波形数据量	off、2（默认）、on、正整数
Log data to workspace	将数据保存到 MATLAB 工作区	off（默认）、on
Variable name	所保存数据变量的名称	ScopeData（默认）、字符串
Save format	MATLAB 变量格式	Dataset（默认）、Structure With Time、Structure、Array

4. 示波器坐标系设置

选择菜单栏中的 Tools（工具）→Axes Scaling（坐标系缩放）→Axes Scaling Properties（坐标系缩放属性）命令，弹出 Axes Scaling Properties: Scope（示波器坐标系缩放属性）对话框，如图 5-120 所示，设置示波器绘图区的坐标属性，见表 5-41。

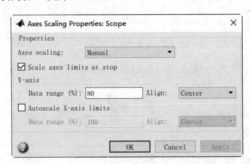

图 5-120　Axes Scaling Properties: Scope 对话框

表 5-41　Scope 坐标系参数属性

参　数	说　明	参　数　值
Axes scaling	y 轴缩放模式	Manual（默认）、Auto、After N Updates
Scale axes limits at stop	当 y 轴范围可以更改时，对其范围施加限制	on（默认）、off
Y-axis Data range (%)	绘图空间占 y 轴范围的百分比	80（默认）、[1, 100] 之间的整数

续表

参 数	说 明	参 数 值
Y-axis Align	沿 y 轴对齐	Center（默认）、Top、Bottom
Autoscale X-axis limits	缩放 x 轴范围界限	off（默认）、on
X-axis Data range (%)	绘图空间占 x 轴范围的百分比	100（默认）、[1, 100] 内的整数
X-axis Align	沿 x 轴对齐	Center（默认）、Top、Bottom

5. 示波器显示类型

选择菜单栏中的 View（视图）→Style（类型）命令，弹出 Style：Scope 对话框，如图 5-121 所示，设置示波器绘图区的图形属性，包括背景色、线条颜色、可见度与标记样式等，具体属性见表 5-42。

图 5-121　Style：Scope 对话框

表 5-42　Scope 显示参数属性

参 数	说 明	参 数 值
Figure color	窗口的背景色	黑色（默认）、颜色
Plot type	绘制信号的方式	Auto（Scope 的默认值）、Line（Time Scope 的默认值）、Stairs、Stem
Axes colors	各个画面的背景色和坐标区颜色	黑色（默认）、颜色
Preserve colors for copy to clipboard	复制波形而不更改颜色	off（默认）、on
Active display	指定要更改样式属性的画面的索引	1（默认）、正整数
Properties for line	要更改属性的信号名称	字符串，默认为 Channel 1
Visible	线条可见性	on（默认）、off
Line	线条线型	实线（默认样式）、0.75（默认宽度）、黄色（默认颜色）
Marker	数据点标记样式	None（默认）、标记样式

Floating Scope（浮动示波器）模块的功能与 Scope 模块相同，用于显示仿真过程中生成的信号，但该模块不连接信号线，如图 5-122 所示。

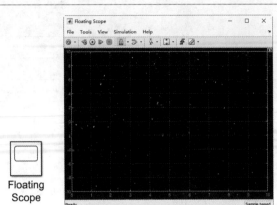

图 5-122　Floating Scope（浮动示波器）模块

5.5.3　Stop Simulation 模块

在 Simulink 中，Stop Simulation（停止仿真）模块表示当输入为非零值时将终止仿真过程，在仿真终止之前完成当前时间步的计算。一般情况下，该模块只有一个输出端口，如图 5-123 所示。

图 5-123　停止仿真模块

如果该模块的输入数据是向量，任何非零的向量元素都会导致仿真结束。该模块可以使用其与 Relational Operator（比较大小）模块相连来控制仿真的结束。

5.5.4　To File 模块

在 Simulink 中，To File（写入文件）模块将其输入数据写入 MAT 数据文件中的矩阵，它将每一时间步写成一列，第一行是仿真时间，该列中剩余的行是输入的数据，输入向量中每一元素占一数据点。一般情况下，该模块只有一个输入端口，如图 5-124 所示。模块的图标显示指定输出文件的名字，如果指定文件已经存在，则将在仿真时覆盖它。

双击模块，弹出如图 5-125 所示的"模块参数：To File"对话框，在该对话框中可以设置相关参数，参数属性见表 5-43。

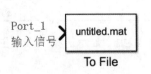

图 5-124　写入文件模块

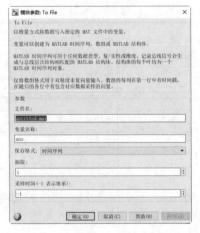

图 5-125　"模块参数：To File"对话框

表 5-43　To File 模块参数属性

参　　数	说　　明
文件名	存储输出的 MAT 文件的路径名或文件名。如果指定的文件名没有路径信息，Simulink 会将文件存储在 MATLAB 工作路径下。如果文件存在，则覆盖它
变量名称	文件中包含的矩阵的名称，默认值为 ans
保存格式	指定 To File 模块写入数据使用的数据格式，默认为时间序列，将数据写入到 MATLAB timeseries 对象中
抽取	数据写入时间的抽样因子。每 n 个采样写入一组数据，其中 n 是降采样因子
采样时间	采集数据点的采样周期和偏移量，默认继承驱动模块的采样时间。使用时间步间隔不是常量的变步长求解器时，此参数很有用

From File（读取文件数据）模块能够直接使用 To File 模块的数据，但 From File 模块得到的矩阵是 To File 模块写入的矩阵的转置。该模块能够边仿真边写入数据，在仿真结束时数据写入完成。

5.5.5　To Workspace 模块

在 Simulink 中，To Workspace（写入工作区）模块将输入数据写入 MATLAB 工作空间中由参数变量名指定的矩阵或结构中，并通过参数保存格式确定数据输出格式。一般情况下，该模块只有一个输入端口，如图 5-126 所示。

双击模块，弹出如图 5-127 所示的"模块参数：To Workspace"对话框，在该对话框中可以设置相关参数，参数属性见表 5-44。

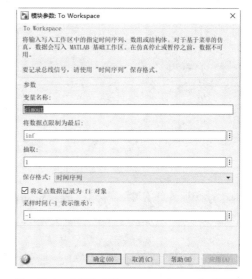

图 5-126　写入工作区模块　　　　图 5-127　"模块参数：To Workspace"对话框

表 5-44　To Workspace 模块参数属性

参　　数	说　　明
变量名称	用于保存数据的变量名称，默认值为 simout
将数据点限制为最后	要保存的输入采样的最大数量。如果仿真生成的数据点大于指定的最大值，则只保存最近生成的采样。默认值为 inf，表示写入所有数据
将定点数据记录为 fi 对象	将定点数据作为 fi 对象进行记录。如果取消勾选该选项，则将定点数据作为双精度值记录到工作区

5.5.6　XY Graph 模块

在 Simulink 中，XY Graph（XY 图）模块绘制两个输入信号的 X-Y 曲线图，可以将数据记录到工作区和文件。一般情况下，该模块有两个输入端口，如图 5-128 所示。模块绘制第一个输入的数据（X 轴方向）对第二个输入的数据（Y 轴方向）的曲线图。

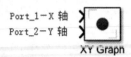

图 5-128　XY 图模块

在仿真运行完成后，双击 XY Graph 模块，即可进入该模块，显示绘图区，如图 5-129 所示。如果指定了输入信号，则显示绘图结果。

使用绘图区右上角的工具条，可以调整和平移视图大小，方便查看绘图结果；使用 🔍 工具组，可以同步缩放或沿指定坐标轴缩放视图；使用 ⧉ 工具组，可以调整视图，如使图形适应视图大小、基于时间适应视图、基于 Y 轴适应视图；使用 ⬆ 工具，可以选择、平移图形。

绘制 X-Y 曲线图后，还可以将输入信号的子图添加到 XY Graph 的布局中，以查看输入信号随时间的变化，具体操作步骤如下。

（1）在"格式"选项卡中单击"布局"下拉按钮，从图 5-130 所示的下拉菜单中选择子图的布局方式。

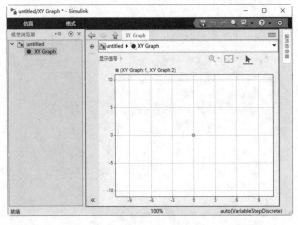

图 5-129　绘图区

图 5-130　"布局"下拉菜单

（2）单击绘图区左上角的"显示信号"按钮，展开信号列表，如图 5-131 所示。如果要修改信号线的显示颜色和样式，可以在"线条"栏中单击打开图 5-132 所示的设置面板，从中选择需要的颜色、线宽和样式。

（3）单击一个子图，在显示列表中勾选要在该子图中显示的信号左侧的复选框。使用同样的方法，在其他子图中显示其他信号。

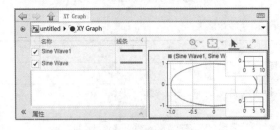

图 5-131　展开信号列表

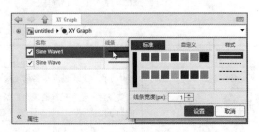

图 5-132　设置线条样式

动手练一练——显示信号图形

扫一扫，看视频

设计一个模型，绘制信号 $y = \sin^3(360t)$ 的图形，并在子图中显示输入信号的图形。

思路点拨：

源文件：yuanwenjian\ch05\function_lines.slx

（1）创建模型文件，放置模块。

（2）设置模块参数：Gain 模块增益值为 360，Constant 模块的常量值为 3，Trigonometric Function 的函数为 sin，Math Function1 的函数为 pow。

（3）连接模块端口，并调整模型布局，如图 5-133 所示。

（4）运行仿真，进入 XY Graph 模块查看仿真结果。

（5）显示输入信号子图。

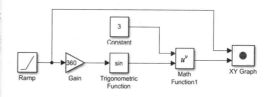

图 5-133　模型图

5.6　查表模块库

在 Simulink 中，Lookup Tables（查表）模块库包括各种一维、二维或者更高维函数的查表，另外，用户还可以根据自己的需要创建更复杂的函数。查表模块库如图 5-134 所示，其中各子模块功能见表 5-45。

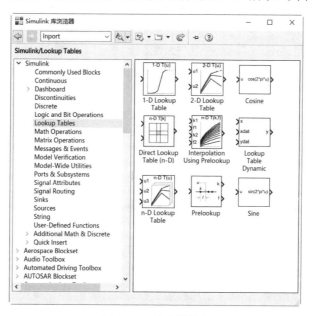

图 5-134　查表模块库

表 5-45　Lookup Tables 子库

模 块 名	功　能
Cosine	余弦函数查询表
Direct Lookup Table（n-D）	n 个输入信号的查询表（直接匹配）
Interpolation Using Prelookup	n 个输入信号的预插值

模 块 名	功 能
1-D Lookup Table	输入信号的查询表（线性峰值匹配）
2-D Lookup Table	二维输入信号的查询表（线性峰值匹配）
n-D Lookup Table	n 维输入信号的查询表（线性峰值匹配）
Lookup Table Dynamic	动态查询表
Prelookup	预查询索引搜索
Sine	正弦函数查询表

5.7 逻辑和位操作模块库

在 Simulink 中，Logic and Bit Operations（逻辑和位操作）模块库包含各种关于逻辑和位运算的模块。逻辑和位操作模块库如图 5-135 所示。该模块库中的各子模块功能见表 5-46。

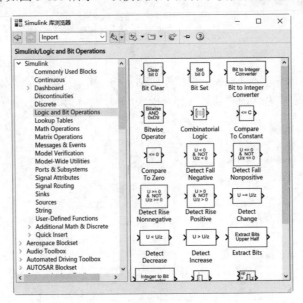

图 5-135 逻辑和位操作模块库

表 5-46 Logic and Bit Operations 子库

模 块 名	功 能
Bit Clear	将存储整数的第 i 位清零，忽略定标
Bit Set	将存储整数的第 i 位设为 1，忽略定标
Bit to Integer Converter	将位向量映射到相应的整数向量
Bitwise Operator	对输入执行指定的按位运算，输出数据类型应该准确表示 0
Combinatorial Logic	在真值表中查找输入向量的元素，并输出真值表参数的对应行
Compare To Constant	与常量比较
Compare To Zero	与 0 比较
Detect Change	检测跳变。如果输入不等于其上一个值，则输出 TRUE；否则输出 FALSE
Detect Decrease	检测递减。如果输入严格小于其上一个值，则输出 TRUE；否则输出 FALSE

模　块　名	功　　能
Detect Fall Negative	检测负下降沿。如果输入严格为负值，并且其上一个值为非负值，则输出 TRUE；否则输出 FALSE。初始条件确定布尔表达式的初始值
Detect Fall Nonpositive	检测非正下降沿。如果输入为非正值，并且其上一个值严格为正值，则输出 TRUE；否则输出 FALSE。初始条件确定布尔表达式的初始值
Detect Increase	检测递增。如果输入严格大于其上一个值，则输出 TRUE；否则输出 FALSE
Detect Rise Nonnegative	检测非负上升沿。如果输入为非负值，并且其上一个值严格为负，则输出 TRUE；否则输出 FALSE
Detect Rise Positive	检测正上升沿。如果输入严格为正值，并且其上一个值为非正值，则输出 TRUE；否则输出 FALSE
Extract Bits	从每个定点输入采样中提取所选位
Interval Test	检测区间。如果输入在下限和上限之间的区间内，则输出 TRUE，否则输出 FALSE
Interval Test Dynamic	动态检测区间。如果输入在下限和上限之间的区间内，则输出 TRUE，否则输出 FALSE
Logical Operator	逻辑运算符
Relational Operator	关系运算符，顶部（或左侧）输入对应于第一个操作数
Shift Arithmetic	对信号的位和/或二进制小数点进行算术移位

第 6 章 层次化模型图

内容指南

在前面几章，我们学习了一般模型图的基本设计方法，将整个系统的模块放置在一张模型图上。这种方法适用于规模较小、逻辑结构比较简单的系统设计。而对于大规模的系统来说，由于包含的模块对象数量繁多，结构关系复杂，很难在一张纸上完整地绘出模型图，即使勉强绘制出来，其错综复杂的结构也非常不利于用户的阅读分析与检测。

因此，对于大规模的复杂系统，应该采用另外一种设计方法，即模型的层次化设计，也称为子系统设计。该方法将整体系统按照功能分解成若干个模块组（子系统），每个模块组能够完成一定的独立功能，且具有相对的独立性，可以由不同的设计者分别绘制在不同的模型图上。这样，模型结构清晰的同时也便于多人共同参与设计，从而加快工作进程。

内容要点

- 层次化模型的基本概念
- 层次化模型图的基本结构和组成
- 层次化模型图的设计方法
- 子系统操作
- Simulink 子系统模块
- 条件执行子系统

6.1 层次化模型的基本概念

当 Simulink 创建的模型很复杂时，可以通过将相关的模块组织成子系统来简化模型的显示。使用子系统技术有助于减少模型窗口中显示的模型数量，允许用户将模型中功能相关的模块组织在一起，使用户可以建立分层的模型框图。

层次化模型的设计理念是将实际的总体模型进行模块划分，划分的原则是每一个模块组都应具有明确的功能特征和相对独立的结构，而且还要有简单、统一的接口，以便于模块间的连接。

针对每一个具体的模块组，可以分别绘制相应的模型图，一般将该模型图称为子系统图，而各个模块组之间的连接关系则采用一个顶层系统图表示。顶层系统图主要由若干个子系统模块组成，以表示各个模块组之间的系统连接关系，描述了整体模型的功能结构。这样，把整个系统分解成顶层系统图和若干个子系统图，以对其分别进行设计。

6.2 层次化模型图的基本结构和组成

Simulink 提供的层次化模型图设计功能非常强大，能够实现多层结构的层次化设计功能。用户可以将整个系统划分为若干个子系统，每一个子系统又可以划分为若干个功能模块组，而每一个功能模块组还可以再细分为若干个基本的小模块组，这样依次细分下去，就把整个系统划分成为多个层次，模型设计由繁变简。

图 6-1 所示为一个二级层次模型图的基本结构图，该结构图由顶层系统图和子系统图共同组成，是一种层次化结构。

其中，子系统图是用于描述某一模块组具体功能的普通模型图，只不过在图中增加了一些输入/输出端口，作为与上层进行信号连接的通道口。普通模型图的绘制方法在前面已经学习过，主要由各种具体的模块、信号线等构成。

顶层系统图（即母图）的主要构成元素却不再是具体的模块，而是代表子系统图的模块符号，如图 6-2 所示，是一个系统设计实例采用层次化结构设计时的顶层系统图。

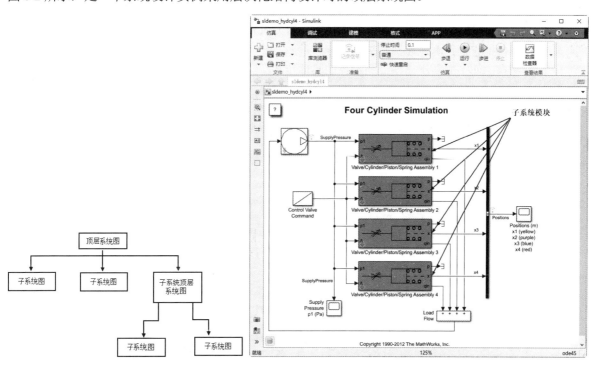

图 6-1　二级层次模型图结构　　　　　图 6-2　顶层系统图的基本组成

该顶层系统图主要由 4 个子系统模块组成，每一个子系统模块符号都代表一个相应的子系统图文件，共有 4 个子系统图。在子系统模块符号的内部给出了一个或多个表示连接关系的端口，对于这些端口，在子系统图中都有相同名称的输入/输出端口与之相对应，以便建立起不同层次间的信号通道。

子系统模块之间借助信号端口，可以使用信号线或总线完成连接。而且，在同一个项目的所有模型图（包括顶层系统图和子系统图）中，相同名称的输入/输出端口和信号端口之间，实际上都是相互连接的。

6.3　层次化模型图的设计方法

基于上述设计理念，层次化模型图设计的具体实现方法共有两种，一种是自上而下的设计方式，另一种是自下而上的设计方式。

自上而下的设计方法是把整个模型设计分成多个模块组，划分子系统模块，并确定每个子系统图的设计内容，然后对每一个子系统图进行详细的设计。该设计方法要求设计者在绘制模型图之前就对系统有比较深入的了解，对系统的模块组划分比较清楚。

自下而上的设计方法是先绘制子系统图，再根据子系统图生成子系统模块，进而生成上层系统图，最后完成整个设计。这种方法适用于对整个设计不是非常熟悉的用户，这也是适合初学者的一种设计方法。

6.3.1　自上而下的层次化模型图设计

自上而下的层次化模型图的设计就是先绘制出顶层系统图，再分别绘制出顶层系统图中的各个子系统模块对应的子系统图。采用这种方法设计时，首先要根据系统的功能把整个模型划分为若干个功能模块组，然后把它们正确地连接起来。

下面介绍自上而下的层次化模型图设计的具体步骤。

（1）打开 Simulink 库浏览器中的 Ports & Subsystems（端口和子系统）库，如图 6-3 所示。选中 Subsystem（子系统）模块，将其拖动到模块文件中，如图 6-4 所示。

（2）双击 Subsystem 模块，打开 Subsystem 文件，如图 6-5 所示。在该文件中绘制子系统图，然后保存即可。

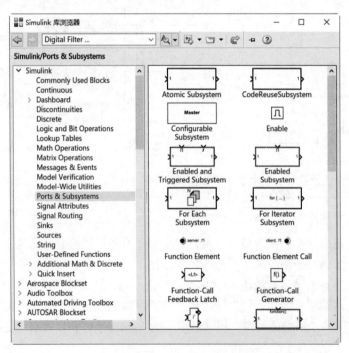

图 6-3　Ports & Subsystems 库

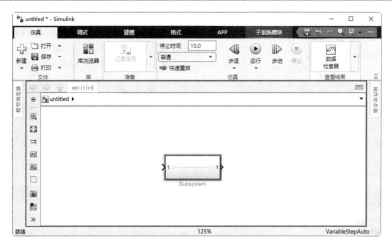

图 6-4 放置子系统模块

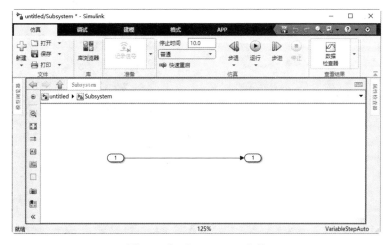

图 6-5 打开 Subsystem 文件

6.3.2 自下而上的层次化模型图设计

在设计层次化模型图时，经常会碰到这样的情况：不同功能模块的不同组合会形成功能不同的系统。在这种情况下，可以采用自下而上的层次化模型图设计方法。用户首先根据功能模块绘制出子系统图，然后由子系统图生成子系统模块，从而组合产生一个符合设计需要的完整系统。

下面介绍自下而上的层次化模型图设计的具体步骤。

（1）打开"模型浏览器"面板，如图 6-6 所示。在面板中单击模型文件名，在编辑区内即可显示对应的系统图。

（2）选中要创建为子系统的模块，在"建模"选项卡中单击"创建子系统"按钮，选中模块自动变为 Subsystem 模块，同时在左侧的"模型浏览器"面板中显示下一个层次的 Subsystem 图，如图 6-7 所示。

（3）在"模型浏览器"面板中单击子系统图，或在编辑区中双击变为 Subsystem 的模块，即可打开 Subsystem 图，如图 6-8 所示。

中文版 MATLAB Simulink 2022 系统仿真从入门到精通（实战案例版）

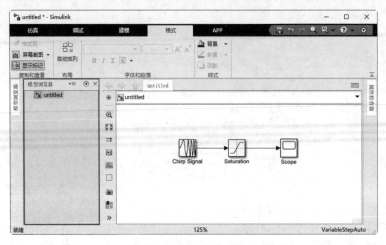

图 6-6　打开"模型浏览器"面板

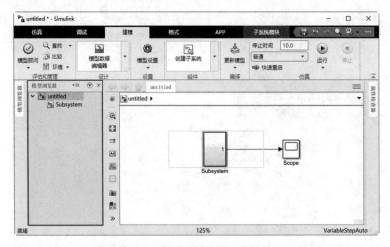

图 6-7　显示子系统图层次结构

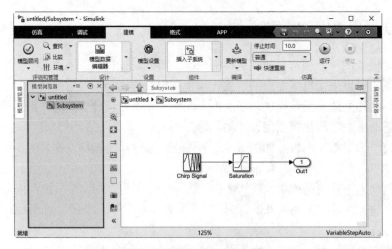

图 6-8　打开 Subsystem 图

层次化系统图中一般都包含有顶层系统图和多张子系统图。用户在编辑模型时，可以利用"模型浏览器"面板在这些模型图中来回切换，以便了解完整的模型结构。

实例——信号转换输出

源文件：yuanwenjian\ch06\Zero_Crossing_Detection\Zero_Crossing_Detection1.slx、Zero_Crossing_Detection2.slx

在本实例中使用自上而下、自下而上两种层次化方法设计信号的转换输出模型。将三个偏移的正弦波馈送到绝对值模块及饱和模块中，在 $t = 5$ 时，开关模块的输出从绝对值变为饱和模块。Simulink 中的过零将自动检测到开关模块具体何时更改其输出，求解器将步进到事件发生的确切时间。

操作步骤

首先采用自上而下的层次化方法设计模型。

（1）创建工程文件。

1）在 MATLAB 的"主页"选项卡中选择"新建"→"工程"→"从 Simulink 模板"命令，打开"Simulink 起始页"窗口。

2）在"空白工程"选项中单击"创建工程"按钮，弹出"创建工程"对话框，指定工程路径文件夹，创建工程 Zero_Crossing_Detection，如图 6-9 所示，单击"确定"按钮，在指定文件夹下创建工程文件，如图 6-10 所示。

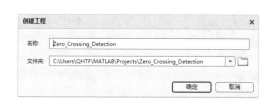

图 6-9　"创建工程"对话框

图 6-10　创建的空白工程文件

（2）创建模型文件。在"工程"工作区中右击选择"新建"→"模型"命令，在工作区新建 Simulink 模型文件。此时模型文件名称处于可编辑状态。输入新的文件名称 Zero_Crossing_Detection1.slx，如图 6-11 所示。然后双击文件名，进入模型文件编辑窗口。

图 6-11　新建模型文件

（3）打开库文件。在功能区的"仿真"选项卡中单击"库浏览器"按钮，打开 Simulink 库浏览器。

（4）放置模块。

选择 Simulink（仿真）→Sources（信号源）库中的 Sine Wave（正弦信号）模块，将其拖动到模型中，用于定义输入信号。双击该模块，打开对应的模块参数对话框，设置正弦信号的相位为[0.2 0.4 0.6]，如图 6-12 所示。

选择 Simulink→Ports & Subsystems（端口和子系统）库中的 Subsystem（子系统）模块，将其拖动到模型中，用于偏移输入信号，并修改模块标签为 Signal Switch。

在模块库中搜索 Scope，将其拖动到模型中，用于显示输出信号。

选中任一模块，在"格式"选项卡中单击"自动名称"下拉按钮，从弹出的下拉菜单中取消勾选"隐藏自动模块名称"复选框，显示模型中所有模块的名称。

（5）连接信号线。进行模块端口连接，在"格式"选项卡中单击"自动排列"按钮，对连线结果进行自动布局，连接结果如图 6-13 所示。

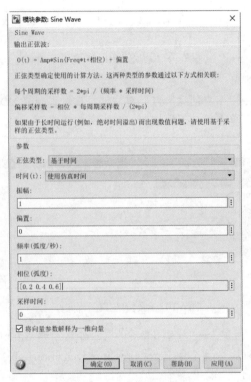

图 6-12 设置正弦信号参数

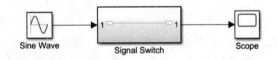

图 6-13 模块连接结果

至此，层次电路的顶层模型图绘制完成。

（6）绘制子系统。双击名为 Signal Switch 的 Subsystem 模块，或在"模型浏览器"面板中单击下层的 Signal Switch 文件，即可进入 Signal Switch 模型文件编辑环境，如图 6-14 所示。

选择 Simulink→Sources 库中的 Clock（时钟信号）模块，将其拖动到模型中，用于定义时钟信号。

选择 Simulink→Math Operations（数学函数）库中的 Abs（绝对值）模块，将其拖动到模型中，用于输出信号的绝对值。

选择 Simulink→Commonly Used Blocks（常用模块）库中的 Saturation（饱和）、Switch（开关）模块，以及 Logic and Bit Operations（逻辑和位操作）库中的 Compare To Constant（比较运算）模块，将其拖动到模型中，用于定义饱和输出信号。

选择 Simulink→Commonly Used Blocks 中的 Mux（合并信号）模块，用于合并绝对值信号与饱和信号。

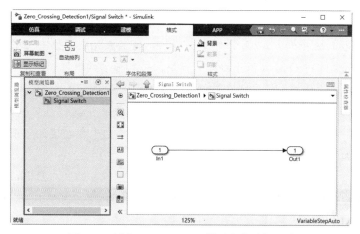

图 6-14　进入 Signal Switch 模型文件编辑环境

（7）连接信号线。连接模块端口，在"格式"选项卡中单击"自动排列"按钮，对连线结果进行自动布局，连接结果如图 6-15 所示。

（8）运行仿真。单击"转到父级"按钮 🠉，返回到顶层模型图。

在"仿真"选项卡中单击"运行"按钮 ▶，编译完成后，双击打开示波器，仿真结果如图 6-16 所示。

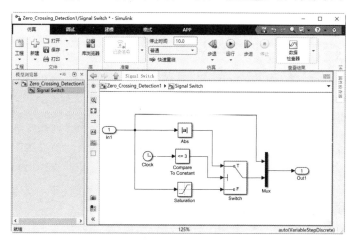

图 6-15　模块连接结果

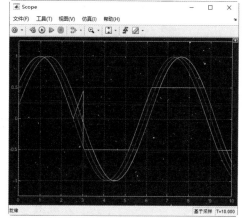

图 6-16　仿真结果

接下来采用自下而上的层次化方法设计模型。

（1）创建模型文件。在"工程"工作区中右击选择"新建"→"模型"命令，在工作区新建 Simulink 模型文件 Zero_Crossing_Detection2.slx，双击文件名，进入模型文件编辑窗口。

（2）打开库文件。在功能区的"仿真"选项卡中单击"库浏览器"按钮，打开 Simulink 库浏览器。

（3）放置模块。

选择 Simulink→Sources 库中的 Clock 模块，将其拖动到模型中，用于定义时钟信号。

选择 Simulink→Math Operations 中的 Abs 模块，将其拖动到模型中，用于输出信号的绝对值。

选择 Simulink→Commonly Used Blocks 中的 Saturation 和 Switch 模块，选择 Logic and Bit Operations 库中的 Compare To Constant 模块，将其拖动到模型中，用于定义饱和输出信号。

选择 Simulink→Commonly Used Blocks 中的 Mux 模块，将其拖动到模型中，用于合并绝对值信号与饱和信号。

选择 Simulink→Sources 中的 In1（输入端口）模块，将其拖动到模型中，用于连接输入信号。

选择 Simulink→Sink 中的 Out1（输出端口）模块，将其拖动到模型中，用于连接输出信号。

选中任一模块，单击"格式"选项卡中的"自动名称"下拉按钮，从弹出的下拉菜单中取消勾选"隐藏自动模块名称"复选框，显示模型文件中所有模块的名称。

（4）连接信号线。连接模块端口，在"格式"选项卡中单击"自动排列"按钮，对连线结果进行自动布局，连接结果如图 6-17 所示。

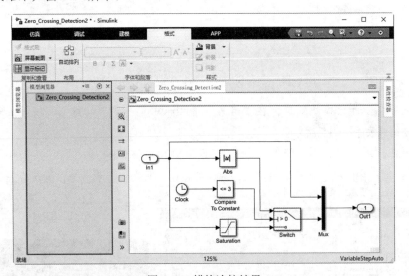

图 6-17　模块连接结果

（5）绘制顶层模型图。框选所有模块，右击，从弹出的快捷菜单中选择"基于所选模块创建子系统"命令，模块将自动变为 Subsystem 模块，同时在左侧的"模型浏览器"面板中显示下一个层次的 Subsystem 图，如图 6-18 所示。

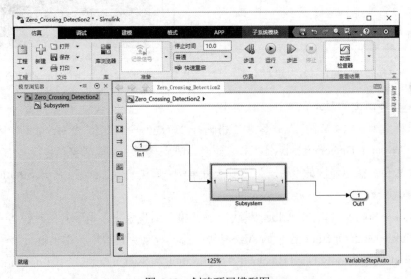

图 6-18　创建顶层模型图

选择 Simulink→Sources 中的 Sine Wave（正弦信号）模块，将其拖动到模型中，用于定义输入信号。双击该模块打开模块参数对话框，设置正弦信号的相位为[0.2 0.4 0.6]。

选择 Subsystem 模块，修改模块标签为 Signal Switch。在模块库中搜索 Scope，将其拖动到模型中，用于显示输出信号。

（6）连接信号线。删除子系统两端的输入/输出模块，进行模块端口连接，然后在"格式"选项卡中单击"自动排列"按钮，对连线结果进行自动布局，连接结果如图 6-19 所示。

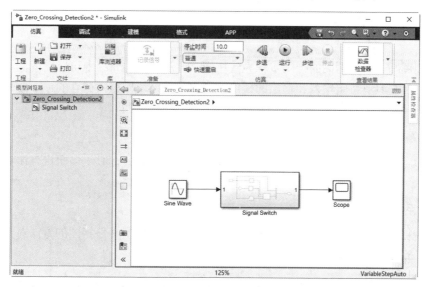

图 6-19　模块连接结果

（7）运行仿真。在"仿真"选项卡中单击"运行"按钮▶，编译完成后，双击打开示波器，仿真结果如图 6-20 所示。

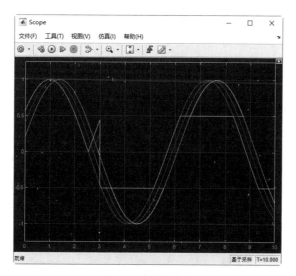

图 6-20　仿真结果

6.4 子系统操作

在生成子系统之后，子系统可以看作是具有某种功能的系统模块，用户可以对子系统进行各种与系统模块相似的操作，如重命名、修改视图、显示颜色等。此外，子系统也有其特有的操作，如子系统的显示（双击子系统模块即可打开子系统）、封装等。

6.4.1 子系统的基本操作

子系统模型图与一般模型图的绘制步骤大致相同，但从前面的介绍中可以发现，子系统就如其他一般模块一样，都是具有特定输入和输出的模块，这也是子系统模型图特有的。下面介绍子系统几个常用的操作。

1. 命名子系统

子系统的命名方法与模块的命名方法类似。使用具有意义的名称对子系统进行命名，有利于增强模块的可读性。

2. 编辑子系统

双击子系统模块图标，即可打开子系统，然后使用与编辑模型文件相同的方法对其进行编辑。

3. 子系统的输入与输出

子系统使用 Ports & Subsystems 模块库中的 In1 模块作为输入端口，使用 Out1 模块作为输出端口，如图 6-21 所示。

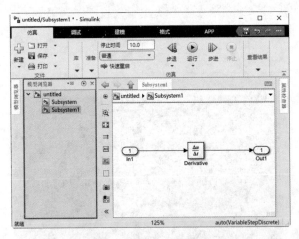

图 6-21 输入与输出端口

6.4.2 封装子系统

子系统可以理解为一种"容器"，封装子系统能够将一组相关的模块放置在一个单独的模块中，并且使其与原来系统模块组的功能一致。

封装子系统可为子系统创建反映子系统功能的图标，可以避免用户在无意中修改子系统中模块的参数。

选择需要封装的子系统，右击，弹出快捷菜单，选择"封装"→"创建封装"命令，弹出如图 6-22 所示的"封装编辑器：Subsystem"窗口，从中选择并设置子系统的参数。然后单击"保存封装"按钮，保存参数设置，单击窗口右上角的"关闭"按钮关闭窗口。

图 6-22　"封装编辑器：Subsystem"窗口

双击封装前的子系统图，进入子系统图文件；封装后的子系统左下角显示"查看封装内部"图标 ⬇，单击该按钮进入子系统图。双击封装后的子系统，则打开"模块参数：Subsystem"对话框，图 6-23 所示为添加"最小值"封装属性后的"模块参数：Subsystem"对话框。

图 6-23　"模块参数：Subsystem"对话框

6.4.3　添加封装图标

为封装的模块添加图标的操作方法如下。

（1）单击要编辑的模块，在功能区的"格式"选项卡中单击"将图像添加到模块"按钮，或者右击要编辑的模块，在弹出的快捷菜单中选择"封装"→"添加图标图像"命令，打开如图 6-24 所示的"添加封装图标图像"对话框。

（2）单击"浏览"按钮，选择要作为封装图标的图像。

（3）根据需要设置图标透明度。

（4）建议勾选"将图像的副本存储在 SLX 文件中"复选框。

（5）设置完成后，单击"确定"按钮关闭对话框。

添加封装图标后的封装模块如图 6-25 所示。

图 6-24 "添加封装图标图像"对话框   图 6-25 添加封装图标的效果

扫一扫，看视频

实例——封装一元线性方程

本实例演示封装一元线性方程计算子系统。

源文件：yuanwenjian\ch06\linear_equation.slx

操作步骤

（1）在 MATLAB "主页"选项卡中单击 Simulink 按钮，打开"Simulink 起始页"窗口。单击"空白模型"按钮，新建一个模型文件。

（2）在"仿真"选项卡中单击"库浏览器"按钮，打开 Simulink 库浏览器。

（3）放置模块。

在 Ports & Subsystems（端口和子系统）库中，将 Subsystem（子系统）模块拖放到模型文件中。

在 Commonly Used Blocks（常用模块）库中，将 Constant（常量）模块拖放到模型文件中。

在 Sinks（输出方式）库中，将 Display（显示）模块拖放到模型文件中。

（4）连接模块。然后选中任意一个模块，在"格式"选项卡中单击"自动名称"下拉按钮，在弹出的下拉菜单中取消勾选"隐藏自动模块名称"复选框，显示所有模块的名称，模块连接图如图 6-26 所示。

接下来设计子系统。

（5）双击 Subsytem 模块进入子系统，在库浏览器中搜索 Gain（增益）模块、Sum（求和）模块和 Constant 模块，并将它们拖放到模型文件中。

（6）连接模块，然后选中 Sum 模块，在"格式"选项卡中单击"翻转名称"按钮，调整模块名称的位置，此时的子系统图如图 6-27 所示。

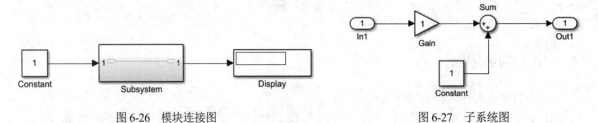

图 6-26 模块连接图   图 6-27 子系统图

（7）将 In1（输入端口）和 Out1（输出端口）的名称分别修改为 x 和 y；Gain 模块的名称修改为 slope；Constant 模块的名称修改为 intercept。然后单击工具栏中的"转至父级"按钮⇧，进入主系统图，如图 6-28 所示。

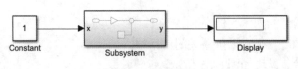

图 6-28 主系统图

（8）在"仿真"选项卡中单击"保存"按钮，将模型文件以 linear_equation.slx 为文件名保存在搜索路径下。

（9）右击 Subsystem 模块，在弹出的快捷菜单中选择"封装"→"创建封装"命令，弹出"封装编辑器：Subsystem"窗口。在"控件"面板的"参数"区域单击两次"编辑"控件，随之会在"参数和对话框"选项卡中添加两行设置封装参数的提示信息和名称，如图 6-29 所示。

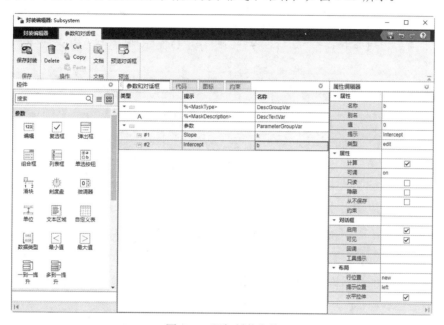

图 6-29　添加封装参数

（10）切换到"代码"选项卡，使用 set_param 函数为子模块设置值，以控制封装参数，如图 6-30 所示。

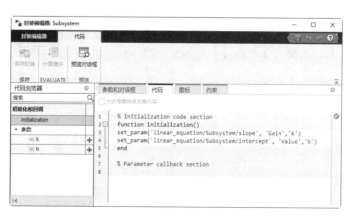

图 6-30　添加代码控制封装参数

（11）单击"保存封装"按钮以保存封装设置，然后关闭"封装编辑器：Subsystem"窗口。

（12）在模型文件编辑窗口双击 Constant 模块，打开对应的模块参数设置对话框，设置常量值为 linspace(1,10,5)。此时的主系统图如图 6-31 所示。

（13）双击 Subsystem 模块，在弹出的"模块参数：Subsystem"对话框中分别设置参数 Slope（斜率）和 Intercept（截距）的值，如图 6-32 所示。

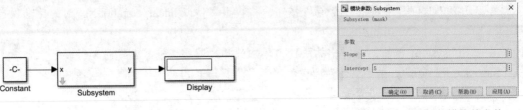

图 6-31　主系统图　　　　　　　　　　　图 6-32　设置封装模块的参数

（14）在"仿真"选项卡中单击"运行"按钮，即可在 Display 模块中输出 $y=kx+b$ 的值，如图 6-33 所示。

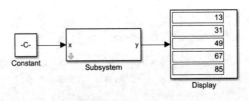

图 6-33　运行结果

6.5　Simulink 子系统模块

子系统最基本的目的就是将一组相关的模块包含到一个模块中，用以简化系统，使系统的分析更加容易。

在 Simulink 中，提供的子系统类型包括虚拟和非虚拟子系统、函数调用子系统、触发子系统、使能子系统、触发和使能子系统、IF/Else 子系统、While 系统和 For 子系统。

6.5.1　Simulink 子系统模块库

单击 Simulink 库浏览器中的 Ports & Subsystems 库，即可打开子系统模块库，如图 6-34 所示。Simulink 端口和子系统模块库是与子系统有关的模块，其中各子模块功能见表 6-1。

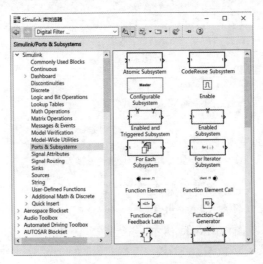

图 6-34　端口与子系统模块库

表 6-1 Ports and Subsystems 子库模块功能

模 块 名	功 能
Atomic Subsystem	原子子系统，创建子系统模块模板，包含输入、输出端口模块
CodeReuse Subsystem	代码重用子系统
Configurable Subsystem	表示从用户指定的模块库中选择的任何模块
Enable	将使能端口添加到子系统或模型
Enabled and Triggered Subsystem	由外部输入使能和触发执行的子系统
Enabled Subsystem	由外部输入使能执行的子系统
For Each Subsystem	对输入信号或封装参数的每个元素或子数组都执行一遍运算，再将运算结果串联起来的子系统
For Iterator Subsystem	在仿真时间步期间重复执行的子系统
Function Element	通过导出函数端口调用的函数
Function Element Call	通过调用函数端口发生的函数调用
Function-Call Feedback Latch	中断调用模块之间的数据信号的反馈回路的子系统
Function-Call Generator	提供函数调用事件来控制子系统或模型的执行
Function-Call Split	提供连接点以用于拆分函数调用信号线
Function-Call Subsystem	其执行由外部函数调用输入控制的子系统
If	使用类似于 if-else 语句的逻辑选择子系统执行
If Action Subsystem	其执行由 If 模块使能的子系统
In Bus Element	从外部端口选择输入
In1	为子系统或外部输入创建输入端口
Model	引用另一个模型来创建模型层次结构
Out Bus Element	指定连接到外部端口的输出
Out1	为子系统或外部输出创建输出端口
Resettable Subsystem	使用外部触发器复位块状态的子系统
Subsystem	对各模块进行分组以创建模型层次结构
Subsystem Examples	子系统实例
Subsystem Reference	子系统引用
Switch Case	使用类似于 switch 语句的逻辑选择子系统执行
Switch Case Action Subsystem	由 Switch Case 模块启用其执行的子系统
Trigger	向子系统或模型添加触发器或函数端口
Triggered Subsystem	由外部输入触发执行的子系统
Unit System Configuration	将单位限制在允许的单位系统中
Variant Model、Variant Subsystem	可变子系统、变体模型，包含 Subsystem 模块或 Model 模块作为变体选择项的模板子系统
While Iterator Subsystem	在仿真时间步期间重复执行的子系统

6.5.2 基本子系统模块

基本子系统模块包括 Subsystem（子系统）、Atomic Subsystem（原子子系统）、CodeReuse Subsystem（代码重用子系统）。可以对子系统各模块进行分组以创建模型层次结构，还可以用其表示虚拟子系统或非虚拟子系统。

- 虚拟子系统：该子系统既不是以条件执行的子系统，也不是以原子单位执行的子系统。虚拟子系统没有校验和。

- 非虚拟子系统：子系统中包含的内容作为一个单元进行计算和控制（以原子单位执行）。可以创建条件执行子系统，该子系统仅在满足触发条件、函数调用条件、动作条件或使能输入条件的情况下才触发事件并执行。

1. Subsystem

在 Simulink 中，Subsystem 模块用于创建包含模型或系统中的一组模块的子系统。通常情况下，该模块有一个输入端口和一个输出端口，如图 6-35 所示。

右击模块，在快捷菜单中选择"模块参数"命令，打开如图 6-36 所示的"模块参数：Subsystem"对话框，在该对话框中可以设置相关参数，参数属性见表 6-2。

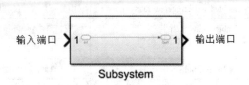

图 6-35 子系统模块

（a）"主要"选项卡

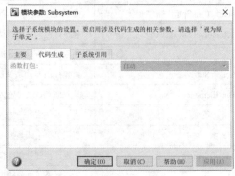

（b）"代码生成"选项卡

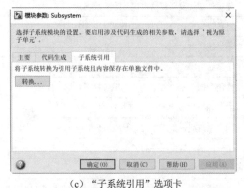

（c）"子系统引用"选项卡

图 6-36 "模块参数：Subsystem"对话框

表 6-2 Subsystem 模块参数属性

参　　数	说　　明
显示端口标签	端口标签的显示选项，可选项有无、FromPort Icon（默认）、FromPortBlockName、SignalName
读/写权限	子系统内容的访问级别，可选项有 ReadWrite（默认）、ReadOnly、NoReadOrWrite
错误回调函数的名称	发生错误时要调用的函数的名称
允许层次解析	工作区变量名称解析，可选项有全部（默认）、ExplicitOnly、无

续表

参　　数	说　　明
视为原子单元	将子系统作为整个单元执行
传播变体条件时视为组合单元	当从 Variant Source 模块或者向 Variant Sink 模块传播变体条件时，将子系统视为一个单元
函数打包	选择要为原子（非虚拟）子系统生成的代码格式
转换	将子系统转换为引用子系统且内容保存在单独文件中

2. 向子系统中添加输入/输出端口

默认放置的 Subsystem 模块只有一个输入端口和一个输出端口，其对应关系如图 6-37 所示。

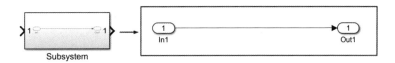

图 6-37　Subsystem 模块端口对应关系

下面介绍两种添加信号端口的方法。

（1）将信号线拖动到 Subsystem 模块的信号端口，松开鼠标，完成信号端口的添加，如图 6-38 所示。

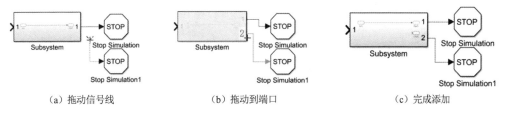

（a）拖动信号线　　　　　　（b）拖动到端口　　　　　　（c）完成添加

图 6-38　添加端口 1

（2）打开子系统模型图，将输入/输出模块放置到模型图中，连接输入/输出端口，完成信号端口的添加，如图 6-39 所示。

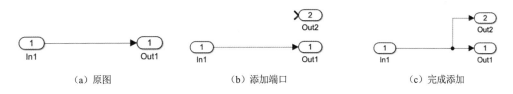

（a）原图　　　　　　　（b）添加端口　　　　　　（c）完成添加

图 6-39　添加端口 2

此时，完成添加的 Subsystem 模块有一个输入端口和两个输出端口，对应关系如图 6-40 所示。

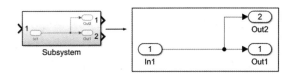

图 6-40　Subsystem 模块端口对应关系

3．其余基本子系统模块

（1）Atomic Subsystem 模块如图 6-41 所示，它与 Subsystem 模块的主要差异在于，在该模块参数设置对话框中，默认勾选"视为原子单元"复选框，如图 6-42 所示。

（2）CodeReuse Subsystem 模块如图 6-43 所示，它与 Subsystem 模块的主要差异在于，在该模块参数设置对话框中，默认勾选"视为原子单元"复选框，且"函数打包"选项设置为"可重用函数"，如图 6-44 所示。

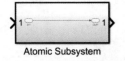

图 6-41　原子子系统模块　　　图 6-42　"模块参数：Atomic Subsystem"对话框　　　图 6-43　代码重用子系统模块

（a）"主要"选项卡　　　　　　　　　　　（b）"代码生成"选项卡

图 6-44　"模块参数：CodeReuse Subsystem"对话框

6.6　条件执行子系统

在一个控制系统中，受控系统可以作为一个子系统，控制器也可以作为一个子系统。从前面的介绍中可以发现，这些子系统就如同其他普通模块一样，都是具有特定输入和输出的模块。对于子系统输入的信号，会产生一个特定的输出信号。但是对于某些特殊的情况而言，并不是对所有的输入信号都产生输出信号，只有在某些特定的条件下才会产生输出信号，这时就需要输入一个控制信号。

控制信号由子系统模块的特定端口输入，这样的子系统称为条件执行子系统。在条件执行子系统中，输出信号取决于输入信号和控制信号。

根据不同的控制信号，可将条件执行子系统分为以下几类。

↘ 使能子系统（Enabled Subsystem）：当控制信号具有正值时，执行子系统。

↘ 触发子系统（Triggered Subsystem）：当控制信号符号发生变化时，执行子系统。具体有三种形式：控制信号上升沿触发、控制信号下降沿触发和控制信号的双边沿触发。

↘ 使能触发子系统（Enabled and Triggered Subsystem）：将触发模块和使能模块装置在同一个子系统中，从而构成使能触发子系统。该系统的行为方式与触发子系统相似，但只有当使能控制信号具有正值，且触发控制信号上升或下降过零时，才开始运行子系统。

↘ 函数调用了系统（Function Call Subsystem）：控制信号接收到由自定义的 S 函数发出的调用信号时，开始执行子系统。

下面简要介绍前三类条件执行子系统的使用方法。

6.6.1 使能子系统

Enabled Subsystem 是一种条件执行子系统，它在控制信号具有正值时在每个主时间步运行一次。如果信号在子时间步发生过零事件，则子系统要到下一个主时间步才会启用或禁用。简单来说，该子系统具有使能信号，当信号值大于 0 时执行该子系统，当信号值小于等于 0 时不执行该子系统。

在 Simulink 中，Enabled Subsystem 模块用于创建使能子系统。通常情况下，该模块只有一个输入端口和一个输出端口，如图 6-45 所示。

在该模块上右击，从弹出的快捷菜单中选择"模块参数"命令，弹出如图 6-46 所示的"模块参数：Enabled Subsystem"对话框，在该对话框中可以设置相关参数，其参数与 Subsystem 模块类似，参数值设置略有不同，这里不再赘述。

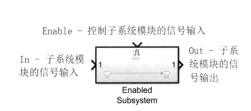

图 6-45　使能子系统模块

图 6-46　"模块参数：Enabled Subsystem"对话框

双击 Enabled Subsystem 模块，在下一层创建一个自动命名为 Enabled Subsystem 的模型图，与 Enabled Subsystem 模块相对应，子系统模块的信号端口与子系统模型图中的输入端口和输出端口一一对应，如图 6-47 所示。

双击 Enable 模块，弹出"模块参数: Enable"对话框，如图 6-48 所示，在该对话框中可以设置相关参数，参数属性见表 6-3。

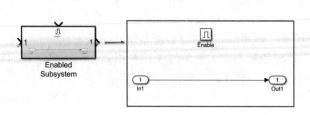

图 6-47　子系统模块与模型图

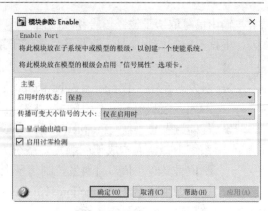

图 6-48　"模块参数：Enable"对话框

表 6-3　Enable 模块参数属性

参　　数	说　　明
启用时的状态	当禁用的子系统或模型被激活时的模块状态。 使能子系统在外界条件不满足时不会被执行，但不代表它的输出无效，仍然需要为该系统指定输出。当该子系统被禁止时，默认值"保持"设置它的输出保持前一步仿真时的值；"重置"表示将模块状态重置为其初始条件。如果未定义初始条件，则为 0
传播可变大小信号的大小	选择何时传播可变大小的信号，可选择仅在启用时，或执行期间
显示输出端口	控制使能信号的输出端口的显示，使控制信号输入子系统内部。这在子系统内部需要控制信号的情况下特别有用
启用过零检测	检测过零点

扫一扫，看视频

实例——信号滤波输出

本实例使用使能子系统，为了能更加清晰地了解使能子系统的功能，本实例采用 Gain 模块对同一输入信号取截然相反的输入控制信号，以此来对比子系统的输出。

源文件：yuanwenjian\ch06\Repeating_Sequence_filter.slx

操作步骤

（1）创建模型文件。在 MATLAB "主页"选项卡中选择"新建"→"Simulink 模型"命令，打开"Simulink 起始页"窗口。单击"空白模型"创建一个空白的 Simulink 模型文件。

（2）打开库文件。在"仿真"选项卡中单击"库浏览器"按钮，打开 Simulink 库浏览器。

（3）放置模块。

选择 Simulink（仿真）→Sources（信号源）库中的 Sine Wave（正弦信号）模块，将其拖动到模型中，用于控制输入信号。

选择 Simulink→Sources 库中的 Repeating Sequence（周期信号）模块，将其拖动到模型中，用于表示输入信号。

选择 Simulink→Ports & Subsystems（端口和子系统）库中的 Enabled Subsystem（使能子系统）模块，将其拖动到模型中，用于过滤输入信号。

使用同样的方法，在模块库中搜索 Gain（增益），将其拖动到模型中，用于翻转输入控制信号。

在模块库中搜索 Scope（示波器），将其拖动到模型中，用于显示输出信号。

选中 Enabled Subsystem 模块，按住 Ctrl 键拖动，复制一个 Enabled Subsystem1 模块。

选中模型中的任一模块，在"格式"选项卡中单击"自动名称"下拉按钮，从弹出的下拉菜单中取消勾选"隐藏自动模块名称"复选框,显示模型中的所有模块名称。

(4)模块参数设置。双击该模块,即可弹出对应的模块参数设置对话框,用于设置对应参数。

1)Gain 模块参数设置:增益为-1。

2)Scope 模块参数设置:选择"文件"→"输入端口个数"→"更多"命令,弹出"配置属性:Scope"对话框,设置"输入端口个数"为4,如图 6-49 所示。

3)其他模块保留默认参数。

(5)连接信号线。连接模块端口,然后在"格式"选项卡中单击"自动排列"按钮,对连线结果进行自动布局,连接结果如图 6-50 所示。

(6)保存模型。单击"仿真"选项卡中的"保存"按钮,将生成的模型文件保存为 Repeating_Sequence_filter.slx。

(7)运行仿真。单击"仿真"选项卡中的"运行"按钮 ▶,编译完成后,双击打开示波器,可看到仿真结果如图 6-51 所示。

图 6-49 "配置属性:Scope"对话框

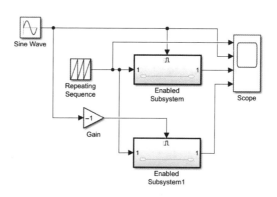

图 6-50 模块连接结果

在示波器窗口中选择"视图"→"布局"命令,在弹出的视图面板中选择 1 行 4 列的布局,如图 6-52 所示,视图显示结果如图 6-53 所示。

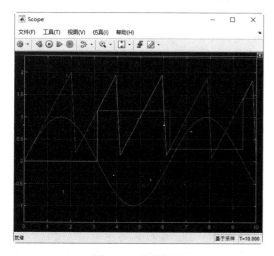

图 6-51 仿真结果

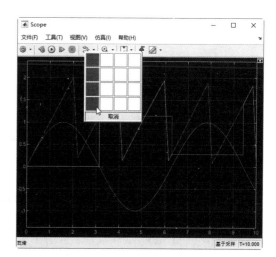

图 6-52 选择视图布局

选择"视图"→"图例"命令,为视图中的信号添加图例。图例默认显示在右上角,为完整显示信号波形,调整信号图例的位置,如图 6-54 所示。

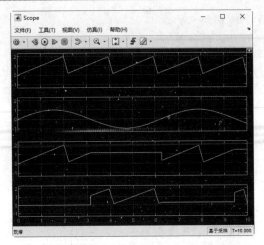

图 6-53　视图显示

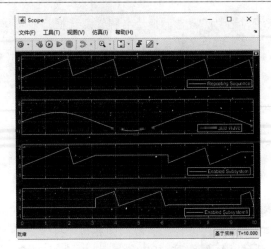

图 6-54　添加并调整图例

（8）结果分析。从图 6-54 中可见，第 1 幅图为 Repeating Sequence 模块输入的周期信号；第 2 幅图为 Sine Wave 模块输入的正弦信号；第 3 幅图为周期信号直接输入 Enabled Subsystem 模块进行信号滤波的结果图；第 4 幅图为正弦信号取反后输入 Enabled Subsystem 模块的滤波结果。

从结果中可以看出，当 Sine Wave 模块产生的信号为正时，第 1 个使能子系统直接输出周期信号，而第 2 个使能子系统的信号则保持不变。当 Sine Wave 模块产生的信号为负时，情况则正好相反，第 2 个使能子系统直接输出周期信号，而第 1 个使能子系统的信号则保持不变。也就是说，在第 3 幅和第 4 幅图中，当控制信号为负时，使能子系统的输出信号将保持不变。

6.6.2　触发子系统

触发子系统是指在控制信号符号发生变化时，执行该子系统。下面分别介绍其中常用的 3 个子系统。

- 控制信号上升沿触发：子系统在控制信号从负值或零值上升到正值时，或从负值上升到零时触发执行。
- 控制信号下降沿触发：子系统在控制信号从正值下降到零时，或从零值下降到负值时触发执行。
- 控制信号的双边沿触发：也称为任一沿触发，子系统在控制信号符号发生变化时就执行，不管其信号是上升还是下降。

在 Simulink 中，Triggered Subsystem（触发子系统）模块是一个预先配置的子系统模块，用于创建一个每当控制信号具有触发值时就执行的子系统。一般情况下，该模块只有一个输入端口和一个输出端口，如图 6-55 所示。

右击该模块，在弹出的快捷菜单中选择"模块参数"命令，弹出如图 6-56 所示的"模块参数：Triggered Subsystem"对话框，在该对话框中可以设置相关参数，参数与 Subsystem 模块类似，参数值设置略有不同，这里不再赘述。

双击 Triggered Subsystem 模块，自动在下一层创建一个名为 Triggered Subsystem 的模型图，该模型图与 Triggered Subsystem 模块相对应，子系统模块的信号端口与子系统模型图中的输入端口和输出端口一一对应，如图 6-57 所示。

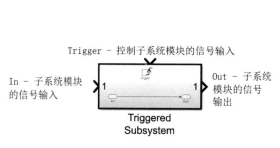

图 6-55　触发子系统模块　　　　　　　　图 6-56　"模块参数：Triggered Subsystem"对话框

双击 Trigger 模块，弹出"模块参数: Trigger"对话框，如图 6-58 所示，在该对话框中可以设置相关参数，参数属性见表 6-4。

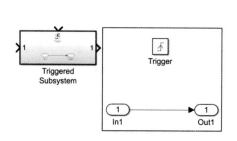

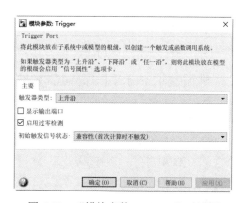

图 6-57　子系统模块与模型图　　　　　　图 6-58　"模块参数：Trigger"对话框

表 6-4　Trigger 模块参数属性

参　　数	说　　明
触发器类型	选择执行子系统或模型的控制信号的类型：上升沿（默认）、下降沿、任一沿、函数调用
显示输出端口	选择是否显示输出端口并确定哪个信号启动了触发器信号或函数调用事件
启用过零检测	控制过零检测
初始触发信号状态	选择触发器控制信号的初始状态

6.6.3　使能触发子系统

使能触发子系统是同时具有使能子系统和触发子系统功能的子系统，在同时满足使能控制信号具有正值、触发控制信号上升或下降过零两个条件时，在每个仿真时间步运行一次。

在 Simulink 中，Enabled and Triggered Subsystem 模块是一个预先配置的子系统模块，用于创建一个每当控制信号具有触发值时就执行的子系统。一般情况下，该模块只有一个输入端口和一个输出端口，如图 6-59 所示。

右击该模块，从弹出的快捷菜单中选择"模块参数"命令，弹出如图 6-60 所示的"模块参数：Enabled and Triggered Subsystem"对话框，在该对话框中可以设置相关参数，参数与 Subsystem 模块类似，参数值设置略有不同，这里不再赘述。

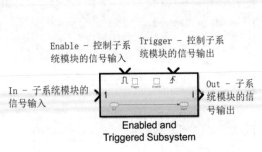

图 6-59 使能触发子系统模块　　　　　图 6-60 "模块参数：Enabled and Triggered Subsystem"对话框

双击 Enabled and Triggered Subsystem 模块，在下一层创建一个自动命名为 Enabled and Triggered Subsystem 的模型图，该模型图与 Enabled and Triggered Subsystem 模块相对应，子系统模块的信号端口与子系统模型图中的输入端口和输出端口一一对应，如图 6-61 所示。

扫一扫，看视频

动手练一练——采样保持电路信号保持

设计一个模型，演示采样保持电路的波形图。

思路点拨：

源文件：yuanwenjian\ch06\Sample_hold_circuit.slx

（1）创建模型文件，放置模块。

（2）设置模块参数：信号发生器模块的波形分别为正弦波和方波，频率分别为 0.5 和 3；常量模块的常量值为 5；示波器模块的输入端口为 4 个，在仿真时自动打开。

（3）连接模块端口，并调整模型布局，如图 6-62 所示。

（4）运行仿真，查看仿真结果。

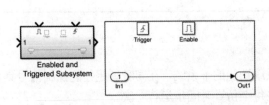

图 6-61 子系统模块与模型图

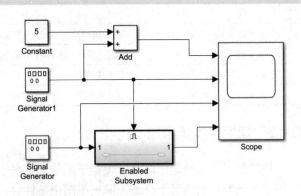

图 6-62 模型图

第 7 章　S 函数模块设计

内容指南

MATLAB 中的 S 函数（system function，系统函数）为用户提供了一种扩展 Simulink 功能的强大机制。S 函数不仅可以实现几乎所有的 Simulink 标准模块功能，还可以在 Simulink 中实现诸如动画显示等特殊功能的模块。

本章首先介绍 S 函数的基本概念和运行机制，然后将分别讨论如何使用 M 文件或其他语言来编写 S 函数。

内容要点

- ❏ S 函数概述
- ❏ 创建 S 函数
- ❏ 回调函数

7.1　S 函数概述

S 函数是一种描述动态系统的计算机语言，可以使用 MATLAB、C、C++、Ada 和 FORTRAN 语言编写。用 C、C++等语言编写的 S 函数使用 mex 命令可编译成 MEX 文件，从而可以像 MATLAB 中的其他 MEX 文件一样，动态地连接到 MATLAB。本章只介绍使用 MATLAB 语言编写的 S 函数。

S 函数采用一种特殊的调用语法，使得 S 函数可以与 Simulink 解法器进行交互，这种交互与解法器和 Simulink 自带模块间的交互十分类似。此外，S 函数还可以用来描述连续、离散和混杂系统。

S 函数是扩展 Simulink 功能的强有力的工具，S 函数可以实现以下操作。

- ❏ 通过 S 函数用多种语言创建新的通用性的 Simulink 模块。
- ❏ 编写好的 S 函数可以在 User-Defined Functions 模块库的 S 函数模块中通过名称进行调用，并可以进行封装。
- ❏ 通过 S 函数将一个系统描述成一个数学方程。
- ❏ 便于图形化仿真。
- ❏ 创建代表硬件驱动的模块。

7.1.1　S 函数的基本概念

本小节介绍几个与 S 函数相关的概念，方便理解 S 函数，以及掌握如何应用 S 函数。

1. 仿真例程（routines）

Simulink 在仿真的特定阶段调用对应的 S 函数功能模块（函数）来完成不同的任务，如初始化、计算输出、更新离散状态、计算导数、结束仿真等，这些功能模块（函数）称为仿真例程或回调函数（callback function）。

2. 直接馈通（direct feedthrough）

直接馈通表示输出或可变采样时间与输入直接相关。

在下面的系统中

$$y = ku$$
$$y = x, \ \dot{x} = u$$

其中，y 是输出，k 是增益，u 是输入信号。

在以下的两种情况下需要直接馈通。

（1）某一时刻的系统输出 y 中包含某一时刻的系统输入 u。

（2）系统是一个变采样时间系统（variable sample time system）且采样时间的计算与输入 u 相关。

正确设置馈通标志（feedthrough flag）不仅关系到系统模型中系统模块的执行顺序，还关系到对代数环的检测与处理。

3. 采样时间和偏移量（sample time & offsets）

采样时间在离散时间系统内控制采样时间间隔，偏移量则用于延时采样时间点（sample time hits）。它们具有以下关系。

```
time=(n*sample_time_value)+offset_time
```

其中，n 表示第 n 个采样点。

Simulink 在每一格采样点上调用 mdlOutput 和 mdlUpdate 例程。对于连续时间内的系统采样时间和偏移量的值应该设置为 0。采样时间还可以继承自驱动模块、目标模块或系统最小采样时间，这种情况下采样时间值应该设置为-1，或 INHERITED_SAMPLE_TIME。

4. 动态输入（dynamically sized inputs）

S 函数可以动态设置输入的向量宽度，在这种情况下，实际输入信号的宽度是由仿真开始时输入信号的宽度决定的，输入信号的宽度又可用于设置连续、离散状态和输出信号的数目。

在 M 文件 S 函数中动态设置输入维数时，应该把 sizes 数据结构的对应成员设置为-1 或 DYNAMICLLY_SIZED。在 C 文件 S 函数中需要调用函数 ssSetInputPortWidth 来动态设置输入维数。其他的如状态维数和输出维数同样是动态可变的。

7.1.2　S 函数的工作原理

S 函数通常的用法是创建一个定制的 Simulink 模块，并在许多应用程序中使用 S 函数，包括：

（1）在 Simulink 中加入新的通用模块。

（2）将已存在的 C 代码合并入一个仿真中。

（3）将一个系统描述为一系列的数学方程。

（4）使用图形动画。

使用 S 函数的一个优点是可以创建一个通用的模块，在模型中可以多次使用它，使用时只需要改变它的参数值即可。

图 7-1　Simulink 系统模型

Simulink 模型中的每个模块都具有以下的共同特征：一个输入向量 u，一个输出向量 y，以及一个状态向量 x，如图 7-1 所示。

Simulink 中的任何模块各个矢量的状态既可以是连续的或离散的，也可以是连续离散混合的信号。输入、输出和状态之间的数学关系可以表示为

$$y = f_0(t, x, u)$$
$$\dot{x}_c = f_d(t, x, u)$$
$$x_{d_{k+1}} = f_u(t, x, u)$$
$$x = x_c + x_d$$

在以 M 文件形式编写的 S 函数中，状态变量被分成两个部分，第一部分是连续状态变量，第二部分是离散状态变量。如果该模块没有状态变量，则 x 为空。在以 MEX 文件形式编写的 S 函数中，将存在两个相互独立的状态向量，分别对应于连续状态和离散状态。

Simulink 在仿真过程中每隔一段时间就会对模型中的所有模块进行调用，每个模块在调用过程中都会完成诸如输出信号的计算、内部状态变量的更新及其导数的计算等工作。而在仿真开始和结束时刻的调用将完成该模块的初始化和扫尾工作。

7.1.3　仿真处理过程

Simulink 模型的处理过程主要有两个阶段，具体如下。

1．初始化阶段

初始化阶段确定模块的所有参数，主要完成以下几个过程。

（1）传递参数给 MATLAB 进行求值。

（2）得到的数值作为实际的参数使用。

（3）展开模型的层次，每个子系统被它们所包含的模块替代。

（4）检查信号的连接。

（5）确定状态初值和采样时间。

2．运行阶段

仿真开始运行，仿真过程是由求解器和 Simulink 引擎交互控制的。求解器的作用是传递模块的输出，对状态导数进行积分，并确定采样时间，周而复始，一直到仿真结束。

仿真运行阶段的工作可以概括为以下几个过程。

（1）计算输出。

（2）更新离散状态。

（3）计算连续状态。

（4）计算输出，过零可能被激活。

图 7-2 描述了整个仿真过程。

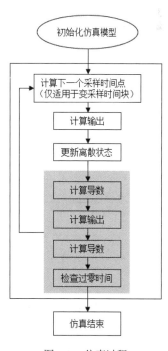

图 7-2　仿真过程

7.2 创建 S 函数

S 函数的创建操作可以分为以下两个步骤进行。

（1）初始化模块的基本属性，如输入/输出信号的个数、采样时间的大小、各种状态变量的初始值等。

（2）在各种标准子程序中放置算法。

定义函数模块的基本属性见表 7-1。

表 7-1　S 函数模块基本属性

函　　数	属　　性
Setup	指定 MATLAB S 函数的输入、输出、状态、参数和其他特性的数量
Outputs	计算 MATLAB S 函数模块发出的信号
Terminate	执行模拟终止时所需的操作
CheckParameters	检验 MATLAB S 函数参数的有效性
Derivatives	计算 MATLAB S 函数的导数
Disable	禁用包含此 MATLAB S 函数模块的启用系统
Enable	启用包含此 MATLAB S 函数模块的启用系统
GetOperatingPoint	将 MATLAB S 函数的仿真操作点作为 MATLAB 数据结构
InitializeConditions	初始化 MATLAB S 函数的状态向量
PostPropagationSetup	指定工作向量的大小，并创建此 MATLAB S 函数所需的运行时参数
ProcessParameters	MATLAB S 函数参数的处理
Projection	扰动系统状态的解以更好地满足时不变解关系
SetAllowConstantSampleTime	指定基于端口的采样时间的 S 函数模块的采样时间行为和可调性
SetInputPortComplexSignal	设置输入端口接收的信号的数值类型（实的、复杂的或继承的）
SetInputPortDataType	设置输入端口接收的信号的数据类型
SetInputPortDimensions	设置输入端口接收的信号的尺寸
SetInputPortDimensionsMode	输出信号维数模式
SetInputPortSampleTime	设置从所连接的端口继承其采样时间的输入端口的采样时间
SetOutputPortComplexSignal	设置输出端口接收的信号的数值类型（实的、复杂的或继承的）
SetOutputPortDataType	设置输出端口发出的信号的数据类型
SetOutputPortDimensions	设置输出端口接收的信号的尺寸
SetOutputPortSampleTime	设置从所连接的端口继承其采样时间的输出端口的采样时间
SetOperatingPoint	MATLAB S 函数的恢复操作点
SimStatusChange	响应暂停或恢复对包含此 MATLAB S 函数的模型的仿真
Start	初始化 MATLAB S 函数的状态向量
Update	更新模块的状态
WriteRTW	为 MATLAB S 函数生成 Simulink 代码，将 Simulink 数据写入 RTW 文件
Simulink.BlockPreCompInputPortData	提供有关模块输入端口的预编译信息
Simulink.BlockPreCompOutputPortData	提供有关模块输出端口的预编译信息
Simulink.MSFcnRunTimeBlock	获取有关 2 级 MATLAB S 函数模块的运行时信息
Simulink.RunTimeBlock	允许 2 级 MATLAB S 函数和其他 MATLAB 程序在仿真运行时获取有关模块的信息

续表

函　　数	属　　性
Simulink.BlockData	提供有关与模块相关的数据(如模块参数)的运行时信息
Simulink.BlockPortData	描述模块输入或输出端口
Simulink.BlockCompDworkData	提供有关模块的 DWork 向量的编译后信息
Simulink.BlockCompInputPortData	提供有关模块输入端口的编译后信息
Simulink.BlockCompOutputPortData	提供有关模块输出端口的编译后信息

为了让 Simulink 找到该模块的基本属性，mdlnializeSizes 函数首先调用 simsizes：sizes = simsizes。其返回一个空的 sizes 结构，该结构包含模块的基本属性，包括 sizes.NumContStates 连续状态的数目、sizes.NumDiscStates 离散状态的数目、sizes.NumOutputs 输出端口的数目、sizes.NumInputs 输入端口的数目、sizes.DirFeedthrough 是否直通的标志和 sizes.NumSampleTimes 采用时间的数目。

用户首先填写该结构，然后再次调用 simsizes：sys = simsizes (sizes);，Simulink 将根据 sysI 向量得到该模块的基本属性。

7.2.1　S-Function 模块

在 Simulink 中，S-Function（S 函数）模块位于 User-Defined Functions（用户自定义函数）库。双击该模块，弹出如图 7-3 所示的"模块参数：S-Function"对话框，在该对话框中可以设置相关参数，参数属性见表 7-2。

图 7-3　"模块参数：S-Function"对话框

表 7-2　S-Function 模块参数属性

参　　数	说　　明
S-Function 名称	字符数组 （默认），S 函数名应与编写的.m 文件相同,否则会报错
S-Function 参数	参数值类型默认为空元胞数组
S-Function 模块	列出用于代码生成的其他文件，默认值为元胞数组。通常无须修改，采用系统默认模块即可

7.2.2　S-Function Builder 模块

在 Simulink 中，S-Function Builder（S 函数生成器）模块可以根据 C 或 C++代码创建 S 函数。一般情况下，该模块只有一个输入端口和一个输出端口，如图 7-4 所示。

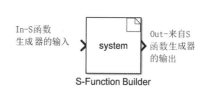

图 7-4　S 函数生成器模块

双击该模块，弹出如图 7-5 所示的 S-Function Builder 编辑器。

图 7-5　S-Function Builder 编辑器

7.2.3　S 函数的示例函数

有些 S 函数的示例函数保存在 MATLAB 根目录下的以下两个子目录下：toolbox/Simulink/simdemos/simfeatures 目录下保存有 M 文件和 C 文件；toolbox/Simulink/simdemos/simfeatures/src 目录下保存有 C Mex 文件。

在 toolbox/Simulink/simdemos/simfeatures 目录下保存有 M 文件形式的 S 函数，表 7-3 中列出了这些 S 函数及其说明。

表 7-3　S 函数模型及其说明

文 件 名	模 型 名	说　　明
csfunc.m	无	以状态空间格式定义连续系统
dsfunc.m	无	定义状态空间格式的离散系统
limintm.m	无	实现一个连续的有限积分器，其中输出有下限和上界，并且包含初始条件
mixedm.m	无	实现由连续积分器串联和单元延迟组成的混合系统
sfun_varargm.m	无	实现一个显示如何使用 MATLAB 命令的 S 函数的可变命令
vsfunc.m	无	说明如何创建变量示例时间块。该 S 函数实现可变阶跃延迟，其中第一输入延迟由第二输入确定的时间量
msfcn_dsc.m	msfcndemo_sfundsc1	用继承的采样时间实现 S 函数
msfcn_limintm.m	msfcndemo_limintm	有限积分器的二级（Level-2）MATLAB 程序演示函数
msfcn_multirate.m	msfcndemo_multirate	实施多速率系统
msfcn_times_two.m	msfcndemo_timestwo	实现一个 S 函数，使其输入加倍
msfcn_unit_delay.m	msfcndemo_sfundsc2	实现一个单元延迟
msfcn_vs.m	msfcndemo_vsfunc	实现可变样本时间块，其中第一输入延迟由第二输入确定的时间量

在 toolbox/Simulink/simdemos/simfeatures/src 目录下还有 CMex 文件形式的 S 函数，多数为 M 文

件的 S 函数副本。表 7-4 中列出了这些 CMex 文件形式的 S 函数。

表 7-4　CMex 文件形式的 S 函数

文　件　名	模　型　名	描　　述
csfunc.c	sfcndemo_csfunc	实现一个连续的系统
dlimintc.c	没有可用的型号	实现一个离散时间限制积分器
dsfunc.c	sfcndemo_dsfunc	实现一个离散系统
limintc.c	没有可用的型号	实现有限的集成商
mixedm.c	sfcndemo_mixedm	实现由连续积分器（1/s）与单元延迟（1/z）串联组成的混合动态系统
mixedmex.c	sfcndemo_mixedmex	实现一个具有单一输出和两个输入的混合动态系统
slexQuantizeSFcn.c	sfcndemo_sfun_quantize	实现一个矢量化量化器。将输入量化为区间参数指定的步长
sdotproduct.c	sfcndemo_sdotproduct	计算两个实向量或复向量的点积（乘积）
sfbuilder_bususage.c	sfbuilder_bususage	带有总线输入和输出的访问 S 函数生成器
sfbuilder_movingAverage.c	sfbuilder_movingAverage	用简单时间窗移动平均法实现启动和终止
sftable2.c	sfcndemo_sftable2	实现二维表查找
sfun_atol.c	sfcndemo_sfun_atol	为每个连续状态设定不同的绝对公差
sfun_cplx.c	sfcndemo_cplx	为 S 函数添加一个输入端口和一个参数的复杂数据
sfun_directlook.c	没有可用的型号	实现直接的一维查找
sfun_dtype_io.c	sfcndemo_dtype_io	使用 Simulink 实现 S 函数输入和输出的数据类型
sfun_dtype_param.c	sfcndemo_dtype_param	实现一个 S 函数，使用 Simulink 数据类型作为参数
sfun_dynsize.c	sfcndemo_sfun_dynsize	实现动态大小的输出
sfun_errhdl.c	sfcndemo_sfun_errhdl	使用 mdlCheckParameters S 函数例程
sfun_fcncall.c	sfcndemo_sfun_fcncall	在第一和第二输出元素上执行函数调用子系统
sfun_frmad.c	sfcndemo_frame	实现基于帧的 A/D 转换器
sfun_frmda.c	sfcndemo_frame	实现基于帧的 D/A 转换器
sfun_frmdft.c	sfcndemo_frame	实现基于多通道帧的离散傅里叶变换（及其逆变换）
sfun_frmunbuff.c	sfcndemo_frame	实现基于帧的非缓冲块
sfun_multiport.c	sfcndemo_sfun_multiport	配置多个输入和输出端口
sfun_manswitch.c	没有可用的型号	实现手动开关
sfun_matadd.c	sfcndemo_matadd	在 S 函数中添加一个输入端口、一个输出端口和一个参数的矩阵
sfun_multirate.c	sfcndemo_sfun_multirate	演示如何指定基于端口的采样时间
sfun_port_constant.c	sfcndemo_port_constant	演示如何指定基于常量端口的采样时间
sfun_port_triggered.c	sfcndemo_port_triggered	演示如何在触发子系统中使用基于端口的采样时间
sfun_runtime1.c	sfcndemo_runtime	为所有可调参数实现运行时参数
sfun_runtime2.c	sfcndemo_runtime	注册单个运行时参数
sfun_runtime3.c	sfcndemo_runtime	将对话框参数注册为运行时参数
sfun_runtime4.c	sfcndemo_runtime	将运行时参数作为多个对话框参数的函数实现
sfun_simstate.c	没有可用的型号	演示用于保存和恢复 SimState 的 S 函数 API
sfun_zc.c	sfcndemo_sfun_zc	演示使用非采样过零点实现 abs(u)。这个 S 函数被设计成与一个可变步长的求解器一起使用
sfun_zc_sat.c	sfcndemo_sfun_zc_sat	证明零交叉与饱和

续表

文 件 名	模 型 名	描　　述
sfun_zc_cstate_sat.c	sfcndemo_sfun_zc_cstate_sat	实现具有饱和极限和过零检测的连续积分器
sfun_integrator_localsolver.c	sfcndemo_sfun_localsolver	演示一个连续积分器，其中连续状态是使用单独的局部求解器而不是使用模型
sfun_angle_events.c	sfcndemo_angle_events	实现了一种鲁棒有效地检测旋转体交叉指定角度的方法
sfun_angle_events.c	没有可用的型号	演示角度检测和合并 Stateflow 来调度函数调用
sfunmem.c	sfcndemo_sfunmem	实现一次积分延迟并保持记忆功能
simomex.c	sfcndemo_simomex	实现由如下所示的状态空间方程描述的单输入、双输出的状态空间动态系统： $dx/dt = Ax + Bu$ $y = Cx + Du$ 其中，x 是状态向量，u 是输入向量，y 是输出向量，A 是系统矩阵，B 是输入矩阵，C 是输出矩阵，D 是直接传递矩阵
stspace.c	sfcndemo_stspace	实现一组状态空间方程。可以使用 S 函数块和掩码工具将其转换为新块。此示例 MEX 文件执行与内置状态空间块相同的功能。这是 MEX 文件的一个示例，其中输入、输出和状态的数量取决于从工作区传入的参数
stvctf.c	sfcndemo_stvctf	实现一个连续时间传递函数，其传递函数多项式通过输入向量传递。这对于连续时间自适应控制应用是非常有用的
stvdtf.c	sfcndemo_stvdtf	实现一个离散时间传递函数，其传递函数多项式通过输入向量传递。这对于离散时间自适应控制应用是非常有用的
stvmgain.c	sfcndemo_stvmgain	实现时变矩阵增益
table3.c	没有可用的型号	实现一个三维查找表
timestwo.c	sfcndemo_timestwo	实现一个 CMEXS 功能，使其输入加倍
vdlmintc.c	没有可用的型号	实现离散时间矢量化有限积分器
vdpmex.c	sfcndemo_vdpmex	实现 Van der Pol 方程
sfunmem.c	sfcndemo_sfunmem	实现一次积分延迟并保持记忆功能
vlimintc.c	没有可用的型号	实现一个矢量化有限积分器
vsfunc.c	sfcndemo_vsfunc	说明如何创建变量采样时间块。该块实现可变步长延迟，其中第一输入延迟由第二输入确定的时间量
sfun_pwm.c	sfcndemo_pwm	说明如何创建可控采样时间块
sfun_d2c	sfcndemo_d2c	说明如何将离散输入信号转换为平滑的连续输出信号

7.2.4　编写 M 文件形式的 S 函数

S 函数是指采用一种设计语言（非图形方式）进行描述的一个功能模块。M 文件形式的 S 函数通过调用一系列 S 函数子程序进行工作，这些子程序是执行任务所必需的 M 代码函数。

1. 函数的总入口

function [sys,x0,str,ts] = S-Function (t,x,u,flag)：S 函数入口，收到信号后，首先进入这个函数，该函数包含一个 switch 语句，根据情况进入不同的子函数。

S 函数的入口代码模板如下：

```
function [sys,x0,str,ts] = S-Function (t,x,u,flag)
switch flag
    case 0
        %S 函数进行基本的设置，simStateCompliance 相当于构造函数
        [sys,x0,str,ts,simStateCompliance]=mdlInitializeSizes;
```

```
    case 1
        sys=mdlDerivatives(t,x,u);          %该函数仅在连续系统中被调用，用于产生控制系统状态的导数
    case 2
        sys=mdlUpdate(t,x,u);               %该函数仅在离散系统中被调用，用于产生控制系统的下一个状态
    case 3
        sys=mdlOutputs(t,x,u);              %产生（传递）系统输出
    case 4
        sys=mdlGetTimeOfNextVarHit(t,x,u);  %获得下一个采样点时间，此函数仅在离散采样系统中有用
    case 9
        sys=mdlTerminate(t,x,u);            %相当于构析函数，结束该仿真模块时被调用
    otherwise
        DAStudio.error('Simulink:blocks:unhandledFlag', num2str(flag));
end
```

2. 初始化子函数代码

function [sys,x0,str,ts,simStateCompliance]=mdlInitializeSizes;：调用 simStateCompliance 子函数。
初始化函数代码模板如下：

```
function [sys,x0,str,ts,simStateCompliance]=mdlInitializeSizes
sizes = simsizes;              %调用构造函数，生成一个默认类
sizes.NumContStates = 1;       %设置系统连续状态的数量
sizes.NumDiscStates = 0;       %设置系统离散状态的数量
sizes.NumOutputs = 1;          %设置系统输出的数量
sizes.NumInputs = 1;           %设置系统输入的数量
sizes.DirFeedthrough = 1;      %设置系统直接通过量的数量，一般为1
sizes.NumSampleTimes = 1;      %需要的样本时间，一般为1，如果为n，则下一时刻的状态需要知道前 n 个
                               %状态的系统状态

sys = simsizes(sizes);
x0 = [];                       %系统初始状态
str = [];                      %保留变量，保持为空
ts = [0 0];                    %采样时间
simStateCompliance = 'UnknownSimState';
function sys=mdlDerivatives(t,x,u)
sys = u;
function sys=mdlUpdate(t,x,u)
sys=[];
function sys=mdlOutputs(t,x,u)
sys=x;
function sys=mdlGetTimeOfNextVarHit(t,x,u)
sampleTime = 1;                %下一个采样时间
sys = t + sampleTime;
function sys=mdlTerminate(t,x,u)
sys = [];
```

（1）M 文件形式的 S 函数可用的子程序的含义如下。

➥ mdlInitializesizes：定义模块的基本属性，包括采样时间、连续或离散状态的初始值，定义 sizes 数组等。

➥ mdtDerivatives：计算连续状态变量的导数。

➥ mdlUpdate：根据需要更新离散状态变量、采样时间和最大步长。

➥ mdlOutputs：计算 S 函数的输出。

➣ mdlGetTimeOfNextVarHit：计算下一次计算的绝对时间，该函数只在可变离散采样时间（在 mdlInitializesizes 中进行设置）的条件下起作用。

➣ mdlTerminate：仿真结束时的工作。

（2）M 文件形式的 S 函数输入参数的含义如下。

➣ t：系统时间。

➣ x：系统状态。

➣ u：系统输入，即在 Simulink models 中连接至 S 函数的输入端口上的数据。注意区分 x 和 u。

➣ flag：系统状态，由系统自动生成，决定了系统应当执行哪个 S 函数的子函数。

（3）M 文件形式的 S 函数输出参数的含义如下。

➣ sys：系统本身，可以理解为下一时刻的系统；同时 sys 的前几个数值（sys[1]等）是系统的输出，即在 Simulink 中 S 函数输出端口的数据。

➣ x0：系统初始状态。

➣ str：状态排序字符串，通常指定为[]。

➣ ts：可认为是采样时间。

➣ simStateCompliance：用于指定仿真状态的保存和创建方法，包括以下可取的选项：UnknownSimState，先给出警告，然后采用默认装置；DefaultSimState，采用内建模块的方法保存和重建连续状态、工作向量等。

3．S 函数的执行顺序

（1）在仿真开始时，执行 mdlInitializeSizes。

（2）若系统包含连续部分，则调用 mdlDerivatives；若系统包含离散部分，则调用 mdlUpdate。

（3）调用 mdlOutputs，产生输出。

（4）若满足条件，则执行 mdlGetTimeOfNextVarHit。

（5）循环执行步骤（1）～（3），直至仿真停止。

（6）执行 mdlTerminate，仿真停止。

7.2.5　在模型中使用 S 函数

在 Simulink 中使用 S 函数，有以下几个步骤。

（1）打开 Simulink 库浏览器中，在 Simulink→User-Defined Functions（用户自定义函数）库中找到 S-Function 模块，将其拖到模型文件中。

（2）双击 S-Function，弹出"模块参数：S-Function"对话框，在"S-Function 名称"栏中输入函数名称，其中，"函数名称.m"可以按照上一小节的模板创建 M 文件，也可以选择示例文件中的 M 文件，然后进行编辑。M 文件编辑步骤如下：①选择 Edit（编辑）命令，自动在 MATLAB 中打开 M 文件"函数名称.m"，或在 MATLAB 命令行中执行命令"edit+函数名称"，打开 S 函数的模板文件"函数名称.m"；②复制模板文件中的程序，粘贴到新建的 M 文件中，将新建的 M 文件放在对应的.slx 文件所在的路径下；③修改函数名。

```
%Function 为修改的函数名
function [sys,x0,str,ts,simStateCompliance] = Function(t,x,u,flag)
```

（3）修改输入端口和输出端口的个数。

```
sizes.NumInputs = 0;        %输入端口个数
sizes.NumOutputs = 0;       %输出端口个数
```

（4）在输出函数中编写函数。

```
function sys=mdlOutputs(t,x,u)
sys = [];                   %修改函数
```

（5）如果只有一个输入，即为 u；如果有多个输入，则为 u(1)、u(2)，定义输出。

```
%输出变量之间不要加任何符号，最后要把输出变量放入 sys 里
persistent y1 y2 y3
sys=[y1,y2,y3,...]
```

知识拓展：

> 在.slx 文件中，有多个输入时，在 S 函数之前要添加 Bus Creator 模块；有多个输出时，在 S 函数之后要添加 Demux 模块。

实例——使用 S 函数输出信号绝对值

源文件：yuanwenjian\ch07\S_abs1.slx、S_abs.m

操作步骤

（1）创建模型文件。在 MATLAB"主页"中选择"新建"→"Simulink 模型"命令，打开"Simulink 起始页"窗口。单击"空白模型"按钮，新建一个空白的模型文件。

（2）打开库文件。单击"仿真"选项卡中的"库浏览器"按钮，打开 Simulink 库浏览器。

（3）放置模块。

选择 Simulink（仿真）→User-Defined Functions 中的 S-Function 模块，将其拖动到模型中。

在模块库中搜索 Chirp Signal（啁啾信号）、Scope（示波器），将它们拖动到模型中。

选中任意一个模块，单击"格式"选项卡中的"自动名称"下拉按钮，从弹出的下拉菜单中取消勾选"隐藏自动模块名称"复选框，显示模型文件中所有模块的名称。

完成模块端口连接，结果如图 7-6 所示。

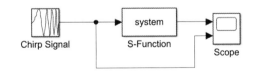

图 7-6 模块连接结果

（4）保存模型。单击"仿真"选项卡中的"保存"按钮，将生成的模型文件以 S_abs1.slx 为文件名保存在搜索路径下。

（5）模块参数设置。

1）双击 S-Function 模块，弹出"模块参数：S-Function"对话框，在"S-Function 名称"栏中输入函数名称为 S_abs，如图 7-7 所示。

2）单击"编辑"按钮，弹出提示对话框，如图 7-8 所示，表示不存在 S_abs.m M 文件，需要打开编辑器进行编辑。单击"取消"按钮关闭提示对话框，单击"确定"按钮关闭模块参数对话框。

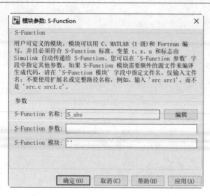

图 7-7 "模块参数：S-Function" 对话框

图 7-8 提示对话框

3）在 MATLAB 中新建一个 M 文件，M 文件代码如下。

```
function [sys,x0,str,ts] = S_abs (t,x,u,flag)
switch flag
    case 0
        [sys,x0,str,ts,simStateCompliance]=mdlInitializeSizes;
    case 1
        sys=mdlDerivatives(t,x,u);
    case 2
        sys=mdlUpdate(t,x,u);
    case 3
        sys=mdlOutputs(t,x,u);
    case 4
        sys=mdlGetTimeOfNextVarHit(t,x,u);
    case 9
        sys=mdlTerminate(t,x,u);
    otherwise
        DAStudio.error('Simulink:blocks:unhandledFlag', num2str(flag));
end
function [sys,x0,str,ts,simStateCompliance]=mdlInitializeSizes
sizes = simsizes;
sizes.NumContStates  = 0;
sizes.NumDiscStates  = 0;
sizes.NumOutputs     = 1;    %设置系统输出端口的数量为1
sizes.NumInputs      = 1;    %设置系统输入端口的数量为1
sizes.DirFeedthrough = 1;
sizes.NumSampleTimes = 1;
sys = simsizes(sizes);
x0  = [];
str = [];
ts  = [0 0];
simStateCompliance = 'UnknownSimState';
function sys=mdlDerivatives(t,x,u)
sys = u;
function sys=mdlUpdate(t,x,u)
sys=[];
function sys=mdlOutputs(t,x,u)
sys = abs(u);              %计算信号绝对值
function sys=mdlGetTimeOfNextVarHit(t,x,u)
```

```
sampleTime = 1;
sys = t + sampleTime;
function sys=mdlTerminate(t,x,u)
sys = [];
```

4）将新建的 M 文件以 S_abs.m 为文件名，保存在对应的.slx 文件所在的路径下。

（6）运行仿真。在"仿真"选项卡中单击"运行"按钮 ▶，编译完成后双击打开示波器，仿真结果如图 7-9 所示。

选择"视图"→Layout（布局）命令，从弹出的视图面板中选择 2 行 1 列的布局，结果如图 7-10 所示。

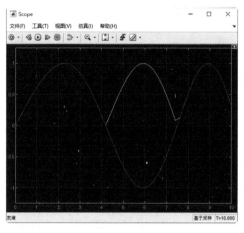

图 7-9　仿真结果

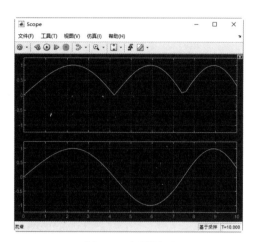

图 7-10　视图显示

在图 7-10 中，下面的视图显示直接输出的信号波形，上面的视图显示经过 S 函数计算绝对值后的信号波形。

7.3　回 调 函 数

通过定义 MATLAB 表达式，当用户定义的模型的图表或模块发生某种特殊的行为时被调用，如执行模块或打开模块，这些表达式就称为回调函数。回调函数与模块、端口或模型参数相关联。例如，双击模块时，会弹出此模块的参数设置对话框；对于正弦信号模块，双击就会执行一个显示相应参数对话框的回调函数。

回调函数通常与 MATLAB 的图形处理有着密切的联系，使用图形工具创建了菜单之后，将菜单的每一个选项与相应的回调函数关联起来，当选项被选中时会被自动执行。

7.3.1　回调函数的基础

模型的回调函数为交互式的或程序化的。使用"模型属性"对话框中的"回调"选项卡可以创建交互式回调函数。

MATLAB 使用 set_param 命令执行模型回调参数，创建一个程序化的回调函数。表 7-5 列出了常用的模型回调参数，表 7-6 列出了常用的模块回调函数。

表 7-5 模型回调参数

参 数 名	功　　能
CloseFcn	用于模型关闭前，设置模型关闭的响应事件
PostLoadFcn	用于模型加载后，设置模型加载后的响应事件
InitFcn	用于模型开始仿真时，设置模型仿真开始的响应事件
PostSaveFcn	用于模型保存后，设置模型保存后的响应事件
PreLoadFcn	用于模型加载前，设置模型加载前的响应事件
PreSaveFcn	用于模型保存前，设置模型保存前的响应事件
StartFcn	用于模型仿真开始前，设置模型仿真开始前的响应事件
StopFcn	用于模型仿真结束后，设置模型仿真结束后的响应事件

表 7-6 模块回调函数

参 数 名	功　　能
ClipboardFcn	用于模块被复制或剪切到剪贴板时
CloseFcn	用于模块由 close_system 命令关闭时
CopyFcn	用于模块被复制时
DeleteChildFcn	用于删除子系统中的模块时
DeleteFcn	用于模块被删除时，主要关闭所有与此模型相关的图形窗口，此回调适用于子系统
DestroyFcn	用于模块被损坏时
InitFcn	用于模块编译及赋值前，此回调用于对模块进行初始化
LoadFcn	用于模块被加载后，适用于子系统
ModelCloseFcn	用于模块关闭前，设置响应事件，此回调适用于子系统
MoveFcn	当模块被移动或者被改变大小时
NameChangeFcn	用于模块名被修改时，或者模块路径被修改时
OpenFcn	用于模块打开时
ParentCloseFcn	用于包含当前模块的子系统关闭前
PreSaveFcn	用于模块保存前，此回调适用于子系统
PostSaveFcn	用于模块保存后，此回调适用于子系统
StartFcn	用于模块编译后与仿真开始前
StopFcn	用于仿真以任何形式关闭
UndoDeleteFcn	用于撤销模块删除操作

7.3.2　加载回调函数

在 MATLAB 中，使用 set_param 命令加载回调函数，用于设置系统和模块参数值，该命令的调用格式见表 7-7。

表 7-7 set-param 命令调用格式

调 用 格 式	说　　明
set_param(obj,ParameterName,Value,...,ParameterNameN,ValueN)	将指定模型或模块对象上的参数设置为指定的值。可以在同一个模型或模块上设置多个参数。其中，obj 为模型名或模块路径的 MATLAB 字符串或 0，通常用 0 来设置参数的默认值

如果要调用的模型为 vdp.mdl，则 obj 为'vdp'，如果要调用模型 vdp.mdl 中的模块 Mu，则 obj 为'vdp/Mu'。

表 7-8 列出了所有 Simulink 模块通用的属性，包括模块回调属性。

表 7-8　通用模块属性

属　　性	说　　明	值
AncestorBlock	模块链接至的模块库模块的名称（适用于带有被禁用链接的模块）	字符向量
AttributesFormatString	模块注释文本（对应于模块属性）	字符向量
BackgroundColor	模块的背景色	颜色值[r,g,b]|[r,g,b,a] 如果指定此属性，将忽略 alpha 值 (a) 可能的颜色值为 black、white、red、green、blue、cyan、magenta、yellow、gray、lightBlue、orange、darkGreen
BlockDescription	显示在模块参数对话框或属性检查器顶部的模块说明	字符数组
BlockDiagramType	若打开 Simulink 模块图，则返回 model；若打开 Simulink 模块库，则返回 library	model | library
BlockType	模块类型（只读）	字符数组
BlockKeywords	将一个或多个关键字与一个自定义库模块相关联	字符向量|字符串标量|字符串数组
ClipboardFcn	将模块复制到剪贴板（Ctrl+C）或者选择 Copy 菜单项时所调用的函数	函数|字符向量
CloseFcn	在模块上运行 close_system 时所调用的函数	函数|字符向量
Commented	从仿真中排除模块	{off} | on | through

CompiledBusType	返回连接到端口的信号是否为总线、是虚拟总线还是非虚拟总线（只读）。
	使用 get_param 指定端口或信号线句柄。例如：
	ports = get_param(gcb,'PortHandles');
	feval(gcs,[],[],[],'compile');
	bt = get_param(ports.Outport,'CompiledBusType')
	请参阅 Display Bus Information
		'NOT_BUS' | 'VIRTUAL_BUS' | 'NON_VIRTUAL_BUS'

CompiledIsActive	指定模块状态在编译时是否为活动，如果在编译时以下任一条件为 true，则 CompiledIsActive 将返回 off。 🗷 模块是 Inline Variant 的非活动路径。 🗷 模块是 Variant Subsystem 的非活动选择。 🗷 模块在已注释掉的 Subsystem 模块内被注释掉。 🗷 模块由于从 Variant Subsystem 模块传播的条件而处于非活动状态。 对于 Variant Subsystem 的非激活选择项，CompiledIsActive 返回 off；对于激活选择项，则返回 on	'off ' | 'on'
CompiledPortComplexSignals	更新图后端口信号的复/实性。在查询此属性之前，必须先编译模型	结构体数组
CompiledPortDataTypes	更新图后端口信号的数据类型。在查询此属性之前，必须先编译模型	结构体数组
CompiledPortDesignMin	更新图后端口信号的设计最小值。在查询此属性之前，必须先编译模型	结构体数组
CompiledPortDesignMax	更新图后端口信号的设计最大值。在查询此属性之前，必须先编译模型	结构体数组
CompiledPortDimensions	更新图后端口信号的维度。在查询此属性之前，必须先编译模型	数值数组

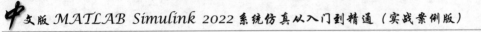

续表

属　性	说　明	值
CompiledPortDimensionsMode	指示端口信号是否具有可变大小（在更新图后）。在查询此属性之前，必须先编译模型	double 数值。0 表示信号不具有可变大小，1 表示信号具有可变大小
CompiledPortFrameData	更新图后端口信号的帧模式。在查询此属性之前，必须先编译模型	结构体数组
CompiledPortWidths	更新图后端口宽度的结构体。在查询此属性之前，必须先编译模型	结构体数组
CompiledSampleTime	更新图后的模块采样时间。在查询此属性之前，必须先编译模型	向量 [sample time, offset time] 或元胞 {[sample time 1, offset time 1]; [sample time 2, offset time 2]; ...; [sample time n, offset time n]}
ContinueFcn	（暂停之后）重新启动仿真时所调用的函数	函数|字符向量
CopyFcn	复制模块时所调用的函数	函数|字符向量
DataTypeOverrideCompiled	供内部使用	
DeleteFcn	删除模块时所调用的函数	MATLAB 表达式
DestroyFcn	销毁模块时所调用的函数	MATLAB 表达式
Description	模块的说明。通过 Block Properties 对话框中 General 窗格上的 Description 字段进行设置	文本和标记
Diagnostics	供内部使用	
DialogParameters	未封装模块的模块特定参数的名称/属性列表，或封装模块的封装参数	结构体
DropShadow	显示阴影	{'off'} | 'on'
ExtModeLoggingSupported	使模块能够支持在外部模式下上传信号数据（如对于 Scope 模块）	{'off'} | 'on'
ExtModeLoggingTrig	使模块能够充当外部模式信号上传的 Trigger 模块	{'off'} | 'on'
ExtModeUploadOption	允许模块在未选中 External Signal & Triggering 对话框中的 Select all 复选框的情况下，在外部模式下上传信号数据。值为 log 表示模块上传信号；值为 none 表示模块不上传信号；值为 monitor 表示当前未使用。如果选中 External Signal & Triggering 对话框中的 Select all 复选框，它将覆盖此参数设置	{'none'} | 'log' | 'monitor'
FontAngle	字体角度	'normal' | 'italic' | 'oblique' | {'auto'}
FontName	字体名称	字符数组
FontSize	字体大小。值为-1 表示此模块继承由 DefaultBlockFontSize 模型参数指定的字体大小	实数{'-1'}
FontWeight	字体粗细	'light' | 'normal' | 'demi' | 'bold' | {'auto'}
ForegroundColor	模块图标的前景颜色	颜色值|'[r,g,b]' | '[r,g,b,a]' r、g 和 b 分别指颜色的红、绿、蓝分量值，这些值介于 0.0 与 1.0 之间。该值如果与画布颜色（ScreenColor 参数）过于相似，则会更改。使用 get_param 可返回实际值。如果指定此属性，将忽略 alpha 值(a)。 可能的颜色值为 black、white、red、green、blue、cyan、magenta、yellow、gray、lightBlue、orange、darkGreen
Handle	模块句柄	实数

续表

属 性	说 明	值
HideAutomaticName	指定模型中是否显示由 Simulink Editor 自动给出的模块名称。要隐藏自动名称，请使用默认设置 on（模型的 HideAutomaticNames 参数也必须设置为 on）。要显示名称，请设置为 off，还要将模块 ShowName 参数设置为 on。如果模块的 ShowName 参数为 off，则无论对此属性作何设置，都将隐藏模块	{'on'} | 'off'
HiliteAncestors	供内部使用	
InitFcn	模块的初始化函数。在 Model Properties 对话框的 Callbacks 窗格上创建。有关详细信息，请参阅创建模型回调。对于未封装的模块，更新图或运行仿真时会调用此函数	MATLAB 表达式
InputSignalNames	输入信号的名称	元胞数组
IntrinsicDialogParameters	模块特定参数的名称/属性列表（无论模块是否封装）	结构体
IOSignalStrings	连接到 Signal & Scope Manager 对象的模块路径。Simulink 会在保存模型时保存这些路径	列表
IOType	Signal & Scope Manager 的类型。供内部使用	
LibraryVersion	对于链接的模块，此属性的初始值是创建链接时模块库的 ModelVersion	字符向量 - {'1.1'}
LineHandles	连接模块的线条控制柄	结构体
LinkData	包含参数化链接内与库中模块差异细节的数组，其中列出了模块名称和参数值	元胞数组
LinkStatus	模块的链接状态。使用 get_param 进行查询时更新过期的链接模块	'none' | 'resolved' | 'unresolved' | 'implicit' | 'inactive' | 'restore' | 'propagate' | 'propagateHierarchy' | 'restoreHierarchy'
LoadFcn	加载模块时所调用的函数	MATLAB 表达式
MinMaxOverflowLogging_Compiled	供内部使用	
ModelCloseFcn	关闭模型时所调用的函数。如果设置了模块的 DeleteFcn 和/或 DestroyFcn 回调，则会在调用这两个函数之前调用 ModelCloseFcn	MATLAB 表达式
ModelParamTableInfo	供内部使用	
MoveFcn	移动模块时所调用的函数	MATLAB 表达式
Name	模块或信号名称。要指定信号名称，请使用对应的端口或信号线句柄	字符向量
NameChangeFcn	更改模块名称时所调用的函数	MATLAB 表达式
NamePlacement	模块名称的位置	'normal' | 'alternate'
ObjectParameters	模块参数的名称/属性	结构体
OpenFcn	打开 Block Parameters 对话框时所调用的函数	MATLAB 表达式
Orientation	模块的朝向	{'right'} | 'left' | 'up' | 'down'
OutputSignalNames	输出信号的名称	元胞数组
Parent	模块所属的系统的名称	字符向量{'untitled'}
ParentCloseFcn	关闭父级子系统时所调用的函数。关闭模型时，不会调用位于根模型级别的模块的 ParentCloseFcn	MATLAB 表达式
PauseFcn	暂停仿真时所调用的函数	函数|字符向量

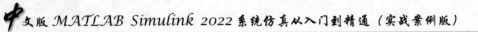

续表

属 性	说 明	值
PortConnectivity	描述模块的一个输入或输出端口	结构体数组
PortHandles	指定模块端口的句柄	结构体数组
PortRotationType	此模块所使用的端口旋转的类型（只读）	'default' | 'physical'
Ports	一个向量，用于指定此模块的每种端口的数量。该向量的元素顺序对应于下列端口类型。 Inport、Outport、Enable、Trigger、State、LConn、RConn、Ifaction、Reset	向量
Position	模块在模型窗口中的位置。 为了帮助对齐模块，设置的位置可与实际的模块位置相差几个像素。使用 get_param 返回实际位置。支持的坐标在 −1073740824～1073740823 之间（包括二者）。位于原点右侧和下方的值为正值，位于原点左侧和上方的值为负值。	以像素为单位的坐标向量：[left top right bottom]，原点是尚未调整画布大小时 Simulink Editor 画布的左上角位置
PostSaveFcn	保存模块之后所调用的函数	MATLAB 表达式
PreCopyFcn	复制模块之前所调用的函数	MATLAB 表达式
PreDeleteFcn	删除模块之前所调用的函数	MATLAB 表达式
PreSaveFcn	保存模块之前所调用的函数	MATLAB 表达式
Priority	指定模块相对于同一模型中的其他模块的执行顺序。通过 Block Properties 对话框中 General 窗格上的 Priority 字段进行设置	字符向量{''}
ReferenceBlock	此模块链接到的模块库模块的名称	字符向量{''}
RequirementInfo	供内部使用	
RTWData	用户指定的数据，供 Simulink Coder 软件使用	
SampleTime	采样时间参数的值	字符向量
Selected	指示模块是否处于选中状态	'on' | 'off'
ShowName	显示或隐藏模块名称。 ➔ 将模块的'HideAutomaticName'参数设置为'off'，将 ShowName 设置为'on'，显示由 Simulink Editor 给出的模块名称（自动名称）。 ➔ 将 ShowName 设置为'on'，将 HideAutomaticName 设置为'on'，并将模块上的 HideAutomaticNames 设置为'on'，隐藏 Editor 给出的自动模块名称	'on' | 'off'
SignalHierarchy	如果信号是总线，则返回总线中信号的名称和层次结构（只读）。 使用 get_param 指定端口或信号线句柄	反映指定信号的结构的值
StartFcn	开始仿真时所调用的函数	MATLAB 表达式
StatePerturbationForJacobian	线性化过程中要使用的状态扰动大小	字符向量
StaticLinkStatus	模块的链接状态。使用 get_param 进行查询时不更新过期的链接模块	'none' | 'resolved' | 'unresolved' | 'implicit' | 'inactive' | 'restore' | 'propagate' | 'propagateHierarchy' | 'restoreHierarchy'
StopFcn	终止仿真时所调用的函数	MATLAB 表达式
Tag	由 Simulink 软件生成的、显示在模块标签上的文本。通过 Block Properties 对话框中 General 窗格上的 Tag 字段进行设置	字符向量{''}
Type	Simulink 对象类型（只读）	'block'

续表

属　性	说　明	值
UndoDeleteFcn	撤销模块删除操作时所调用的函数	MATLAB 表达式
UserData	用户指定的数据，可以包含任何 MATLAB 数据类型	{'[]'}
UserDataPersistent	指示是否将 UserData 保存到模型文件中的状态	'on'

扫一扫，看视频

动手练一练——为模型添加回调函数

创建一个啁啾信号放大输出模型，分别为模型和模块添加回调函数，在打开模型时自动加载增益值，开始仿真时自动打开模型中的示波器模块。

思路点拨：

源文件：yuanwenjian\ch07\callback_demo.slx、load_gain.m、open_scope.m、callback_demo.m

（1）新建一个空白的 Simulink 模型文件并保存。

（2）打开 Simulink 库浏览器，在模型文件中添加需要的模块，并显示模块名称。

（3）编写一个 M 文件 load_gain.m，定义增益 K 的值。

（4）编写一个 M 文件 open_scope.m，编写代码在模型中查找 Scope 模块，然后使用 set_param 命令打开模块。

（5）打开"模型属性"对话框，在"回调"选项卡中指定模型预加载函数为 load_gain，仿真启动函数为 open_scope。

（6）设置 Gain 模块的增益为变量 K，然后连接模块端口，如图 7-11 所示。然后保存并关闭模型文件。

（7）在命令行窗口执行 open_system 命令，打开模型文件，在工作区可以看到自动加载了变量 K。

（8）运行仿真，会自动打开示波器显示仿真结果。

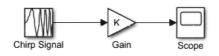

图 7-11　模型图

7.3.3　模型结构命令

MATLAB 提供了许多用于生成、编辑 Simulink 模型的命令，可以生成、保存、增加、删除模块，连线、获取或设置模型及模块的参数。其中与回调函数有关的命令见表 7-9。

表 7-9　常用的与回调函数有关的命令

命　令	功　能
bdroot（object）	返回当前模型的模块名
gcb	返回当前模块的全路径
gcs	返回当前系统或子系统的全路径
get_param（obj，param）	获取当前系统或子系统的参数值
set_param（obj，param，value）	设置当前系统或子系统的参数值

第 8 章　Simulink 仿真运行

内容指南

　　Simulink 提供了一些按功能分类的基本系统模块，用户只需要知道这些模块的输入、输出及模块的功能，而不必考察模块内部是如何实现的。通过对这些基本模块的调用，再将它们连接起来即可构成所需要的系统模型（以.slx 文件进行存取），进而进行仿真与分析。

　　Simulink 的调试方法可分为窗口调试和命令调试。窗口调试适合初级用户，能够完成绝大多数情况下的调试任务。而命令调试方式适合 Simulink 高级用户，能够让用户随心所欲地显示调试中的任何信息，包括窗口调试方式不能完成的调试任务。

内容要点

- ➥ Simulink 仿真注意事项
- ➥ 模型仿真配置参数
- ➥ 使用 MATLAB 命令运行仿真
- ➥ 设置断点
- ➥ 仿真分析
- ➥ 优化仿真过程

8.1　Simulink 仿真注意事项

　　在仿真过程中，Simulink 除了查看有没有需要特别设置的信号的数据类型，还需要检验信号的输入端口和输出端口的数据类型是否产生冲突。如果有冲突，Simulink 将停止仿真，并给出一个出错提示对话框，在此对话框中将显示出错的信号及端口，并把信号的路径高亮显示。遇到该情形，必须改变数据类型以适应模块的需要。

8.1.1　仿真的基本过程

　　建立一个模型应该按照一定的顺序，这样才能够不遗漏某些步骤。下面给出一个创建 Simulink 模型的基本过程，这个过程并不是唯一的，可根据个人的喜好而定，基本操作步骤如下。

　　（1）根据系统具体情况，建立数学仿真模型。

　　（2）打开一个空白模型编辑窗口。

　　（3）拖放模块。

　　（4）设置模块参数。

（5）对模块进行连线，建立模型。

（6）设置仿真模型的系统参数。

（7）运行仿真。

（8）查看仿真结果。

（9）保存文件退出。

8.1.2 仿真运行步骤

Simulink 运行仿真的方法包括两种：使用窗口运行仿真和使用 MATLAB 命令运行仿真。

使用窗口运行仿真，不必记住烦琐的命令语句，人机交互性强，推荐使用此种方法。

使用窗口运行仿真的主要步骤如下。

（1）设置仿真参数和选择算法。

（2）应用仿真参数和算法设置，使之生效。

（3）启动仿真：选择命令运行仿真。

（4）停止仿真：选择命令停止仿真。

（5）中断仿真：可以在中断点继续启动仿真，而停止仿真则不能。

（6）仿真诊断：在仿真中若出现错误，Simulink 将会终止仿真，并在仿真诊断对话框中显示错误信息。

8.1.3 仿真参数

在进行仿真之前，用户可以定义仿真参数和选择积分方法。仿真参数包括：

（1）开始时间和结束时间。

（2）最小积分步长和最大积分步长。

（3）容许误差。

（4）返回变量。

下面具体介绍这些仿真参数。

1．开始时间和结束时间

参数 StartTime 和 StopTime 定义了仿真开始的时间和仿真结束的时间。仿真时间和仿真所用的时间是两个不同的概念。实际上，运行一个仿真所需的时间取决于很多因素，包括模型的复杂性、最大积分步长和最小积分步长、计算机时钟的频率等。也就是说，若要进行一个 10s 的仿真，通常计算机运行的时间不为 10s。

2．最小积分步长

参数 MinimumStepSize 是在仿真开始时所用的积分步长。当产生一个输出时，积分器所采用的步长通常都不会小于这个参数所规定的值。除非是模型中包含有离散模块，而且该模块的采样周期小于最小步长。

一般来说，参数 MinimumStepSize 应该设为一个比较小的值（如 1e-6）。当系统不连续时，如果这个参数值设得过小，就有可能在不连续处产生许多点，从而可能超过系统可用的内存和可用资源的要求。如果这个参数值设得过大，可能会错过一些重要的事件，导致仿真结果不精确。

3. 最大积分步长

如果把最大积分步长设置得足够小，则不易错过一些重要的细节。而一个相对比较大的积分步长，则会导致某些模型变得不稳定。

有时，一个仿真所产生的结果非常精确，但是产生的点并不平滑。在这种情况下，就有必要限制最大积分步长的大小，以便得到平滑的结果。例如，当系统是线性，而输入是分段线性时，对 linsim 就有必要限制其积分步长。因为这种方法能够取任意大的积分步长，但精度随积分步长的增大而降低。rk45 方法也可以取较大的积分步长，这样就可以减少打印点的个数。

4. 容许误差

参数 Tolerance 是在每步积分时用于控制积分的误差。一般来说，这个参数值应该在 0.1～1e-6 之间。这个值越小，积分步数就越多，产生的结果也越精确。然而，如果允许误差设得非常小（如 1e-10），有可能使积分步长变得非常小，而舍入误差却大大增加。

5. 返回变量

Simulink 把时间、状态和输出轨迹写入工作区而定义的变量称为返回变量，可以任意定义变量名。第 1 个变量保存的是时间，第 2 个变量保存的是状态，第 3 个变量保存的是输出。

8.2　模型仿真配置参数

在模型的仿真过程中，其效率和正确性往往与配置参数的设置有着密切的关系。参数设置得合理与否，直接影响到设计过程中软件的功能能否得到充分的发挥。

在 Simulink 中，模型编辑器仿真配置参数的设置是通过模型的"配置参数"对话框来完成的。

在"建模"选项卡的"设置"选项组中单击"模型设置"按钮，或在模型文件编辑环境窗口的空白处右击，从弹出的快捷菜单中选择"模型配置参数"命令，弹出"配置参数"对话框，如图 8-1 所示，该对话框用于显示模型仿真配置信息。

图 8-1　"配置参数"对话框

该对话框中左侧列表框中的目录树包括求解器、数据导入/导出、数学和数据类型、诊断、硬件实现、模型引用、仿真目标、代码生成、覆盖率和 HDL Code Generation 等 10 个标签页。右侧是每个类别所包含的参数设置选项。下面对其中几个常用标签页的具体设置进行说明。

8.2.1 配置模型的求解器

展开图 8-1 右侧窗格底部的"求解器详细信息"选项，如图 8-2 所示。Simulink 提供了一组程序，称为求解器，每个求解器代表一种特定的模型求解方法。

图 8-2　"求解器"标签页

1. "仿真时间"选项组

↘ 开始时间：仿真起始时间，默认值为 0.0。

↘ 停止时间：仿真终止时间，默认值为 10.0。

2. "求解器选择"选项组

↘ 类型：此选项包括"变步长"和"定步长"两项。时间步是发生计算的时间间隔，将时间间隔的大小称为步长大小。

↘ 求解器：表示求解方法，当"类型"为"变步长"时，默认为"自动 (自动求解器选择)"，表示为模型推荐固定步长或可变步长求解器，以及最大步长大小。MATLAB 和 Simulink 提供的所有求解器都遵循类似的命名约定：ode 后跟两三个数字（表示求解器的阶），有些求解器可以求解刚性微分方程，它们使用的方法由 s、t 或 tb 后缀表示，ode 命令的说明见表 8-1。

表 8-1　ode 命令的说明

解法指令	解题类型	特　　点	适　用　场　合
ode45	非刚性	采用 4、5 阶 Runge-Kutta 法	大多数场合的首选算法
ode23	非刚性	采用 Adams 算法	较低精度（10^{-3}）场合
ode113	非刚性	多步法；采用 Adams 算法；高低精度均可（$10^{-3}\sim10^{-6}$）	ode45 计算时间太长时取代 ode45
ood23t	适度刚性	采用梯形法则算法	适度刚性
ode15s	刚性	多步法；采用 2 阶 Rosenbrock 算式，精度中等	当 ode45 失败时使用；或存在质量矩阵时
ode23s	刚性	一步法；采用 2 阶 Rosenbrock 算式，低精度	低精度时比 ode15s 有效；或存在质量矩阵时
ode23tb	刚性	采用梯形法则-反向数值微分两阶段算法，低精度	低精度时比 ode15s 有效；或存在质量矩阵时

3."求解器详细信息"选项组

当"类型"为"变步长"时，表示设置为连续可变步长求解器。对话框中的参数如图 8-2 所示。

（1）基本参数。

◥ 最大步长：求解时的最大步长，默认值为 auto（自动）。

◥ 相对容差：求解时的相对误差，默认值为 1e-3。指定最大可接受求解器误差（相对于每个时间步期间每个状态的大小）。如果相对误差超过此容限，求解器会减少时间步大小。

◥ 最小步长：求解时的最小步长，默认值为 auto（自动）。当连续可变步长求解器的步长小于 Min step size 指定的步长时，会出现最小步长大小违规。

◥ 绝对容差：求解时的绝对误差，默认值为 auto（自动）。指定当测得的状态值接近 0 时，可接受的最大求解器误差。如果绝对误差超过此容限，求解器会减少时间步大小。

◥ 初始步长：求解时的初始步长，默认值为 auto（自动）。

◥ 自动缩放绝对容差：求解时自动缩放绝对误差，默认勾选此复选框。

◥ 形状保持：在每个时间步使用导数信息来提高集成的准确性。此参数包括"全部禁用"和"全部启用"两个选项。只有在连续使用求解器时才启用此参数，通常为大多数模型提供良好的准确性，默认设置为"全部禁用"。在具有导数变化率较高的信号模型中，设置为"全部启用"可以提高精度，但会增加仿真时间。

◥ 连续最小步数：指定仿真过程中允许的连续最小步长大小，默认值为 1。Simulink 对检测到的连续违规次数进行计数。如果计数超过指定的值，Simulink 会根据在"诊断"标签页中设置的"最小步长违规"选项在诊断窗格中显示警告或错误消息。

（2）"过零选项"选项组。

Simulink 使用一种称为过零检测的技术来准确定位系统的不连续性，对于大多数模型，这种技术可以增加时间步长从而加速仿真。如果模型动态变化剧烈，关闭这个选项能够加速仿真，但是会降低仿真的精度。求解器可以采用足够小的步长来解决过零情况。然而，减小步长大小可能会增加仿真时间。

◥ 过零控制：在变步长仿真中启用过零检测。此选项包括使用局部设置、全部启用和全部禁用三个选项。默认选项为"使用局部设置"。选择"全部禁用"选项，禁用过零检测可以防止特定模块由于出现过多连续过零点而停止仿真。选择"全部启用"选项，所有其他模块将继续受益于过零检测，并提供更高的准确性。

◥ 算法：当使用可变步长求解器时用来过零检测的算法，此选项包括非自适应算法和自适应算法。

◥ 时间容差：容差因子，控制过零检测必须达到怎样的密集程度才被视为连续，默认值为 $10\times128\times eps$。

➡ 信号阈值：指定在检测过零点过程中使用的死区。落入此区域的信号被定义为发生过零情况。在默认情况下，选择 auto，通过自适应算法自动确定过零信号的阈值。

➡ 连续过零点数：指定 Simulink 软件在显示警告或错误之前可发生的连续过零数目。默认值为1000。

（3）"任务和采样时间选项"选项组。

➡ 自动处理数据传输的速率转换：该选项用于确保不同采样时间之间数据传输的数据完整性。一般情况下，如果两个模块的采样时间不同，即任一采样时间向量分量不同，则它们之间就存在速率转移问题。此选项的默认设置为关闭。勾选该复选框，Simulink 在更新的过程中检测到多任务模型中不匹配的速率转换时，将自动插入 Rate Transition（速率转换）模块。

➡ 允许多个任务访问输入和输出：将连接到多个任务的根级输入端口或输出端口视为每个所连接任务的一部分。

➡ 优先级值越高，任务优先级越高：指定在实现异步数据传输时，模型的目标实时系统为更高优先级任务分配更高优先级值还是更低优先级值。如果不勾选该复选框，目标实时系统将为低优先级值任务分配更高的优先级值。

当"类型"为"定步长"时，表示设置为连续固定步长求解器。对话框中的参数如图 8-3 所示。

图 8-3　"求解器"标签页定步长选项

（1）基本参数。

固定步长（基础采样时间）：指定所选固定步长求解器使用的步长大小，默认值为 auto。

（2）"任务和采样时间选项"选项组。

➡ 周期性采样时间约束：将模型的离散采样时间约束为指定值。如果模型在仿真期间不能满足指定的约束，Simulink 将显示一条错误消息。默认值为"无约束"。

➡ 将每个离散速率视为单独任务：指定 Simulink 单独还是分组执行具有周期采样时间的模块。

➡ 允许任务在目标上并发执行：勾选此复选框，为模型启用并行任务行为。

8.2.2　仿真数据的输入和输出

Simulink 可从 MATLAB 工作区中获得输入数据，其仿真结果也可以被导出到 MATLAB 工作区，与 MATLAB 完美地结合。

仿真过程中 Simulink 与 MATLAB 的数据传输通过"数据导入/导出"标签页实现，如图 8-4 所示。

图 8-4　"数据导入/导出"标签页

1. "从工作区加载"选项组

该选项组下包含若干个控制选项，可以设置如何从 MATLAB 工作区中导入数据。

- 输入：格式为 MATLAB 表达式，确定从 MATLAB 工作区中加载外部数据。
- 初始状态：格式为 MATLAB 表达式，确定模型的初始状态值。

2. "保存到工作区或文件"选项组

该选项组可以设置如何将不同类型的数据保存到 MATLAB 工作区中。

- 时间：勾选该复选框，将模型仿真中的时间以指定的变量名导出到工作区。
- 状态：勾选该复选框，将模型仿真中的状态以指定的变量名导出到工作区。
- 输出：勾选该复选框，将模型仿真中的输出以指定的变量名导出到工作区。
- 最终状态：勾选该复选框，将模型仿真结束时的状态以指定的变量名导出到工作区。
- 信号记录：勾选该复选框，将模型仿真中的信息记录以指定的变量名导出到工作区。
- 数据存储：勾选该复选框，将模型仿真中的数据以指定的变量名导出到工作区。
- 将数据集数据记录到文件：勾选该复选框，将模型仿真中的数据记录保存到 MAT 文件中，设置文件在工作区指定的路径和文件名。
- 单一仿真输出：勾选该复选框，在模型仿真中启用 sim 命令的单模拟输出。
- 格式：设置保存到工作区，或者从工作区载入数据的格式，包括数组、结构体、带时间的结构体和数据集。
- 保存最终工作点：在仿真结束时，Simulink 将模型的操作点（即完整状态，包括日志状态）保存到指定的 MATLAB 工作区中。
- 配置要记录的信号：配置信号记录。默认情况下，Simulink 会为每个记录的信号显示一个记录的信号指示符 。

❧ 记录间隔：设置日志记录的时间间隔，默认值为[-inf, inf]。

3. "仿真数据检查器"选项组

在仿真数据检查器中记录所记录的工作区数据：指定在仿真暂停或完成时是否向仿真数据检查器发送记录的数据。

4. "附加参数"选项组

❧ 将数据点限制为最后：限制导出到工作区的数据个数（N）。在仿真结束时，MATLAB 工作区只包含最后 N 个数据。

❧ 抽取：指定记录时间、模型状态和输出的抽取因子 N，表示仿真过程中每存储一次数据记录只记录 N 个点。

8.2.3　设置数学和数据类型

模型仿真过程中数学和数据类型的设置通过"数学和数据类型"标签页实现，如图 8-5 所示。

图 8-5　"数学和数据类型"标签页

1. "数学"选项组

❧ 非规范数的仿真行为：非规范数的模拟行为，指定得到算术运算的反正态化结果的方法，包括逐渐下溢和下溢为零（FTZ）（将算术运算中的异常结果刷新为 0）两种方法。

❧ 使用针对行优先数组布局优化的算法：启用行优先格式代码生成算法和对应的行优先仿真算法进行仿真。

2. "数据类型"选项组

❧ 数据类型未定时默认使用的类型：未指定数据类型的默认值，如果在数据类型传输过程中，Simulink 无法推断信号的数据类型，则指定继承数据类型的默认数据类型。

❧ 使用除法进行定点净斜率计算：勾选该复选框，在满足简单、准确条件的情况下，定点设计软件采用除法计算净斜率。当定点斜率的变化不是 2 的幂时，则需要计算净斜率。

→ **增益参数继承无损的内置整数类型**：当模块的输入是内置整数类型并且参数值和范围可以无损表示时，增益参数继承内置整数类型。

→ **使用浮点乘法处理净斜率校正**：当从浮点转换到定点时，如果净斜率不是 2 的幂，则使用除法进行斜率校正可以提高精度。

→ **继承小于单精度的浮点输出类型**：当模块输入小于单精度的浮点数据类型时，继承小于单精度的浮点模块输出数据类型。

3. "高级参数"选项组

→ **应用程序生命周期（天）**：指定模块应用程序能够在计时器溢出之前执行以天数为单位的绝对时间和已用时间，默认值为 auto。

→ **将逻辑信号实现为布尔数据（而不是双精度数据）**：控制产生逻辑信号的块的输出数据类型，boolean 或 double。

8.2.4 仿真中异常的诊断

模型仿真过程中的异常诊断设置通过"诊断"标签页实现，如图 8-6 所示。

图 8-6 "诊断"标签页

1. "求解器"选项组

当 Simulink 检测到与求解器相关的错误时,将在控制组设置诊断措施,每个类型包括三个参数可供选择:无(不给出任何信息及提示)、警告(给出相应的警告而不会中断模型的仿真)和错误(显示错误信息并高亮显示)。

➥ 代数环:在执行模型仿真过程中,检测到代数环时的诊断措施。如果选择"错误",Simulink 将会显示错误信息并高亮显示组成代数环的模块;如果选择"无",Simulink 则不给出任何信息及提示;如果选择"警告",Simulink 会给出相应的警告而不会中断模型的仿真。

📝 知识拓展:

> 如果 Simulink 需要通过模块输入信号的值来计算当前时间步的输出形成直接馈通。在同一时间步中产生模块输出和输入的循环依存关系会导致一个需要在每个时间步求解的代数方程,形成信号环。在 Simulink 模型中,当存在信号环并且信号环中只存在直接馈通模块时,将出现代数环,从而增加仿真的计算成本。

➥ 尽量减少代数环:如果需要 Simulink 消除包含有子系统的代数环及该子系统的直通输入端口(直接馈通),就可以设置此选项来采取相应的诊断措施。如果代数环中存在一个直通输入端口,仅当代数环中所用的其他输入端口没有直通时,Simulink 才可以消除这个代数环。

➥ 模块优先级违规:当仿真运行时,Simulink 检测到模块优先级错误选项的模块。

➥ 最小步长违规:允许下一个仿真步长小于模型设置的最小时间步长。当设置模型误差需要的步长小于设置的最小步长时,激活此选项。

➥ 连续过零违规:当 Simulink 检测到连续过零数超出指定的最大值时要执行的诊断操作。

➥ 自动求解器参数选择:当 Simulink 改变求解器参数时采取的诊断措施。假如用一个连续求解器仿真离散模型,并设置此选项为"警告",此时,Simulink 会改变求解器的类型为"离散",并在 MATLAB 命令窗口显示一个有关于此的警告信息。

➥ 外部离散导数信号:当离散信号要通过模块传递给具有连续状态的模块输入时选择要执行的诊断操作。

➥ 状态名称冲突:当模型中多个状态使用同一名称时选择要执行的诊断操作。

➥ 工作点还原接口校验和不匹配:使用此选项检测模型配置参数或接口设置是否与初始工作点对象中存储的那些不同。

2. "高级参数"选项组

➥ 允许符号维度设定:勾选该复选框,指定 Simulink 在整个模型中传播维度符号,并在传播的信号维度中保留这些符号。

➥ 允许自动单位转换:勾选该复选框,允许模型中的单位自动转换。指定当 Simulink 检测到输出与以前的版本存在差别时是否显示警告。

➥ 允许的单位制:以逗号分隔的单位制列表指定模型中允许使用的单位制。指定为 all 可允许所有单位制。

➥ 单位不一致消息:选择当 Simulink 检测到单位不一致时要执行的诊断操作。默认选择"警告"。

➥ 求解器数据不一致:选择当 Simulink 检测到 S 函数具有连续的采样时间,但多次执行生成的结果不一致时要执行的诊断操作。

➥ 忽略的过零点:选择当 Simulink 检测到忽略的过零点时要采取的诊断操作。

- 遮蔽的过零点：选择当 Simulink 检测到遮蔽的过零点时要采取的诊断操作。
- 初始状态为数组：选择当 Simulink 检测到初始状态为数组时要采取的诊断操作。
- 最大标识符长度不足：对于引用模型，当 Simulink 检测到该配置参数由于没有提供足够的字符长度，使全局标识符在跨各模型的范围内唯一时选择指定的诊断操作。
- 模块图包含禁用的库链接：选择当 Simulink 检测到保存包含已禁用的库链接的模型时要执行的诊断操作。
- 模块图包含参数化库链接：选择当 Simulink 检测到保存包含已参数化的库链接的模型时要执行的诊断操作。
- 为代码生成和仿真合并输出和更新方法：勾选此复选框，当输出和更新代码在一个函数中时，强制仿真执行顺序与代码生成顺序相同。对于某些建模模式，设置此参数可防止仿真和代码生成不匹配的潜在问题。设置此参数可能导致人为代数环。
- FMU Import 模块：勾选该复选框，启用调试执行模式，FMU 二进制文件将在一个单独的进程中执行。
- 变体条件中存在算术运算：指定在变体条件下发现算术运算时要执行的诊断操作。
- 信号的源和目标的变体条件不匹配：使用默认选项"无"，则当源的变体条件比目标的变体条件更宽松时，或有条件地使用无条件源时，不会使用生成代码中的变体控制项变量。

在该标签页下还显示 7 个子标签页，这些子标签页显示不同类型的诊断错误与处理措施，具体包括采样时间、数据有效性、类型转换、连接性、兼容性、模型引用和 Stateflow。

1. 采样时间

该标签页包括用于检测与采样时间和采样时间规格有关的问题的参数，如图 8-7 所示。

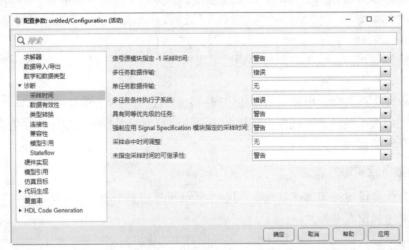

图 8-7 "采样时间"子标签页

- 信号源模块指定-1 采样时间：如果源块指定采样时间为-1，则选择要采取的诊断操作。
- 多任务数据传输：如果在多任务模式下操作的两个模块之间发生无效的速率转换要采取的诊断操作。
- 单任务数据传输：如果在单任务模式下操作的两个模块之间发生了速率转换要采取的诊断操作。
- 多任务条件执行子系统：检测到可能导致数据损坏或不确定行为的子系统时采取的诊断操作。
- 具有同等优先级的任务：如果 Simulink 检测到两个优先级相等的任务在目标系统中发生抢占

时要采取的诊断操作。

- 强制应用 Signal Specification 模块指定的采样时间：强制执行 Signal Specification 模块指定的采样时间，在 Signal Specification 模块指定的信号源端口的采样时间与信号的目标端口不同时选择要采取的诊断操作。
- 采样命中时间调整：在运行模型时对一个样本的命中时间做出小的调整时要采取的诊断操作。
- 未指定采样时间的可继承性：检测到未指定采样时间继承规则的 S 函数时要采取的诊断操作。不指定继承规则可能导致不正确的结果。

2. 数据有效性

该标签页包括用于检测与数据（信号、参数和状态）有关的问题的参数，如图 8-8 所示。

图 8-8　"数据有效性"子标签页

（1）"信号"选项组。

- 信号解析：设置 Simulink 将模型中的信号、状态、Stateflow 数据和 MATLAB Function 模块数据解析为 Simulink.Signal 对象的方法，包含仅显式（默认值，不执行隐式信号解析，仅执行显式指定的信号解析）、无（不能解析为 Simulink.Signal 对象）、显式和隐式（尽可能执行隐式信号解析，而不发出任何有关隐式解析的警告）、显式和隐式（警告）（尽可能执行隐式信号解析，并对发生的每个隐式解析发出警告）。
- 除以奇异矩阵：选择当产品模块在矩阵乘法模式下反转某个输入时，检测到奇异矩阵的情况下要执行的诊断操作。
- 未定数据类型：选择当 Simulink 在数据类型传播期间无法推断信号的数据类型时要执行的诊断操作。
- 模块输出为 Inf 或 NaN：在当前时间步中，当模块输出的值为 Inf 或 NaN 时要执行的诊断操作。

- 标识符的"rt"前缀：选择在代码生成期间遇到以 rt 开头的 Simulink 对象名称（参数、模块或信号的名称）时要执行的诊断操作。
- 溢出时绕回：选择当信号的值溢出信号数据类型并绕回时要执行的诊断操作。
- 溢出时饱和：选择当信号的值太大而不能由信号数据类型表示（导致饱和）时要执行的诊断操作。
- 欠定维度：选择当 Simulink 在编译时不能推断出信号维度时要执行的诊断操作。
- 仿真范围检查：选择当信号超出指定的最小值或最大值时要执行的诊断操作。
- 字符串截断检查：选择当字符串信号被截断时要执行的诊断操作。

（2）"参数"选项组。

- 检测向下转换：检测计算中涉及全局（可调）参数向下转换的潜在溢出条件。
- 检测溢出：如果 Simulink 仿真过程中参数的数据类型范围不足以容纳参数的理想值（理想值太大或太小，无法用数据类型表示），则会发生参数溢出。选择仿真过程中发生参数溢出时要执行的诊断操作。
- 检测下溢：选择在 Simulink 仿真过程中参数量化导致非零值下溢到 0，发生参数下溢时要执行的诊断操作。
- 检测精度损失：选择在 Simulink 仿真过程中发生参数精度损失时要执行的诊断操作。
- 检测可调性损失：选择在 Simulink 仿真过程中，当具有可调变量的表达式在生成的代码中缩减到其等效数值时要执行的诊断操作。

（3）"Data Store Memory 模块"（数据存储模块）选项组。

- 检测写前读：在当前时间步仿真过程中，当模型执行将数据写入数据存储前读取数据时要执行的诊断操作。
- 检测读后写：在当前时间步仿真过程中，先读取数据后检测写入数据操作时要执行的诊断操作。
- 检测写后写：在当前时间步仿真过程中，连续两次向数据存储中写入数据时要执行的诊断操作。
- 多任务数据存储：在当前时间步仿真过程中，当一个任务向数据存储器模块中写入数据，而另一个模块从中读取数据时要执行的诊断操作。
- 重复数据存储名称：选择当模型包含具有相同名称的多个数据存储时要执行的诊断操作。

（4）"高级参数"选项组。

- 检测在同一时间步执行的多个驱动模块：检测同时执行的多个驱动程序块，当检测到一个合并模块有多个驱动模块正在同一时间步中执行时要执行的诊断操作。
- 欠定初始化检测：选择 Simulink 处理依条件执行子系统、合并模块、子系统已用时间，以及离散时间积分器模块的初始条件的初始化方法。
- 超出数组边界：检测 S 函数在向其输出、状态或工作向量写入数据时，使用的内存超出 Simulink 为其分配的数组边界时要执行的诊断操作。
- 模型验证模块的启用：以全局或本地方式在当前模型中启用的模型验证模块。

3. 类型转换

该标签页包括用于检测与数据类型有关的问题的参数，如图 8-9 所示。

- 不必要的类型转换：选择当 Simulink 检测到不必要的 Data Type Conversion 模块时所采用的诊断操作。
- 向量/矩阵模块输入转换：当 Simulink 检测到块输入的向量到矩阵或矩阵到向量的转换时要采

取的诊断操作。

➤ 32 位整数到单精度浮点转换：当 Simulink 检测到 32 位整数值被转换为浮点值时要采取的诊断操作。

➤ 检测下溢：指定在仿真期间发生参数下溢时要执行的诊断操作。

➤ 检测精度损失：指定在仿真期间发生定点恒定精度损失时要采取的诊断操作。

➤ 检测上溢：指定在仿真期间发生定点常量溢出时要采取的诊断操作。

图 8-9　"类型转换"子标签页

4. 连接性

该标签页包括用于检测与信号线连接有关的问题的参数，如图 8-10 所示。

图 8-10　"连接性"子标签页

（1）"信号"选项组。

➤ 信号标签不匹配：仿真过程中检测到信号标签不匹配时要采取的诊断操作。

➤ 未连接的模块输入端口：仿真过程中检测到模块输入端口没有信号线与之相连时要采取的诊断操作。

➤ 未连接的模块输出端口：仿真过程中检测到模块输出端口没有信号线与之相连时要采取的诊

断操作。

- 未连接的信号线：仿真过程中检测到模型中含有一个没有连接的信号线时要采取的诊断操作。

（2）"总线"选项组。

- 根 Outport 模块上未指定总线对象：为参考模型生成仿真目标时，如果模型中的模块任何一个输出端口都连接到总线，但是没有设置总线对象时要采取的诊断操作。
- 元素名称不匹配：检测到总线元素的名称与对应的总线对象指定的名称不匹配时要执行的诊断操作。
- 总线信号视为向量：检测到 Simulink 将总线信号转换为向量，以将其连接到不支持总线的模块时要采取的诊断操作。
- 非总线信号被视为总线信号：Simulink 将非总线信号隐式转换为总线信号，以支持将该信号连接到 Bus Assignment 或 Bus Selector 模块时要执行的诊断操作。
- 修复总线选择：修复 Bus Assignment 和 Bus Selector 模块参数对话框中由于上层总线层次结构发生变化而失效的选择时要执行的诊断操作。

（3）"函数调用"选项组。

上下文相关输入：在执行函数调用子系统的过程中，当 Simulink 必须直接或间接计算任何函数调用子系统输入时要执行的诊断操作。

5. 兼容性

该标签页包括用于检测与软件版本兼容性有关的问题的参数，如图 8-11 所示。

图 8-11 "兼容性"子标签页

- 需要升级 S-Function：当 Simulink 中出现未升级而无法使用当前版本功能的模块时要采取的诊断操作。
- 模块行为取决于信号的帧状态：当 Simulink 中出现行为取决于信号帧状态的模块时要采取的诊断操作。
- 来自不同版本的工作点对象：在仿真模型中提供了来自不同 Simulink 版本的工作点对象作为初始状态时要采取的诊断操作。

6. 模型引用

该标签页包括用于检测与参考模型有关的问题的参数，如图 8-12 所示。

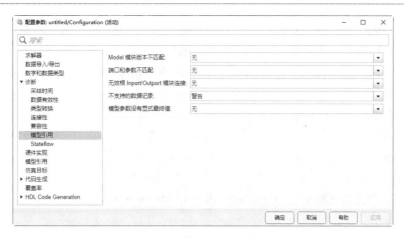

图 8-12　"模型引用"子标签页

❧ Model 模块版本不匹配：Simulink 在加载或更新此模型，发现模型版本与引用模型的当前版本之间不匹配时要采取的诊断操作。

❧ 端口和参数不匹配：Simulink 在模型加载或更新期间检测到端口或参数不匹配时要采取的诊断操作。

❧ 无效根 Inport/Outport 模块连接：Simulink 检测到该模型的根级输入/输出端口模块包含无效的内部连接时要采取的诊断操作。

❧ 不支持的数据记录：如果模型使用 To Workspace 模块或 Scope 模块将数据保存到 MATLAB 工作区，检测到不支持的数据记录选项时要采取的诊断操作。

❧ 模型参数没有显式最终值：检测到模型参数的最终值是默认值而不是显式值时要采取的诊断操作。

7. Stateflow（状态流）

该标签页包括用于检测与状态流有关的问题的参数，如图 8-13 所示。Stateflow 提供了一种图形语言，包括状态转换图、流程图、状态转换表和真值表。可以用 Stateflow 来描述 MATLAB 算法与 Simulink 模型对输入信号、事件和基于时间的条件作出反应。

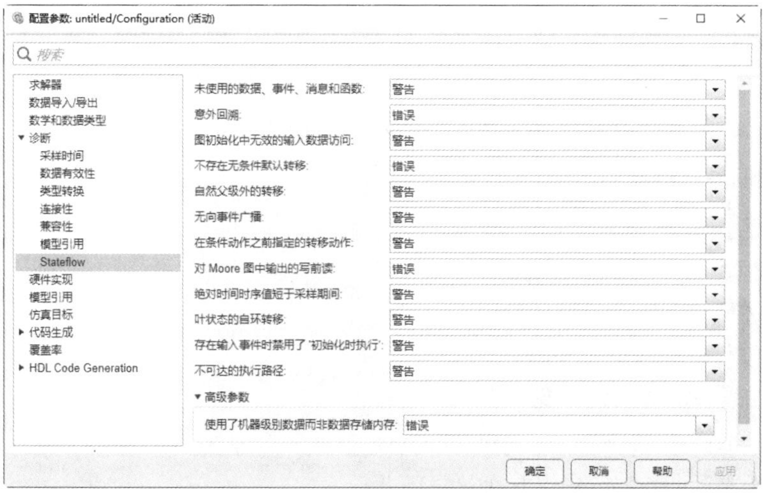

图 8-13　Stateflow 子标签页

- 未使用的数据、事件、消息和函数：当检测到图表中有未使用的数据、事件、信息和函数时要执行的诊断操作。移除未使用的数据可以最小化模型。
- 意外回溯：当图表连接到不具有状态或终端连接的无条件过渡路径或具有多条过渡路径时要采取的诊断操作。
- 图初始化中无效的输入数据访问：图表初始化中包含无效的输入数据访问时要采取的诊断操作。
- 不存在无条件默认转移：当图表没有无条件地默认转换到状态时要采取的诊断操作。
- 自然父级外的转移：当图表包含在父状态或连接外循环的转换时要采取的诊断操作。
- 无向事件广播：当图表包含无定向本地事件传输时要采取的诊断操作。
- 在条件动作之前指定的转移动作：在具有多个转换段的转换路径中的条件操作之前执行转换操作时要采取的诊断操作。
- 对 Moore 图中输出的写前读：在 Moore 图中使用先前的输出值来确定当前状态时要采取的诊断操作。
- 绝对时间时序值短于采样期间：绝对时间值小于采样周期时要采取的诊断操作。
- 叶状态的自环转移：当删除叶状态上的自环转换时要采取的诊断操作。删除这些自环转换可简化状态图。
- 存在输入事件时禁用了'初始化时执行'：当 Stateflow 检测到未在初始化时运行的触发或启用图表时要采取的诊断操作。
- 不可达的执行路径：当图表结构不在有效的执行路径上时要采取的诊断操作。
- 使用了机器级别数据而非数据存储内存：当 Stateflow 检测到可以用数据存储内存作用域的图级别数据替换的机器级别数据的定义时要采取的诊断操作。

8.2.5 配置硬件运行的模型参数

通过"配置参数"对话框中的"硬件实现"标签页可以设置编译模型在硬件板或设备上运行的不同选项，如图 8-14 所示。

1. 基本参数

- Hardware board：选择运行模型的硬件板。
- Code Generation system target file：在 Code Generation 窗口上选择的系统目标文件。
- 设备供应商：选择用于实现此模型所表示的系统的硬件板的制造商。
- 设备类型：选择用于实现此模型所表示的系统的硬件的类型。

2. "设备详细信息"选项组

（1）"位数"选项。

- char：描述硬件的字符位长度。
- short：描述硬件的数据位长度。
- int：描述硬件的整数位长度。
- long：描述硬件的数据位长度。
- long long：描述硬件支持的 C 类型 long long 数据类型的长度（以位为单位）。
- float：描述硬件的浮点数据位长度（只读）。
- double：描述硬件的 double 数据位长度（只读）。

图 8-14 "硬件实现"标签页

- native：描述硬件的微处理器本机字长。
- 指针：描述硬件的指针数据位长度。
- size_t：描述硬件的 size_t 数据位长度。
- ptrdiff_t：描述硬件的 ptrdiff_t 数据位长度。

（2）"最大原子大小"选项。

- 整数：指定可以原子方式加载和存储在硬件上的最大整数数据类型。
- 浮点：指定可以原子方式加载和存储在硬件上的最大浮点数据类型。

（3）基本参数。

- 字节顺序：描述硬件板的字节顺序：Big Endian（最高有效位优先）或 Little Endian（最小有效位优先）。如果未指定，则生成代码中将包括额外的可执行代码来计算结果。
- 有符号整数除法舍入方式：描述用于硬件的编译器如何对两个有符号整数相除的结果进行四舍五入。
- 将有符号整数的右移实现为算术移位：描述硬件的编译器如何在有符号整数的右移位中填充符号位。
- 支持 long long：勾选该复选框，指定 C 编译器支持 C 类型的 long long 数据类型。大多数 C99 编译器都支持 long long。

3. "高级参数"选项组

（1）"测试硬件"选项。

- 测试硬件与生产硬件相同：勾选该复选框，指定用于测试模型生成代码的测试硬件须与最终运行该代码的目标硬件相同。如果未选择此选项，将生成额外的代码以在测试硬件上模拟最终硬件。

- 设备供应商：选择用于测试从模型生成的代码的硬件的制造商。
- 设备类型：选择用于测试从模型生成的代码的硬件的类型。
- 位数：描述用于测试代码的硬件的数据位长。
- 最大原子大小：指定通过原子方式加载并存储在用于测试代码的硬件上的最大整数和浮点数据类型。所有较小的整数和浮点数据类型都将被视为原子类型。
- 有符号整数除法舍入方式：描述测试硬件的编译器如何对两个有符号整数相除的结果进行四舍五入。
- 将有符号整数的右移实现为算术移位：描述测试硬件的编译器在有符号整数的右移位中如何填充符号位。
- C 预处理器中有符号整数的最大位数：指定目标 C 预处理器可用于进行有符号整数运算的最大位数。
- C 预处理器中无符号整数的最大位数：指定目标 C 预处理器可用于进行无符号整数运算的最大位数。

（2）使用 Simulink Coder 功能：对部署到 Simulink 支持的硬件的模型启用 Simulink Coder 功能。

（3）使用 Embedded Coder 功能：对部署到 Simulink 支持的硬件的模型启用 Embedded Coder 功能。

8.2.6　引用模型更新和仿真配置

模型引用是通过使用 Model 模块在一个模型中包含另一个模型，模型既可作为独立模型，也可作为引用模型。父模型是包含引用模型的模型，父模型和引用模型的集合构成了模型层次结构。

"模型引用"标签页用于配置与引用其他模型相关的参数，如图 8-15 所示。

图 8-15　"模型引用"标签页

1. "所有引用模型的选项"选项组

❧ 重新编译：选择适当的方法来确定在对引用模型进行更新、仿真或从其生成代码之前，应于何时对其引用模型的仿真和 Simulink Coder 目标进行重新编译。该选项包括 4 个参数可供选择。

　➤ 始终：表示始终重新编译引用模型的目标。

　➤ 如果检测到任何变化：表示当 Simulink 检测到可能影响仿真结果的更改时，有条件地为引用模型重新编译目标，对引用模型的依存关系执行广泛的更改检测，如果 Simulink 在已知的依存关系中没有发现任何变化，它将计算模型的结构校验和。

　➤ 如果检测到已知依存关系的任何变化：表示当 Simulink 检测到可能影响仿真结果的更改时，有条件地为引用模型重新编译目标，减少更改检测所需的时间。

　➤ 从不：表示不重新编译引用模型的目标，需要的处理时间最少，并且它会使用 Simulink 缓存文件（如果可用）以加快仿真速度。选择该项，激活"从不重新编译诊断"命令，选择 Simulink 软件在检测到需要重新编译模型引用目标时应执行的诊断操作。如果 Simulink 检查模型引用目标已过期，仿真可能会显示无效结果。

❧ 启用并行模型引用编译：指定是否尽可能地自动并行构建模型引用层次结构。

❧ MATLAB 工作进程的编译初始化：指定如何初始化 MATLAB 工作进程以实现并行构建。

❧ 为引用模型启用严格调度检查：勾选该复选框，对引用的模型启用下列检查：引用的导出函数模型中函数调用子系统的调度顺序一致性；跨引用的导出函数模型边界或跨引用的基于速率的模型边界的采样时间一致性。

2. "引用此模型的选项"选项组

❧ 每个顶层模型允许的实例总数：指定在另一个模型中引用此模型的次数。

❧ 传播可变大小信号的大小：选择如何在引用的模型中传输可变大小的信号。

❧ 尽量减少出现代数环：从涉及当前引用模型的模型中消除人为代数环。

❧ 将所有信号标签传播到模型之外：将传输的信号名称传递给模块的输出信号。

❧ Use local solver when referencing model：引用模型时使用在配置参数中指定的局部求解器。

❧ 模型依存关系：添加创建依存关系到一组已知的目标依存关系。

3. "高级参数"选项组

❧ 对并行池执行一致性检查：Simulink 在开始并行编译之前对并行池执行一致性检查。

❧ 包含引用模型的自定义代码：在模型引用加速仿真期间，使用包含 Stateflow 或 MATLAB Function 模块的自定义 C 代码。

❧ 为代码生成按值传递固定大小的标量根输入：该选项用于控制标量根输入是按值传递还是按对引用模型的代码生成目标的引用传递。如果自定义了模型的单步函数，则此选项将被禁用。

8.2.7　仿真目标设置

　　"仿真目标"标签页为包含 MATLAB 函数模块、Stateflow 图或真值表模块的模型配置仿真目标的参数，如图 8-16 所示。

1. 基本参数设置

❧ GPU 加速：指定是否通过生成 CUDA 代码在 GPU 上加速 MATLAB Function 模块的执行。

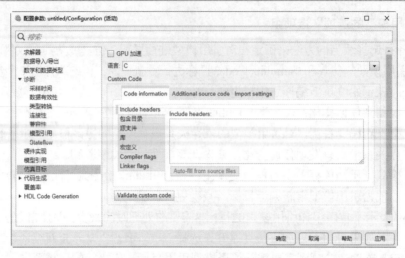

图 8-16　"仿真目标"标签页

- 语言：指定编译和解析自定义代码的语言。
- Validate custom code：应用"配置参数"对话框中的所有更改后验证自定义代码。

2. Code information（代码信息）选项卡

插入的 C 语言代码包括下面 4 种。

- Include headers（包含头文件）：指定自定义代码的头文件。如果单击 Auto-fill from source files 按钮，可基于指定的源文件自动填充头文件。
- 包含目录：输入以空格分隔的包含头文件和源文件的文件夹路径列表。路径可以是绝对路径，也可以是相对路径。
- 源文件：输入以空格分隔的包含源文件的文件夹路径列表。路径可以是绝对路径，也可以是相对路径。
- 库：输入以空格分隔的包含要链接到目标的自定义目标代码的静态库列表。
- 宏定义：输入以空格分隔的要添加到编译器命令行的预处理器宏定义。
- Compiler flags：编译器标记列表，以空格分隔。
- Linker flags：连接器标记列表，以空格分隔。

3. Additional source code（附加源代码）选项卡

- Initialize code：输入只在仿真开始时执行一次的 C/C++代码。
- Terminate code：输入在仿真结束时执行的 C/C++代码。
- Additional code：输入仿真过程中要导入 Simulink 的附加自定义代码。

4. Import settings（导入设置）选项卡

- 在单独进程中仿真自定义代码：仿真期间，在 MATLAB 之外的单独进程中运行自定义代码。
- 启用自定义代码分析：启用对代码覆盖率和 Simulink Design Verifier 的支持。
- 启用全局变量作为函数接口：指定 C Caller 自定义代码中全局变量的行为。
- 未定义函数的处理：指定在自定义代码中处理未定义函数的行为。
- 确定性函数：指定始终为相同输入产生相同输出的自定义代码函数。如果选中"按函数指定"，则输入以逗号分隔的确定性自定义代码函数列表。

▶ 默认函数数组布局：为 C Caller 模块使用的所有外部 C 函数指定默认数组布局。单击"例外
（按函数）"按钮，可为所选自定义代码函数指定函数数组布局。

5."高级参数"选项组

单击 ⋯ 按钮，打开"高级参数"选项组，如图 8-17 所示。

图 8-17　"高级参数"选项组

▶ 导入自定义代码：勾选该复选框，指定解析模型中的自定义代码并报告无法解析的符号。此
设置适用于模型中的所有 C 语言状态图，包括库链接图。

▶ 模块简化：勾选该复选框，通过折叠或删除模块组来减少执行时间。

▶ 编译器优化级别：当生成用于加速的代码时，设置编译器使用的优化程度。包含关闭优化（编
译速度更快）和打开优化（运行速度更快）选项。

▶ 硬件加速：选择硬件加速级别。

▶ 条件输入分支执行：勾选该复选框，改善当模型包含 Switch 和 Multiport Switch 模块时的模
型执行。

▶ 详细的加速编译：显示加速模式的代码生成和编译器输出。

▶ MATLAB 函数中的动态内存分配：勾选该复选框，对大小（以字节为单位）大于或等于动态
内存分配阈值的可变大小数组使用动态内存分配（malloc）。此参数适用于 MATLAB Function
模块、Stateflow 图或与 MATLAB System 模块关联的 System object 中的 MATLAB 代码。

▶ MATLAB 函数中的动态内存分配阈值：对大小（以字节为单位）大于或等于某阈值的可变大
小数组使用动态内存分配（malloc）。此参数适用于 MATLAB Function 模块、Stateflow 图或
与 MATLAB System 模块关联的 System object 中的 MATLAB 代码。

▶ 允许连续时间 MATLAB 函数写入初始化的持久变量：如果禁用，连续时间内 MATLAB 函数
只能初始化和读取持久变量。要初始化持久变量，应在赋值前检查它是否为空。

- 启用内存完整性检查：勾选该复选框，为 MATLAB Function 模块生成的代码进行内存完整性检查。

- MATLAB 函数的编译时递归限制：对于编译时递归，控制生成的代码中允许的一个函数的副本数。

- 为 MATLAB 函数启用运行时递归：勾选该复选框，为包含递归函数的 MATLAB 代码生成包含递归函数的代码。

- 在 MATLAB 函数中启用隐式扩展：开启函数的隐式扩展功能，以直接调用函数或运算符。隐式扩展的最佳性能增益是使用较小的矩阵和数组大小。

- 为导入的总线和枚举类型生成 typedef：为 Stateflow 和 MATLAB Function 模块中导入总线和枚举数据类型确定定义类型的处理和生成。

- 按 Ctrl+C 中断：按 Ctrl+C 组合键中断程序运行并刷新图形。如果不勾选该项，结束长时间运行的唯一的执行方法可能是终止 MATLAB。

- 回显不带分号的表达式的输出：勾选该复选框，在 MATLAB 命令行窗口中启用运行时输出，如那些没有以分号终止的动作。

- 允许在仿真期间设置断点：在包含 MATLAB Function 模块、Stateflow 图、State Transition 模块或 Truth Table 模块的模型仿真期间启用调试和动画。

- 保留名称：对于包含 MATLAB Function 模块、Stateflow 图或 Truth Table 模块的模型，在此处以空格为分隔符输入要从生成的代码中排除的保留名称。

8.3 使用 MATLAB 命令运行仿真

用户可以在 MATLAB 的环境下以命令行或 M 文件的形式运行 Simulink 模型，还可以设置不同的仿真参数、系统模块参数和仿真运行方式。

在 MATLAB 中，sim 命令用于进行动态仿真，它的调用格式见表 8-2。

表 8-2　sim 命令的调用格式

调用格式	说　明
simOut = sim(model)	使用现有模型配置参数对指定模型进行仿真，并将结果返回为 Simulink.SimulationOutput 对象
simOut = sim(model,Name,Value)	使用一个或多个名称-值对参数对指定模型进行仿真
simOut = sim(model,ParameterStruct)	使用结构体 ParameterStruct 中指定的参数值对指定模型进行仿真
simOut = sim(model,ConfigSet)	使用模型配置集 ConfigSet 中指定的配置设置对指定模型进行仿真
simOut = sim(simIn)	使用 SimulationInput 对象 simIn 中指定的输入对模型进行仿真

该函数在实际使用时，可以省略其中的某些参数设置以采用默认参数。除了参数 model 外，其他的仿真参数设置均可以取值为空矩阵，表示此时 sim 命令使用默认的参数值进行仿真，默认的参数值由系统模型框图决定。

扫一扫，看视频

实例——修改模型的模块参数

源文件：yuanwenjian\ch08\modify_param.m

本实例通过 SimulationInput 对象修改模型的模块参数。

操作步骤

在 MATLAB 命令行窗口中执行以下命令。

```
>> openExample('simulink/OpenTheModelExample');  %打开示例模型
>> open_system('ex_sldemo_househeat');  %打开房屋热模型文件，如图8-18所示
```

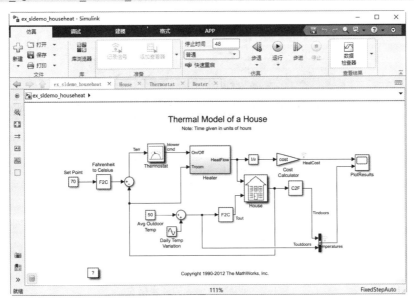

图 8-18　打开的模型文件

此时单击"仿真"选项卡中的"运行"按钮运行程序，然后双击示波器模块 PlotResults，即可查看仿真结果，如图 8-19 所示。

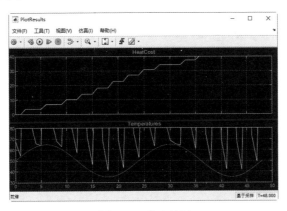

图 8-19　仿真结果

接下来在命令行窗口中修改模块参数。

```
>> load_system('ex_sldemo_househeat')
>> slx='ex_sldemo_househeat';
>> in = Simulink.SimulationInput(slx);  %为模型创建 SimulationInput 对象
%修改模块 Set Point 的常量值为280
>> in = in.setBlockParameter('ex_sldemo_househeat/Set Point','Value','280');
>> out = sim(in)                        %对模型进行仿真
out =
```

```
Simulink.SimulationOutput:
    sldemo_househeat_output: [1x1 Simulink.SimulationData.Dataset]
        SimulationMetadata: [1x1 Simulink.SimulationMetadata]
              ErrorMessage: [0x0 char]
```

此时双击示波器模块 PlotResults，即可查看修改参数后的仿真结果，如图 8-20 所示。

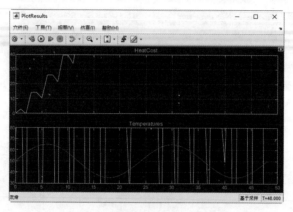

图 8-20　修改参数后的仿真结果

在 MATLAB 中，sldebug 命令用于在调试模式下启动仿真，它的调用格式见表 8-3。

表 8-3　sldebug 命令的调用格式

调 用 格 式	说　　明
sldebug('sys')	在调试模式下启动仿真，等同于 sim('sys', 'debug', 'on')

扫一扫，看视频

实例——在调试模式下启动仿真

源文件：yuanwenjian\ch08\sldebug_demo.m

本实例在调试模式下对指定模型启动仿真。

操作步骤

在 MATLAB 命令行窗口中执行以下命令。

```
>> sldebug('zeroxing')  %zeroxing.slx 是 MATLAB 内置的模型文件
警告: 对此模型启用 '信号存储重用'。调试器中显示的模块 I/O 值可能不正确。
为了保留模块输出信号值，请在 "配置参数" 对话框中搜索 '信号存储重用' 并清除复选框
%------------------------------------------------------------------%
[TM = 0                    ] simulate(zeroxing)
(sldebug @0): >>
```

如果要停止仿真，在命令提示符后输入 stop 命令并执行即可，如下所示。

```
(sldebug @0): >> stop
%------------------------------------------------------------------%
% Simulation stopped
ans =
  Simulink.SimulationOutput:
    SimulationMetadata: [1x1 Simulink.SimulationMetadata]
          ErrorMessage: [0x0 char]
>> sim('zeroxing','debug','on')  %通过指定名称–值对参数，在调试模式下启动仿真
警告: 对此模型启用 '信号存储重用'。调试器中显示的模块 I/O 值可能不正确。
```

为了保留模块输出信号值，请在"配置参数"对话框中搜索'信号存储重用'并清除复选框
```
%------------------------------------------------------------------%
[TM = 0                        ] simulate(zeroxing)
(sldebug @0): >> stop
%------------------------------------------------------------------%
% Simulation stopped
ans =
  Simulink.SimulationOutput:
           SimulationMetadata: [1x1 Simulink.SimulationMetadata]
                 ErrorMessage: [0x0 char]
```

8.4　设 置 断 点

在调试程序时，断点是由程序调试者人为设置的，用于使程序在指定点中断执行，进入调试状态的标记，断点触发时，仿真暂停。

仿真步骤可以为标量信号设置条件断点，包括下面四种断点。

- ↘ 启用断点：添加条件断点时显示。
- ↘ 启用断点命中：当仿真达到指定的条件并触发断点时出现。
- ↘ 禁用断点：禁用条件断点时显示。
- ↘ 无效断点：当软件确定断点对信号无效时出现。在仿真期间，当软件确定条件断点无效时，启用的断点图像将更改为此断点图像。

设置条件断点后，满足指定条件时，停止仿真。但仿真不会在执行块时停止。相反，仿真在当前仿真步骤完成后停止。

8.4.1　启用断点

作为调试器，设置断点功能是不可或缺的，Simulink 工具也是如此。在仿真模型中可设置以下两种常用的断点：无条件断点和有条件断点。

- ↘ 无条件断点：不考虑任何条件，只要仿真到达断点就会暂停。
- ↘ 有条件断点：在满足条件的情况下，仿真到达断点就会暂停。

实例——添加断点

源文件： yuanwenjian\ch08\add_breakpoint.slx
本实例在模型中添加条件断点。

扫一扫，看视频

操作步骤

（1）新建一个空白的模型文件，打开 Simulink 库浏览器，搜索 Clock（时钟）模块、Signal Generator（信号发生器）模块和 Scope（示波器）模块，并将它们拖放到模型文件中。

（2）选中任一个模块，在"格式"选项卡中单击"自动名称"下拉按钮，从弹出的下拉菜单中取消勾选"隐藏自动模块名称"复选框，然后连接模块，如图 8-21 所示。

（3）在"仿真"选项卡中单击"运行"按钮，然后双击示波器模块，即可看到仿真结果，如图 8-22 所示。

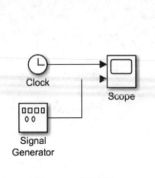

图 8-21　模型图

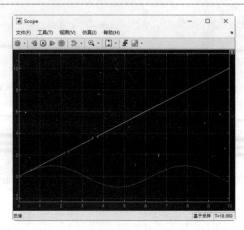

图 8-22　仿真结果

1. 添加断点

（1）选中 Clock 模块的输出信号，右击，从弹出的快捷菜单中选择"添加条件断点"命令，或在"调试"选项卡的"断点"功能组中单击"添加断点"按钮，打开"添加条件断点"对话框。在该对话框中设置信号值大于 3 时暂停仿真，如图 8-23 所示。

（2）单击"确定"按钮关闭对话框，在模型文件中的指定信号线上可看到添加的断点图标🔵，如图 8-24 所示。

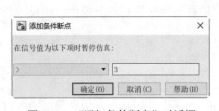

图 8-23　"添加条件断点"对话框

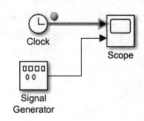

图 8-24　添加断点

（3）在"仿真"选项卡中单击"运行"按钮，在示波器中可以看到添加断点后的运行结果如图 8-25 所示。在模型编辑窗口的状态栏中可以看到仿真已暂停，以及暂停仿真时的时间值 T，如图 8-26 所示。

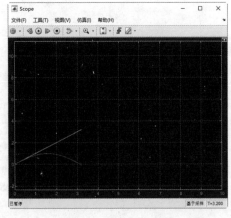

图 8-25　仿真运行结果

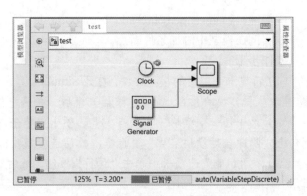

图 8-26　暂停仿真时的状态

仿真暂停后，单击"仿真"选项卡或示波器中的"继续"按钮可继续运行仿真。

2. 编辑断点

在模型中编辑条件断点的具体方法如下。

（1）单击断点图标，或在"调试"选项卡的"断点"选项组中单击"断点列表"按钮，即可在编辑区下方显示"断点列表"窗格，该窗格中显示当前模型中的所有断点，如图 8-27 所示。

图 8-27 "断点列表"窗格

（2）单击"条件"栏中的下拉按钮，打开"添加条件断点"对话框，修改条件及条件值。

（3）单击"已启用"栏中的复选框，启用或禁用指定的断点。单击窗格左上角的◉按钮，启用或禁用当前模型中的所有断点。

（4）单击"删除"按钮✖，删除指定的断点。单击◉ 按钮，利用弹出的下拉菜单可删除所选断点或所有断点。

8.4.2 Simulink 调试器

在"调试"选项卡的"断点"选项组中单击"调试模型"按钮，打开"Simulink 调试器"窗口，如图 8-28 所示。

图 8-28 "Simulink 调试器"窗口

利用"Simulink 调试器"中的"断点"和"仿真循环"选项卡可设置无条件断点。

1. 使用"Simulink 调试器"的快捷按钮设置断点

（1）单击"开始/继续"按钮对模型进行仿真，自动切换到"仿真循环"选项卡。

（2）在工具栏中单击"越过当前方法"按钮▣，直到 simulationPhase 突出显示，如图 8-29 所示。

（3）单击"步入当前方法"按钮▣进入要设置断点的位置，然后单击"在所选模块之前中断"按钮▣，即可在指定位置添加无条件断点。此时切换到"断点"选项卡，在"中断/显示点"窗格中可以看到所选模块的名称，如图 8-30 所示。

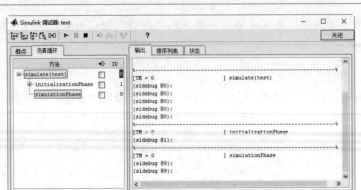

图 8-29　越过当前方法

图 8-30　显示所选模块的名称

通过取消指定模块后边的断点复选框可临时取消指定的断点。

选中要删除的断点所在模块，单击"删除所选点"按钮，可删除指定的断点。

2. 在"Simulink 调试器"的"仿真循环"选项卡中设置断点

切换到"仿真循环"选项卡，勾选需要设置断点的模块，如图 8-31 所示，即可在特定方法调用处设置断点；取消勾选相应的复选框，可删除断点。

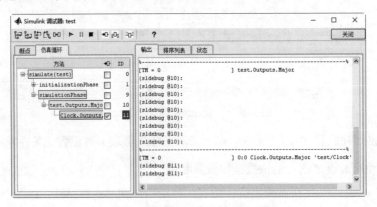

图 8-31　在"仿真循环"选项卡中设置断点

扫一扫，看视频

动手练一练——调试 Van der Pol 方程模型

打开 Simulink 内置的模型文件，启动调试器分步运行仿真。

📝 **思路点拨：**

源文件：yuanwenjian\ch06\vdp.m
（1）使用 sim 命令在调试模式下打开 vdp.m。
（2）使用 stop 命令停止仿真，启动"Simulink 调试器"。
（3）使用各种步进方式将仿真从当前暂停时的所在方法推进到下一方法。
（4）关闭"Simulink 调试器"。

8.4.3 在 MATLAB 命令行窗口中设置断点

在 MATLAB 命令行窗口中设置断点，只适用于命令调试模式。关于设置断点的 MATLAB 命令，见表 8-4。

表 8-4 设置断点的 MATLAB 命令

命 令	功 能
break	在指定模块前设置断点
bafter	在指定模块后设置断点
ebreak	在求解错误的地方设置断点
tbreak	清除或设置一个时间断点
xbreak	当仿真步长超出步长限制时
zcbreak	发生过零点时间之前
nanbreak	在数值溢出或无穷大时设置或消除断点
rbreak	在重置求解器之前中断仿真

在 MATLAB 命令调试模式中，分别使用命令 break 和 bafter 在模块的前端和后端设置断点，用 clear 命令删除断点。

在 MATLAB 中，break 命令用于在指定模块之前插入断点，它的调用格式见表 8-5。

表 8-5 break 命令的调用格式

调 用 格 式	说 明
break	在当前方法之前插入断点
b	与 break 方法相同
break m:mid	mid 表示插入断点的方法 id
break mdl	在 mdl 参数指定的顶层模型的每个方法前插入断点
break mdl [mth] [tid:TID]	在模型 mdl 指定名称或 id 的方法前插入断点
break <(taskIdx)sysIdx:blkIdx | gcb> [mth] [tid:TID]	sysIdx:blkIdx 表示制定的系统块 id，gcb 表示当前选定的模块，sysIdx 表示系统 id
break <(taskIdx)sysIdx:blkIdx | gcb>	在指定的方法每次调用之前插入一个断点
break <s:sysIdx | gcs> [mth] [tid:TID]	在当前选定的非虚拟系统的每个方法上插入一个断点，gcs 表示目前选定的系统
break modelName [mth] [tid:TID]	modelName 表示目前选定的模式
break modelName < (taskIdx) sysIdx:blkIdx> [mth] [tid:TID]	mth 表示方法名称

在 MATLAB 中，clear 命令用于从模型中删除断点，它的调用格式见表 8-6。

表 8-6　clear 命令的调用格式

调 用 格 式	说　　明
clear	从当前方法中删除断点
cl	clear 的缩写
clear m:mid	从 mid 指定的方法中删除断点
clear id	删除由断点 id 指定的断点
clear sysIdx:blkIdx	删除由 sysIdx:blkIdx 指定的模块的方法中设置的任何断点
clear gcb	删除当前所选模块的方法中设置的任何断点

在条件中断中，不确定模型是否发生中断，每次发生中断的情况也不相同，但这些情况并不会改变断点。例如，用户使用 break 命令设置好断点，不管在什么情况下，当模型运行到断点时都会自动暂停。另外，用于条件中断的命令有 nanbreak、xbreak 和 zcbreak。

1. nanbreak

当模型仿真过程中出现无穷大时，用 nanbreak 命令设置断点。设置好断点以后，当仿真出现溢出时，调试器会自动中断仿真。

2. xbreak

使用 xbreak 命令设置的中断主要针对变步长求解器，当求解器所采用的步长超过模型的步长限制时，仿真就会自动中断。

3. zcbreak

当需要对模型的过零情况进行中断时，可使用 zcbreak 命令。暂停之后，命令行窗口中会显示中断在模型中的位置、时间及过零点是上升还是下降。

扫一扫，看视频

实例——在模型中设置过零点断点

源文件：yuanwenjian\ch08\zcbreak_demo.m
本实例在示例模型中添加过零点断点。

操作步骤

在命令行中输入以下程序。

```
%在调试模式下启动内置模型 zeroxing.slx 仿真，打开如图 8-32 所示的模型文件及示波器窗口
>> sldebug zeroxing
警告：对此模型启用‘信号存储重用’。调试器中显示的模块 I/O 值可能不正确。
为了保留模块输出信号值，请在“配置参数”对话框中搜索‘信号存储重用’并清除复选框


%--------------------------------------------------------------%
[TM = 0                    ] simulate(zeroxing)
(sldebug @0): >> zcbreak          %在模型中添加过零点断点
发生过零事件时中断：已启用

(sldebug @0): >> c                %从当前断点处继续仿真，直到另一个断点或最后一个时间步
在以下位置检测到的过零事件的左侧(过零事件之前的主时间步处)，在运行模型输出之前暂停模型执行：
  6[-0] 0:4:2 Saturate 'zeroxing/Saturation'
%--------------------------------------------------------------%
[TzL= 0.34350110879328083   ] zeroxing.Outputs.Major
(sldebug @20): >> c               %继续仿真，此时的仿真图形如图 8-33 所示
```

在以下位置检测到的过零事件的右侧 (过零事件之后的主时间步处)，在运行模型输出之前暂停模型执行：

```
  6[-0] 0:4:2 Saturate  'zeroxing/Saturation'
%------------------------------------------------------------%
[TzR= 0.34350110879328438    ] zeroxing.Outputs.Major
(sldebug @20): >> stop          %停止仿真
%------------------------------------------------------------%
%Simulation stopped
ans =
  Simulink.SimulationOutput:

    SimulationMetadata: [1x1 Simulink.SimulationMetadata]
          ErrorMessage: [0x0 char]
```

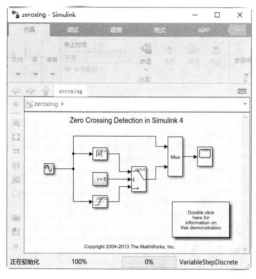

图 8-32　模型文件

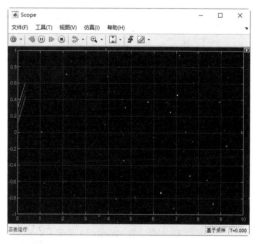

图 8-33　调试模式下的仿真结果

停止仿真后，单击示波器窗口中的"运行"按钮，显示没有设置断点的仿真结果，如图 8-34 所示。

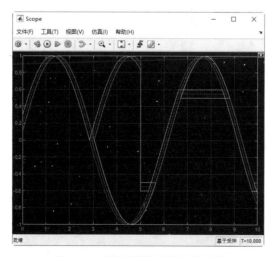

图 8-34　没有设置断点的仿真结果

8.5　仿 真 分 析

Simulink 主要功能是对系统各个组件随时间流逝的行为变化进行仿真。简单来讲就是，采用一个时钟，按时间确定各个模块的仿真顺序，并在仿真过程中依次将上一个模块图计算得出的输出传播到下一个模块，直至最后一个模块。

Simulink 的仿真性能和精度受许多因素的影响，包括模型的设计、仿真参数的设置等。可以通过设置不同的相对误差或绝对误差参数值，比较仿真结果，并判断解是否收敛。

8.5.1　仿真的运行和分析

仿真结果的可视化是 Simulink 建模的一个特点，而且 Simulink 还可以分析仿真结果。仿真运行方法包括以下 3 种。

- 单击工具栏中的"运行"按钮 ⊙。
- 通过命令行窗口运行仿真。
- 从 M 文件中运行仿真。

为了使仿真结果能达到一定的效果，仿真分析还可以采用几种不同的分析方法。

1．仿真结果输出分析

在 Simulink 中输出模型的仿真结果有以下 3 种方法。

- 在模型中将信号输入 Scope 模块或 XY Graph 模型。
- 将输出写入 To Workspace 模块，然后使用 MATLAB 绘图功能。
- 将输出写入 To File 模块，然后使用 MATLAB 文件读取和绘图功能。

2．线性化分析

线性化就是将所建模型用如下的线性时不变模型进行近似表示：

$$\begin{cases} \dot{x} = Ax + Bu \\ y = Cx + Du \end{cases}$$

其中，x、u、y 分别表示状态、输入和输出的向量。模型中的输入/输出必须使用 Simulink 提供的输入（In1）和输出（Out1）模块。

一旦将模型近似表示成线性时不变模型，大量关于线性的理论和方法便可以用于分析模型。

在 MATLAB 中使用 linmod 和 dlinmod 函数来实现模型的线性化，其中，函数 linmod 用于连续模型，函数 dlinmod()用于离散系统或混杂系统。其具体使用方法如下。

- [A,B,C,D] =linmod('sys')
- [A,B,C,D]=dlinmod('sys',Ts)

8.5.2　平衡点分析

平衡点也称为均衡点，是指当动态系统处于稳定状态时该系统参数空间中的点。例如，飞机的平衡点就是使飞机保持水平直飞的一个控制设置。从数学上讲，平衡点是指系统的状态导数等于 0 时的点。

Simulink 通过 trim()函数计算动态系统的平衡点。需要注意的是，并不是所有时刻都能找到平衡点，如果 trim()函数找不到平衡点，它将返回搜索过程中遇到的状态导数在极小化极大意义上最接近 0 的点。也就是说，返回与导数的零点之间最大偏差最小时的点。trim()函数的调用格式见表 8-7。

表 8-7 trim()函数的调用格式

调 用 格 式	说 明
[x,u,y,dx] = trim('sys')	采用逐次二次规划算法从初始点开始搜索，直到找到模型 'sys' 的最接近的平衡点为止
[x,u,y,dx] = trim('sys',x0,u0,y0)	对于系统 abs([x-x0; u-u0; y-y0])，查找最接近 x0、u0、y0 的平衡点
[x,u,y,dx] = trim('sys',x0,u0,y0,ix,iu,iy)	对于 abs([x(ix)-x0(ix); u(iu)-u0(iu); y(iy)-y0(iy)])，查找最接近 x0、u0、y0 的平衡点，整数向量 ix、iu 和 iy 选择必须满足的 x0、u0 和 y0 值
[x,u,y,dx] − trim('sys',x0,u0,y0,ix,iu,iy,dx0,idx)	查找特定的非均衡点，dx0 指定搜索起点处的状态导数值，idx 是选择 dx0 搜索必须完全满足的值
[x,u,y,dx,options] = trim('sys',x0,u0,y0,ix,iu,iy, dx0,idx,options)	指定 trim 传递给优化函数（用于查找平衡点）的优化参数数组 options
[x,u,y,dx,options] = trim('sys',x0,u0,y0,ix,iu,iy, dx0,idx,options,t)	如果系统依赖于时间，则在上一语法格式的基础上，将时间设置为 t

8.5.3 配置测试点

测试点是指在模型中使用 Floating Scope 模块时，Simulink 保证能够观测到的一种信号。Simulink 可以将模型中的任何信号指定为测试点，将信号标记为测试点对使用 Dataset 日志记录格式的信号日志记录不会产生任何影响。

将信号指定为测试点的方法如下。

（1）右击要添加测试点的信号，在快捷菜单中选择"属性"命令，打开"信号属性"对话框。勾选"记录和可访问性"选项卡中的"测试点"复选框，如图 8-35 所示。

（2）单击"确定"按钮关闭对话框，此时添加测试点的信号线如图 8-36 所示。

图 8-35 "信号属性"对话框

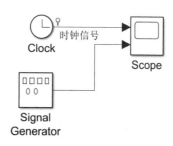

图 8-36 添加测试点的信号线

（3）在"调试"选项卡中单击"叠加信息"→"信号标记"→"测试点"按钮，如图 8-37 所示，可以启用或禁用该选项，用于显示或隐藏测试点指示符。

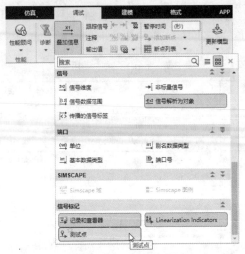

图 8-37　单击"测试点"按钮

8.5.4　步进/步退仿真

在 Simulink 中，单步调试命令是指用户从一个模块执行到另外一个模块，从一个时间点执行到另外一个时间点，或者从一个端点执行到下一个端点。单时间步内模块单步执行的步进仿真又分为步进和步退。

1. 配置仿真步

在"调试"选项卡中单击"步退"下拉列表中的"配置仿真步"命令，自动弹出"仿真步选项"对话框，如图 8-38 所示。

勾选"启用步退"复选框后，可以设置最大保存回退步数和回退步间隔，并指定步进/步退数。

完成参数设置后，单击"确定"按钮关闭对话框。

图 8-38　"仿真步选项"对话框

2. 步进仿真

单击"步进"按钮![步进]，在仿真过程中进行单步执行，向前执行一个仿真步，同时软件存储该仿真步的仿真快照；再次单击"步进"按钮![步进]，再次步进并存储仿真数据。

3. 步退仿真

单击"步退"按钮![步退]，在仿真过程中进行单步执行，向后执行一个仿真步。必须执行步进才能创建步退操作所需的仿真状态，即必须先执行步进才能步退相同的仿真步。

4. 停止仿真

单击工具栏中的"停止"按钮![停止]，停止运行仿真。

实例——对模型进行步进和步退仿真

扫一扫，看视频

源文件：yuanwenjian\ch08\step_forward_back.m

本实例通过调试一个示例模型，演示步进和步退仿真的操作。

操作步骤

（1）在 MATLAB 命令行窗口中执行以下命令。

```
>> datatypedemo          %打开一个示例模型
```

打开如图8-39所示的模型文件，以及两个示波器窗口。

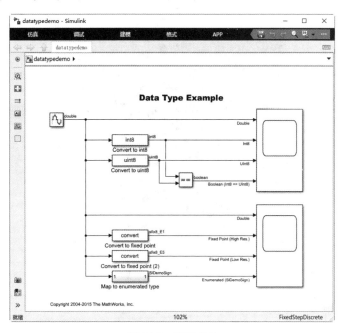

图8-39　模型文件

（2）在"仿真"选项卡中单击"步退"按钮，打开"仿真步选项"对话框，勾选"启用步退"复选框，然后设置"步进/步退数"为30步，如图8-40所示。然后单击"确定"按钮关闭对话框。

（3）在"仿真"选项卡中单击"步进"按钮20次，仿真会执行20个仿真步，并存储该仿真步的仿真快照。在示波器中可以看到仿真结果，如图8-41所示。

图8-40　设置仿真步选项

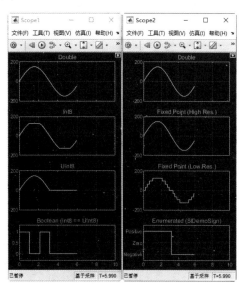

图8-41　步进仿真结果

（4）在"仿真"选项卡中单击"步退"按钮 3 次，在示波器中可以看到步退的仿真快照，如图 8-42 所示。

（5）在"仿真"选项卡中单击"停止"按钮，停止仿真。

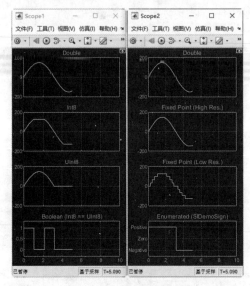

图 8-42　步退仿真结果

8.5.5　仿真错误诊断

在运行过程中遇到错误时，程序将停止仿真，并弹出"诊断查看器"窗格，如图 8-43 所示。通过该窗格，可以了解模型出错的位置和原因。

单击错误左侧的展开按钮，其详细地列出了每个错误的详细信息，包括出错原因和对应的模块，如图 8-44 所示。

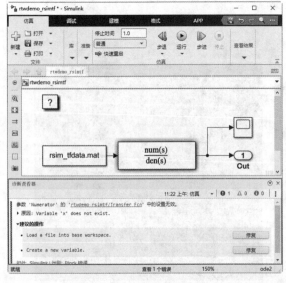

图 8-43　"诊断查看器"窗格

图 8-44　显示详细的错误信息

单击模块名称,模型文件中对应的模块以黄色加亮显示,如图 8-45 所示。如果单击模块参数名称,则弹出对应的模块参数设置对话框,并在出错的参数旁显示错误图标 ⚠ 。

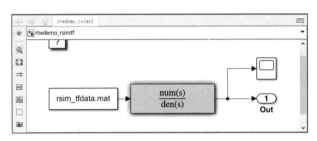

图 8-45 加亮显示出错模块

8.6 优化仿真过程

Simulink 的仿真质量的好坏受多方面因素的影响,一般主要与仿真模型的好坏和仿真参数设置得是否适当有关。对于模型的创建,具体问题具体分析,本书无法进行统一描述,只能从仿真参数的角度来描述影响仿真质量的具体因素。

求解器的默认设置能够满足大多数问题的速度和精度要求,但有时调整某些求解器或仿真配置的参数可能会获得更好的仿真结果,尤其当用户了解系统模型的基本特性,并将这种特性提供给求解器时,有可能在很大程度上改善仿真的结果。

下面介绍改善仿真结果的方法。

1. 设置仿真速度

在“仿真”选项卡中单击“运行”下拉按钮,从弹出的下拉菜单中选择“仿真调速”命令,弹出“仿真调速选项”对话框。

勾选“启用调速以减慢仿真”复选框,如图 8-46 所示,可减缓仿真速度。每秒仿真时间默认值为 1,调整滑块,可自动更新数值。

图 8-46 “仿真调速选项”对话框

2. 提高仿真速度

影响 Simulink 仿真速度的主要因素及解决方法如下。

(1) 仿真的时间步长太小。针对这种情况,可以把最大仿真步长参数设置为默认值 auto。

(2) 仿真时间过长。可酌情减少仿真的时间。

(3) 选择了错误的解法。针对这种情况,可以通过改变求解器来解决。

(4) 仿真的精度要求过高。仿真时,如果绝对误差限度太小,则会使仿真在接近零的状态附近耗费过多时间。通常,相对误差限为 0.1% 就已经足够了。

(5) 模型包含一个外部存储模块。尽量使用内置存储模块。

3. 改善仿真精度

检验仿真精度的方法是,通过修改仿真的相对误差限和绝对误差限,并在一个合适的时间跨度反复运行仿真,以对比仿真结果有无大的变化,如果变化不大,表示解是收敛的,说明仿真的精度是有效的，结果是稳定的。

如果仿真结果不稳定，其原因可能是系统本身不稳定或仿真解法不适合。如果仿真的结果不精确，其原因很可能如下。

（1）模型有取值接近零的状态。如果绝对误差过大，会使仿真在接近零的区域内运行的时间太短。解决办法是修改绝对误差参数或修改初始的状态。

（2）如果改变绝对误差限不能达到预期的误差限，则修改相对误差限，使可接受的误差降低，并减小仿真的步长。

实例——Simulink 三相异步电机仿真

源文件： yuanwenjian\ch08\Three_phase_motor.slx

本实例创建三相异步电机仿真模型。

操作步骤

（1）创建模型文件。在 MATLAB"主页"选项卡中选择"新建"→"Simulink 模型"命令，打开"Simulink 起始页"窗口。单击"空白模型"，进入 Simulink 编辑窗口，创建一个 Simulink 空白模型文件。

（2）打开库文件。在"仿真"选项卡中单击"库浏览器"按钮，打开 Simulink 库浏览器。

（3）放置模块。

1）选择三相电源元件，实际上可供选择的模型有很多种，本实例直接利用 3 个 AC Voltage Source（正弦电压源）模块构建三相电源。

在 Simulink 库浏览器的搜索栏中输入关键字 AC Voltage Source，单击搜索栏右侧的"搜索"按钮，在搜索结果中显示 AC Voltage Source 模块。在搜索结果上右击，从弹出的快捷菜单中选择"在库视图中选择"命令，在对话框中显示模块所在的位置，如图 8-47 所示。在该模型中放置 3 个 AC Voltage Source 模块。

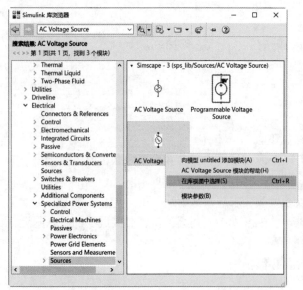
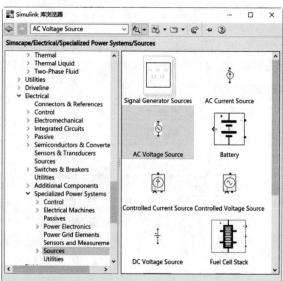

图 8-47 选择电压源模块

选中任意一个模块，单击"格式"选项卡中的"自动名称"下拉按钮，从弹出的下拉菜单中取消勾选"隐藏自动模块名称"复选框，此时将显示所有模块的名称。

　　按住 Shift 键选中 3 个模块，单击"格式"选项卡中的"顺时针旋转90°"按钮 。然后调整 3 个模块的位置和模块标签位置，如图 8-48 所示。

　　双击 AC Voltage Source 模块，打开相应的参数设置对话框。设置 Peak amplitude（峰值）为 380，Phase（相位）为 120，Frequency（频率）为 20，如图 8-49 所示。

　　设置其余两个正弦电压源模块 AC Voltage Source1、AC Voltage Source2 的相位分别为 0、–120，峰值与频率皆相同。

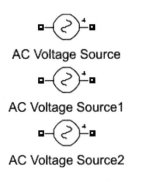

图 8-48　调整模块和标签位置　　　　　　图 8-49　设置 AC Voltage Source 模块参数

　　2）选择三相电机元件。在搜索栏中输入关键字 Asynchronous Machine，单击搜索栏右侧的"搜索"按钮 ，在搜索结果中选择 Asynchronous Machine（三相电机）模块，如图 8-50 所示，将其添加到模型中。

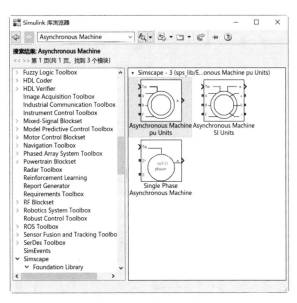

图 8-50　三相电机模块

　　双击 Asynchronous Machine 模块，打开相应的参数设置对话框，设置如下参数。

❧　在 Configuration（配置）选项卡中，设置 Rotor type（电机转子类型）为 Squirrel-cage（鼠笼式），Mechanical input（机械输入量）为 Torque Tm（转矩），如图 8-51 所示。

❧　在 Parameters（参数）选项卡中，第一行设置为[1500 380 50]，第二行设置为[0.435 0.002]，第

三行设置为[0.816 0.002]，如图 8-52 所示。

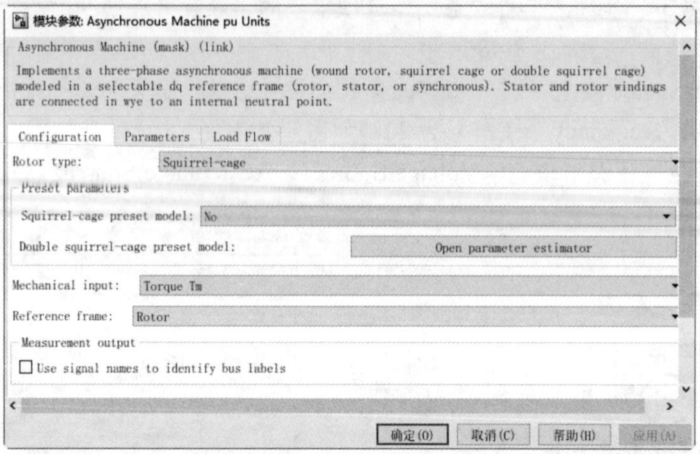

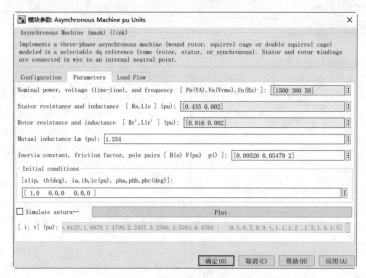

图 8-51　电机参数设置（1）

图 8-52　电机参数设置（2）

3）检测模块。选用总线 Bus Selector（总线选择器）模块，用于分离电机参数。

使用同样的方法在模块库中搜索 Bus Selector 模块，将其添加到模型中。连接模块，如图 8-53 所示。

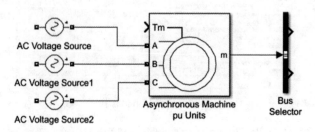

图 8-53　连接总线

双击 Bus Selector 模块打开相应的参数设置对话框，从左侧"参数"列表框中选择四组检测量，单击"选择"按钮，添加到右侧"所选元素"列表框中。选择的检测量包括：检测转子 Rotor current ir_a (pu)、定子电流 Stator current is_a(pu)、电机转速 Rotor speed (wm)和转矩 Electromagnetic torque Te (pu)，如图 8-54 所示。

Bus Selector 模块默认包含两路信号，配置好参数后的 Bus Selector 添加了两个支路，并将电机信号分为四组参数：检测转子、定子电流、电机转速、转矩，如图 8-55 所示。

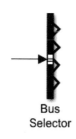

图 8-54　选择检测变量　　　　　　　　　　　　图 8-55　配置好的总线模块

4）选择转矩量。由于在设置电机机械输入量的过程中，同时设置了转矩量，因此需要添加 Constant（常量）模块。

使用同样的方法在模块库中搜索 Constant 模块，将其添加到模型中，其参数设置如图 8-56 所示，取消勾选"将向量参数解释为一维向量"复选框，输出常量，不输出向量。

5）选择接地模块。在搜索栏中输入关键字 ground，单击搜索栏右侧的"搜索"按钮，在搜索结果中选择 Ground 模块，如图 8-57 所示，将该模块拖动到模型中。

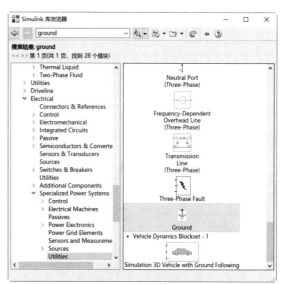

图 8-56　模块参数配置　　　　　　　　　　　　图 8-57　选择接地模块

6）配置示波器模块。使用同样的方法在模块库中搜索 Scope（示波器）模块，将其拖动到模型中。双击 Scope 模块，弹出 Scope 窗口，可以设置示波器参数。

单击工具栏中的"配置属性"按钮，进入参数配置界面。

❯ 在"常设"选项卡中，将输入端口个数设置为与被测参量数目相同，即 4，如图 8-58（a）所示。单击"布局"按钮，设置图形显示为 4 行 1 列。

❯ 在"时间"选项卡中，"时间跨度"为时间轴范围，设置为 2；"时间轴标签"表示坐标标签，控制各个波形图是否显示横坐标值，选择"全部"，如图 8-58（b）所示。

（a）"常设"选项卡

（b）"时间"选项卡

图 8-58　示波器参数设置

在菜单栏中选择"视图"→"样式"命令，弹出"样式：Scope"对话框，在该对话框中设置示波器显示样式。设置图窗颜色为白色，坐标区背景色为白色，刻度、标签和网格颜色为黑色，线宽为 1，线条颜色为红色，如图 8-59 所示。然后单击"应用"按钮。

在"活动画面"下拉列表中选择 2，设置线条颜色为蓝色，单击"应用"按钮。使用同样的方法设置活动画面 3 的线条颜色为黑色，活动画面 4 的线条颜色为绿色。设置完成后，单击 OK 按钮关闭对话框。

7）配置 powergui 模块。powergui 是电力系统仿真模块，是专门为电气工程领域研究人员提供的图形界面，可以设置解算器的解算方式，从而进行电网稳定性分析、傅里叶分解、潮流计算、阻抗频率响应等计算。

在模块库中搜索关键字 powergui，如图 8-60 所示，将其拖动到模型中。

图 8-59　示波器样式设置

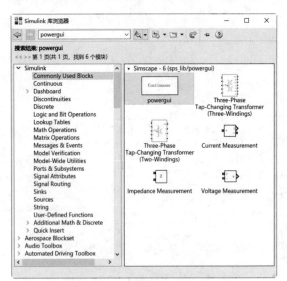

图 8-60　选择 powergui 模块

（4）连接信号线。进行模块端口连接，然后在"格式"选项卡中单击"自动排列"按钮，对连线结果进行自动布局，连接结果如图 8-61 所示。

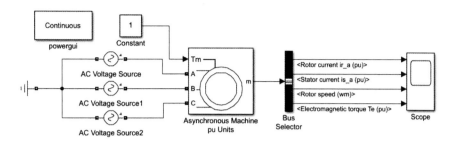

图 8-61　模块连接结果

（5）保存模型。在"仿真"选项卡中单击"保存"按钮，将生成的模型文件保存为 Thrcc_phase_ motor.slx。

（6）运行仿真。在"仿真"选项卡中单击"运行"按钮 ▶，编译完成后，双击打开示波器，即可看到仿真结果如图 8-62 所示。

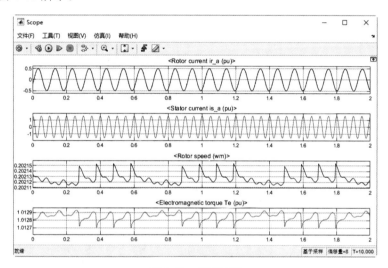

图 8-62　仿真结果

第 9 章　控 制 系 统

内容指南

本章对 Simulink 控制系统中的连续模块库进行简单介绍，详细介绍具体模块的功能、参数等，了解连续系统在当今社会的重要作用及 Simulink 在控制系统中的应用。现代控制理论的引入则为控制系统的更好发展打下了坚实的基础，在现代控制理论的指导下，控制系统将会发展得更加完善。

内容要点

- ➥ 控制系统的发展历程
- ➥ 常见的控制系统
- ➥ 控制系统的分类
- ➥ 现代控制理论
- ➥ 连续系统模型
- ➥ Continuous（连续系统）模块库

9.1　控制系统的发展历程

人们从 20 世纪 40 年代开始使用控制系统，早期的现场基地式仪表和后期的继电器构成了控制系统的前身。以 PLC 和 DCS 为代表，从 20 世纪 70 年代开始应用以来，控制系统在冶金、电力、石油、化工、轻工等工业过程控制中获得了迅猛的发展。从 20 世纪 90 年代开始，市场上陆续出现了现场总线控制系统、基于 PC 的控制系统等。

20 世纪 70 年代中期，由于设备大型化、工艺流程连续性要求高、要控制的工艺参数增多，而且条件苛刻，要求显示操作集中等，使得已经普及的电动单元组合仪表不能完全满足要求。在此情况下，业内厂商经过市场调查，确定开发的 DCS 产品以模拟量反馈控制为主，辅以开关量的顺序控制和模拟量开关量混合型的批量控制，它们可以覆盖炼油、石化、化工、冶金、电力、轻工及市政工程等大部分行业。

1975 年前后，在原来采用中小规模集成电路而形成的直接数字控制器（DDC）的自控和计算机技术的基础上，开发出了以集中显示操作、分散控制为特征的集散控制系统（DCS）。由于当时计算机并不普及，所以开发 DCS 强调用户不懂计算机也能使用 DCS。同时，开发 DCS 还强调向用户提供整个系统。此外，开发的 DCS 应做到与中控室的常规仪表具有相同的技术条件，以保证技术的可靠性、安全性。

在此后的近 30 年间，DCS 先与成套设备配套，而后逐步扩大到工艺装置的改造上，与此同时，DCS 也分为大型 DCS 和中小型 DCS 两类产品，使其性能价格比以往产品更具有竞争力。DCS 产品虽然在原理上并没有多少突破，但由于技术的进步、外界环境的变化和需求的改变，共出现了三代 DCS 产品。1975 年至 20 世纪 80 年代前期为第一代产品，20 世纪 80 年代中期至 90 年代前期为第二代产品，20 世纪 90 年代中期至 21 世纪初为第三代产品。

9.2 常见的控制系统

控制系统的工作原理是检测输出量（被控制量）的实际值，将输出量的实际值与给定值（输入量）进行比较得出偏差，再用偏差值产生控制调节作用去消除偏差，使得输出量维持期望的输出。

自动控制的应用实例有各种类型的伺服系统、火力控制系统、制导与控制系统等。在航天、航空和航海方面，除了各种形式的控制系统外，应用领域还包括导航系统、遥控系统和各种仿真器。

为了实现自动控制的基本任务，必须对系统在控制过程中表现出的行为提出要求。对控制系统的基本要求，通常是通过系统对特定输入信号的响应来满足的。简单地说，控制系统使被控制对象趋于某种需要的稳定状态。下面介绍采用不同技术实现系统稳定的常见控制系统。

9.2.1 现场总线控制系统

现场总线将成为工业控制发展的革命性飞跃，有关现场总线的报道层出不穷，其中令人关注的焦点集中在能否出现全世界统一的现场总线标准。

1. 现场总线的特点

现场总线的突出特点在于，它把集中与分散相结合的 DCS 集散控制结构变成新型的全分布式结构，把控制功能彻底下放到现场，依靠现场智能设备本身实现基本控制功能。现场总线的特点主要表现为以下几个方面。

（1）以数字信号完全取代传统的模拟信号：以数字信号完全取代传统 DCS 的 4~20mA 模拟信号，且双向传输信号。

（2）现场总线实现了结构上的彻底分散：现场总线在结构上只有现场设备和操作管理站两个层次，将传统 DCS 的 I/O 控制站并入现场智能设备，取消了 I/O 模件，现场仪表都是内装微处理器的，输出的结果直接发送到邻近的调节阀上，完全不需要经过控制室主控系统，这实现了结构上的彻底分散。

（3）总线网络系统是开放的：将系统集成的权力交给用户，用户可以按自己的需要和考虑，把来自不同供应商的产品组成规模各异的系统。

2. 当前的现场总线标准

现场总线技术是 20 世纪 80 年代后期诞生的网络通信技术，经历十几年左右的发展，国际上出现了几个有代表性的现场总线标准和系列产品。

（1）现场总线基金会（Foundation Fieldbus，FF）标准。

在现场总线标准的研究制订过程中，出现过多种企业集团或组织。通过不断的竞争，到 1994 年在国际上基本上形成了两大阵营，以 ISP 协议为首，联合欧洲 150 家公司制订的 World FIP 协议。这两大集团于 1994 年合并，成立现场总线基金会，该基金会致力于开发国际上统一的现场总线协议。FF 的协议符合 IEC1158-2 标准，也称为 SP50 标准。

（2）Profibus 现场总线标准。

Profibus 现场总线标准是作为德国国家标准和欧洲国家标准的现场总线标准，是研究所共同推出的。它采用了 OSI 模型的物理层和数据链路层。现场总线信息规范（FMS）型则只隐去了 OSI 标准的第 3～6 层，采用了应用层。

（3）LonWork（Local Operating Network，局部操作网）现场总线标准。

LonWork 现场总线标准干 1990 年正式推出。它采用 ISO/OSI 模型的全部 7 层协议，使用面向对象的设计方法，通过网络变量把网络通信设计简化为参数设置，其最大传输速率为 1.5Mbps，传输距离为 2700m，传输介质可以是双绞线、光缆、射频、红外线和电力线等。

（4）控制局域网（Control Area Network，CAN）控制网络标准。

控制局域网控制网络标准用于汽车内部测量与执行部件之间的数据通信。CAN 结构模型取 ISO/OSI 模型中的第 1、2、7 层协议，即物理层、数据链路层和应用层。

9.2.2　开放式控制系统

长期以来，制造与生产企业所采用的控制系统大多是专用的、封闭的体系结构，其构成系统的硬件是按照各自的标准量身定制的。无论是 DCS、PLC 还是 FCS，虽然它们具有结构简单、技术成熟、产品批量大等优点，但相对日新月异的生产要求，它们也逐渐暴露出其固有的缺点。

由于市场竞争越来越激烈，从而要求制造商具有较强的市场适应能力，这一趋势促成了一个新概念的产生，即模块化、可重构、可扩充的软/硬件系统，这就是开放式控制系统。这一系统为制造厂提供了将其技术与任何第三方的技术或产品进行集成的可能性。

根据国际权威机构美国自动化市场研究公司 ARC（Automation Research Corp）调查统计，在亚洲，基于 PC 的控制系统、以太网的 I/O 模件等开放式系统的销售额预计近两年的增幅达到 145%，所以，在控制系统市场中，开放系统的增长率远远高于传统的控制系统。

9.2.3　PC-BASED 控制系统

历史上，VME 总线工业控制机一直是许多嵌入式应用的首选机型。1981 年，Mostek、Motorola、Philip 和 Signetics 公司发明了 VME 总线，1996 年的新标准 VME64（ANSI/VITA1-1994）将总线数据宽度提升到 64 位，最大数据传输速度为 80Mb/s。由 Force Computers 制定的 VME64x 总线规范将总线速度提高到了 320Mb/s。VME 总线工控机是实时控制平台，大多数运行的是实时操作系统，并由操作系统制造商提供专用的软件开发工具开发应用程序。VME 总线最新产品已经采用了 500MHz 的 Pentium Ⅲ处理器。

由于用户希望使用与所熟悉的桌面 PC 相同的操作系统和开发工具，这导致开放式桌面 PC 在工业环境中的直接应用。除了 VME 总线工控机外，制造商还生产了一系列基于 PC 的、与 ISA/PCI 总线标准兼容的嵌入式工控机，其中比较有代表性的是 CompactPCI/PXI 总线、AT96 总线、STD 总线、STD32 总线、PC/104 和 PC/104-Plus 总线嵌入式工业控制机。

随着英特尔 CPU 和微软 DOS/Windows 架构演变成事实上的标准（Wintel），ISA/PCI 总线加固型工业 PC（IPC）开始向工业领域渗透。然而，虽然加固型工控机对基于大母板的桌面机进行了工业化改造，但其背板技术仍然存在许多缺点，如不良的热设计、不良的连接方式、不标准的模板尺寸和有限的 PCI 插槽数（最多 4 个）等。

1995 年 6 月 PCI SIG 正式公布了 PCI 局部总线规范 2.1 版，同时 PICMG 推出了第一个标准 PCI/ISA

无源背板总线标准。为了将 PCI SIG 的 PCI 总线规范用于工业控制计算机系统中，1995 年 11 月，PCI 工业计算机制造者联合会（PICMG）颁布了 CompactPCI 规范 1.0 版。由于 CPCI 总线工控机良好地解决了可靠性和可维护性问题，而且基于微软的软件和开发工具的价位比较低，所以 CPCI 工控机得以迅速打入嵌入式产品市场。但相对于 PCI/ISA 加固型工控机而言，由于总体成本高、技术开发难度大、无源背板定义并不完全统一导致模板配套性差、电磁兼容性设计要求高等因素，CPCI 工控机在工业过程控制领域并未得到实际应用，相反在电信市场获得广泛应用。

9.2.4 电气控制系统

电气控制系统一般称为电气设备二次控制回路，不同的设备有着不同的控制回路，主要分为高压电气设备与低压电气设备两种控制方式。

1. 控制方法

根据设备不同的要求，电气控制方法也不同，包括以下几个方面的控制。

- ⬎ 由继电器接触器控制。
- ⬎ 触点控制。
- ⬎ 无触点逻辑控制。
- ⬎ 可编程控制。
- ⬎ 控制器控制。

2. 电气控制系统设计方案

电气控制系统设计要能够充分满足现场对控制设备的需求，主要设计需考虑到具备简便、可靠、经济、适用等特点，以保证控制方式与控制需要相适应，与通用化程度相适应，并做到充分满足工艺要求，具有良好的通用性和灵活性。

（1）第一种控制系统：单片机+PC 联合作用的控制系统。单片机的成本更低，更轻便，更能灵活地嵌入硬件切割机内。但单片机的最大缺点是处理能力不够强大，所以很多复杂的控制程序必须要单片机结合 PC 来共同完成。

（2）第二种控制系统：以 PC 作为处理平台的控制系统。这种控制系统是最容易设计也是最容易实现的，其灵活性高，原因是以 PC 为处理平台的控制器有着丰富且大家都很熟悉的软/硬件资源，所以这样的控制平台设计性很强大，运作性能也很强大。如果能充分地利用 PC 软/硬件资源，则设计灵活和复杂的控制程序显得轻而易举。但缺点是这种控制系统不能脱离 PC 独立运行，所以相对来说成本会显得比其他方式更高。

9.3 控制系统的分类

1. 根据有无反馈分类

（1）无反馈称为开环控制系统（open-loop control system）。

（2）有反馈称为闭环控制系统（closed-loop control system）。

2. 根据采用的信号处理技术的不同分类

（1）模拟控制系统。采用模拟技术处理信号的控制系统称为模拟控制系统。

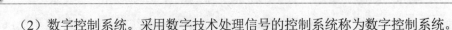

（2）数字控制系统。采用数字技术处理信号的控制系统称为数字控制系统。

3．根据输入量是否恒定分类

（1）输入量是恒定的控制系统一般称之为恒值控制系统，如恒速电机、恒温热炉等。

（2）输出量随着输入量的变化而变化的控制系统称为随动系统，如导弹自动瞄准系统等。

9.3.1　反馈控制系统

对输出量与参考输入量进行比较，并且将它们的偏差作为控制手段，以保持两者之间预定关系的系统，称为反馈控制系统。室温控制系统就是反馈系统的例子。通过实际室温，并且将其与参考温度（希望的室温）进行比较，温室调机器就会按照某种方式，加温或冷却设备打开或关闭，从而将室温保持在使人们感到舒适的水平，且与外界条件无关。反馈系统并不限于工程系统，在各种不同的非工程领域，同样也存在着反馈控制系统。

9.3.2　闭环控制系统

反馈控制系统通常属于闭环控制系统。在实践中，反馈控制系统和闭环控制系统这两个术语通常交换使用。在闭环控制系统中，作为输入信号与反馈信号（反馈信号可以是输出信号本身，也可以是输出信号的函数及其倒数和/或其积分）之差的作用误差信号被传送到控制器，以减小误差，并且使系统的输出达到希望的值。闭环系统意味着采用反馈控制作用，以减小系统误差。

9.3.3　开环控制系统

系统的输出量对控制作用没有影响的系统，称为开环控制系统。换句话说，在开环控制系统中，既不需要对输出量进行测量，也不需要将输出量反馈到系统的输入端与输出端进行比较。

在任何开环控制系统中，均无须将输出量与参考输入量进行比较。因此，对应于每一个参考输入量，都有一个固定的工作状态与之对应。这样，系统的精确度便取决于标定的精确度。当出现扰动时，开环系统便不能完成既定任务了。在实践中，只有当输入量与输出量之间的关系一致，并且不存在内部扰动，也不存在外部扰动时，才能使用开环控制系统。

闭环控制系统的优点是采用了反馈，因而使系统的响应对外部干扰和内部系统的参数变化均不敏感。这样，对于给定的控制对象，有可能采用不太精密且成本较低的元件可能会构成精确的控制系统。在开发情况中，就不能做到这一点。

从稳定性的观点出发，开环控制系统比较容易建造，因而对开环系统来说，稳定性不是主要问题。但是另一方面，在闭环控制系统中，稳定性始终是一个重要的问题，因为闭环控制系统可能会引起过调误差，从而导致系统进行等幅振荡或变幅振荡。

9.4　现代控制理论

工程系统正朝着更加复杂的方向发展，这主要是由复杂的任务和高精度的要求引起的。复杂系统具有多输入量和多输出量，并且是时变的。由于需要满足控制系统性能提出的日益严格的要求，系统的复杂程度越来越大，并且要求能够方便地用大型计算机对系统进行处理。一种对复杂控制系统进行分析和设计的新方法，即现代控制理论，大约从 1960 年开始发展起来，这种新方法是建立在状态概念之上的。状态本身并不是一个新概念，在很长一段时间内，它已经存在于古典动力学和其他一些领域中。

现代控制理论是建立在状态空间法基础上的一种控制理论，是自动控制理论的一个主要组成部分。在现代控制理论中，对控制系统的分析和设计主要是通过对系统的状态变量的描述进行的，其基本的方法是时间域方法。现代控制理论比经典控制理论所能处理的控制问题要广泛得多，包括线性系统和非线性系统、定常系统和时变系统、单变量系统和多变量系统。它所采用的方法和算法也更适合在数字计算机上进行。现代控制理论还为设计和构造具有指定的性能指标的最优控制系统提供了可能性。现代控制理论的名称是在 1960 年以后开始出现的，用于区别当时已经相当成熟并在后来被称为经典控制理论的那些方法。现代控制理论已在航空航天技术、军事技术、通信技术、生产过程等方面得到广泛的应用，另外，现代控制理论的某些概念和方法还被应用于人口控制、交通管理、生态系统、经济系统等研究中。

9.4.1　现代控制理论发展过程

现代控制理论是在 20 世纪 50 年代中期迅速兴起的空间技术的推动下发展起来的。空间技术的发展迫切要求建立新的控制原理，以解决诸如把宇宙火箭和人造卫星用最少燃料或最短时间准确地发射到预定轨道一类的控制问题。这类控制问题十分复杂，而且采用经典控制理论难以解决。1958 年，苏联科学家 Л.C.庞特里亚金提出了名为极大值原理的综合控制系统的新方法。在这之前，美国学者 R.贝尔曼于 1954 年创立了动态规划，并在 1956 年应用于控制过程。他们的研究成果解决了空间技术中出现的复杂控制问题，并开拓了控制理论这一新的领域。1960—1961 年，美国学者 R.E.卡尔曼和 R.S.布什建立了卡尔曼-布什滤波理论，因而有效地考虑控制问题中所存在的随机噪声的影响，把控制理论的研究范围扩大，包括了更为复杂的控制问题。几乎在同一时期内，贝尔曼、卡尔曼等人把状态空间法系统地引入控制理论中。状态空间法对揭示和认识控制系统的许多重要特点具有关键的作用，其中能控制和能观测性尤为重要，成为控制理论两个最基本的概念。到 20 世纪 60 年代初，一套以状态空间法、极大值原理、动态规划、卡尔曼-布什滤波为基础分析和设计控制系统的新的原理和方法已经确立，这标志着现代控制理论的形成。

9.4.2　现代控制理论的学科内容

现代控制理论所包含的学科内容十分广泛，主要的方面有线性系统理论、非线性系统理论、最优控制理论、随机控制理论和适应控制理论。

1. 线性系统理论

线性系统理论是现代控制理论中最为基本和比较成熟的一个分支，着重于研究线性系统中状态的控制和观测问题，其基本的分析和综合方法是状态空间法。按所采用的数学工具，线性系统理论通常分成为三个学派：基于几何概念和方法的几何理论，代表人物是 W.M.旺纳姆；基于抽象代数方法的代数理论，代表人物是 R.E.卡尔曼；基于复变量方法的频域理论，代表人物是 H.H.罗森布罗克。

2. 非线性系统理论

非线性系统的分析和综合理论尚不完善。研究领域主要还限于系统的运动稳定性、双线性系统的控制和观测问题、非线性反馈问题等。更一般的非线性系统理论还有待建立。自 20 世纪 70 年代中期以来，由微分几何理论得出的某些方法分析给某些类型的非线性系统提供了有力的理论工具。

3．最优控制理论

最优控制理论是设计最优控制系统的理论基础，主要研究受控系统在指定性能指标实现最优时的控制规律及其综合方法。在最优控制理论中，用于综合最优控制系统的主要方法有极大值原理和动态规划。最优控制理论的研究范围正在不断扩大，诸如大系统的最优控制、分布参数系统的最优控制等。

4．随机控制理论

随机控制理论的目标是解决随机控制系统的分析和综合问题。维纳滤波理论和卡尔曼-布什滤波理论是随机控制理论的基础之一。随机控制理论的一个重要组成部分是随机最优控制，这类随机控制问题的求解有赖于动态规划的概念和方法。

5．适应控制理论

适应控制系统是在模仿生物适应能力的思想基础上建立的一类可自动调整本身特性的控制系统。适应控制系统的研究可归结为以下三个基本问题。

（1）识别受控对象的动态特性。

（2）在识别对象的基础上选择决策。

（3）在决策的基础上作出反应或动作。

9.5　连续系统模型

连续系统可用一组微分方程来描述。当微分方程的系数为常数时称为定常系统，当系数随时间而变化时则称为时变系统。这类系统的数学模型包括连续模型（微分方程等）、离散时间模型（差分方程等）及连续-离散混合模型。

9.5.1　连续系统的基本概念

与离散系统不同，连续系统是指系统输出在时间上连续变化，而非仅在离散的时刻采样取值。连续系统的应用非常广泛，下面给出连续系统的基本概念。

满足以下条件的系统为连续系统。

（1）系统输出连续变化。变化的间隔为无穷小量。

（2）对系统的数学描述来说，存在系统输入或输出的微分项（导数项）。

（3）系统具有连续的状态。在离散系统中，系统的状态为时间的离散函数，而连续系统的状态为时间连续量。

9.5.2　连续系统

设连续系统的输入变量为 $u(t)$，其中 t 为连续取值的时间变量，系统的输出为 $y(t)$，由连续系统的基本概念可以写出连续系统的最一般的数学方程，即

$$y(t) = f_c(u(t), t)$$

系统的实质为输入变量到输出变量的变换，其中，系统的输入变量与输出变量既可以是标量（单输入单输出系统），也可以是向量（多输入多输出系统），而且在系统的数学描述中含有系统输入或

输出的导数。

除了采用最一般的数学方程描述连续系统外，还可以使用连续系统的微分方程形式对连续系统进行描述，即

$$\dot{x}(t) = f_c(x(t), u(t), t) \rightarrow 微分方程$$
$$y(t) = g(x(t), u(t), t) \rightarrow 输出方程$$

这里 $x(t)$ 和 $\dot{x}(t)$ 分别为连续系统的状态变量、状态变量的微分。对于线性连续系统来说，由连续系统的微分方程描述可以容易地推导出连续系统的状态空间模型。这与使用差分方程对离散系统进行描述类似。下面举例说明连续系统的数学描述。

对于如下的连续系统：

$$y(t) = u(t) + \dot{u}(t) \qquad u(t) = t + \sin t, \ t \geq 0$$

显然此系统为单输入单输出的连续系统，且含有输入变量的微分项 $\dot{u}(t)$。根据此方程可以很容易得出系统的输出变量为

$$y(t) = t + \sin t + 1 + \cos t = t + \sin t + \cos t + 1, \ t \geq 0$$

9.5.3 线性连续系统

除了使用微分方程和输出方程这两种连续系统通用的形式描述线性连续系统之外，还可以使用传递函数、零极点模型与状态空间模型对其进行描述。与线性离散系统相类似，线性连续系统的传递函数模型与零极点模型采用连续信号的拉氏变换实现。

拉氏变换具有以下两个性质。

（1）线性性。即对于连续信号 $u_1(t)$ 和 $u_2(t)$，设它们的拉氏变换分别为 $L\{u_1(t)\}$ 与 $L\{u_2(t)\}$，则拉氏变换的线性性是指拉氏变换满足如下关系：

$$L\{\alpha u_1(t) + \beta u_2(t)\} = \alpha L\{u_1(t)\} + \beta L\{u_2(t)\}$$

（2）设连续信号的 $u(t)$ 拉氏变换为 $U(s)$，则 $\dot{u}(t)$ 的拉氏变换为 $sU(s)$，$\ddot{u}(t)$ 的拉氏变换为 $s^2 u(s)$。

同时对等式的两边进行拉氏变换，然后将其化为分式的形式，则有

$$\frac{Y(s)}{U(s)} = \frac{1}{ms^2 + bs + k}$$

这便是系统的传递函数模型。一般来说，线性连续系统的拉氏变换可以写成如下传递函数的形式：

$$\frac{Y(s)}{U(s)} = \frac{n_0 s + n_1}{d_0 s^2 + b_1 s + d_2}$$

将其进行一定的等价变换，得出线性连续系统的零极点模型为

$$\frac{Y(s)}{U(s)} = k \frac{s - z_1}{(s - p_1)(s - p_2)}$$

其中，z_1 为线性连续系统的零点，p_1、p_2 为系统的极点，k 为系统的增益。线性连续系统的另外一种模型为状态空间模型。前面已经提到，对于线性连续系统，使用其微分方程可以很容易推导出系统的状态空间模型。这里给出线性连续系统用状态空间模型进行描述的一般方程：

$$\dot{x}(t) = Ax(t) + Bu(t)$$
$$y(t) = Cx(t) + Du(t)$$

如果 A、B、C、D 中的各元素均为常数，且不随时间变化，则表明该系统是线性时不变的；如果 A、B、C、D 是时间的函数，则表明系统是线性时变化的。

9.6　Continuous（连续系统）模块库

连续系统是指系统状态随时间作平滑连续变化的动态系统。

单击 Simulink 库浏览器中的 Continuous，即可打开连续系统模块库，如图 9-1 所示。连续系统模块库中的各子模块功能见表 9-1。

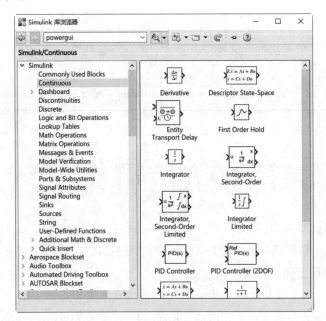

图 9-1　连续系统模块库

表 9-1　Continuous 子库

模　块　名	功　　能
Derivative	对信号求数值微分
Descriptor State-Space	通过模型线性隐式系统对 PID 控制器和线性方程组建模
Entity Transport Delay	在传递仿真消息时引入延迟
First Order Hold	在输入信号上实现线性外插一阶保持
Integrator	对信号求积分，积分器与 Commonly Used Blocks 子库中的同名模块一样
Integrator,Second-Order	对输入信号执行二次积分
Integrator,Second-Order Limited	基于指定的上限值和下限值对输入信号执行二次积分
Integrator Limited	对信号求积分
PID Controller	连续时间或离散时间 PID 控制器
PID Controller (2DOF)	连续时间或离散时间双自由度 PID 控制器
State-Space	创建状态空间模型 $\begin{cases} \mathrm{d}x/\mathrm{d}t = Ax + Bu \\ y = Cx + Du \end{cases}$
Transfer Fcn	用矩阵形式描述的传输函数

模　块　名	功　　能
Transport Delay	定义传输延迟，如果将延迟设置得比仿真步长大，就可以得到更精确的结果
Variable Time Delay	定义时间延迟，第一个输入接收输入，第二个输入接收延迟时间
Variable Transport Delay	定义传输延迟，第一个输入接收输入，第二个输入接收延迟时间
Zero-Pole	用矩阵描述系统零点，用向量描述系统极点和增益

9.6.1　导数模块

在工程计算中，经常会研究某一函数随自变量的变化趋势与相应的变化率，也就是要研究函数的极限与导数问题。

在 Simulink 中，Derivative（导数）模块用于近似计算输入信号 u 相对于仿真时间 t 的导数，如图 9-2 所示。输出算式 $\dfrac{\mathrm{d}u}{\mathrm{d}t}$ 的近似值。

此模块的输入和输出之间的精确关系为

$$y(t) = \frac{\Delta u}{\Delta t} = \left. \frac{u(t) - u(T_{\text{previous}})}{t - T_{\text{previous}}} \right| t > T_{\text{previous}}$$

其中，t 是当前仿真时间，T_{previous} 是上次仿真输出的时间，与上次主时间步的时间相同。

双击该模块，弹出如图 9-3 所示的"模块参数：Derivative"对话框，在该对话框中指定时间常量 c 以接近系统的线性化。默认值 inf 对应于 0 的线性化。

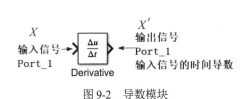

图 9-2　导数模块　　　　　图 9-3　"模块参数：Derivative"对话框

9.6.2　积分模块

积分与微分不同，它是研究函数整体性态的，在工程中的作用不言而喻。理论上可以用牛顿-莱布尼茨公式求解已知函数的积分，但这在实际工程中并不可取，因为实际中遇到的大多数函数都不能找到其积分函数，甚至有些函数的表达式非常复杂，所以用牛顿-莱布尼茨公式求解会相当复杂。因此，在工程中大多数情况下都使用 MATLAB 提供的积分函数进行计算，少数情况也可利用 MATLAB 编程实现。

Simulink 将 Integrator 模块作为具有一种状态的动态系统进行处理。模块动态由以下方程指定：

$$\begin{cases} \dot{x}(t) = u(t) \\ y(t) = x(t) \end{cases} \qquad x(t_0) = x_0$$

其中，u 是模块输入，y 是模块输出，x 是模块状态，x_0 是 x 的初始条件。

Simulink 使用不同的数值积分方法计算模块的输出，每种方法都在特定的应用中各具优势。下面介绍不同的积分模块。

1. 积分模块

在 Simulink 中，Integrator（积分）模块用于输出其输入信号 u 相对于时间 t 的积分值，如图 9-4 所示。

双击该模块，弹出如图 9-5 所示的"模块参数：Integrator"对话框，在该对话框中可以设置相关参数，参数属性见表 9-2。

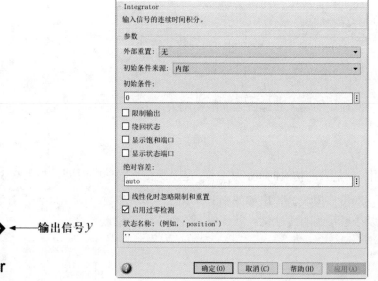

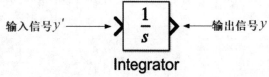

图 9-4 积分模块

图 9-5 "模块参数：Integrator"对话框

表 9-2 Integrator 模块参数属性

参 数	说 明
外部重置	指定将状态重置为其初始条件的触发类型：无、上升沿、下降沿、任一沿、电平、电平保持
初始条件来源	选择初始条件的来源：内部（默认，启用"初始条件"参数）、外部（禁用"初始条件"参数，并启用 IC 输入端口）
初始条件	设置 Integrator 模块的初始状态，不能设置为 Inf 或 NaN
限制输出	将模块输出值限制为介于饱和下限和饱和上限参数之间的值
绕回状态	在绕回状态上限值和绕回状态下限值参数之间启用绕回状态。启用绕回状态可在对旋转和循环状态轨迹建模时消除对过零检测的需求，减少求解器重置，提高求解器性能和准确性，并增加仿真时间范围
显示饱和端口	将饱和输出端口添加到模块中
显示状态端口	将状态输出端口添加到模块中
绝对容差	模块状态的绝对容差。如果输入 auto 或-1，则使用"配置参数"对话框中的绝对容差值来计算模块状态。如果输入实数标量或向量，则在计算所有模块状态时，该值会覆盖"配置参数"对话框中的绝对容差
线性化时忽略限制和重置	不管此模块的重置和输出限制选项如何设置，将模块视为不可复位且输出无限制
启用过零检测	启用过零检测来准确定位不连续性，无须借助于过小的时间步。通常这种方法可以缩短仿真运行时间，但它可能会导致某些仿真在预期完成时间之前停止
状态名称	为每个状态指定唯一名称并用引号引起来。如果要为多个状态分配名称，输入以逗号分隔的列表并用大括号括起来

2．限制积分模块

当执行机构已经到极限位置，仍然不能消除偏差时，这意味着执行机构停留在极限位置而不能随着偏差反向立即做出相应的改变，这时系统就像失去控制一样，造成控制性能恶化。这种现象称为积分饱和现象或积分失控现象。常用的改进方法包括积分分离法、变速积分、PID 控制算法、超限削弱积分法、有效偏差法、防饱和机制，防饱和机制如图 9-6 所示。

Integrator Limited（极限积分）模块与 Integrator 模块用途相同，但前者为稳定系统，根据防饱和机制控制系统输出，控制信号不超过限制范围，在饱和上界和下界限制内输出该模块的信号，如图 9-7（a）所示。如果选择所有参数选项，模块图标将如图 9-7（b）所示。

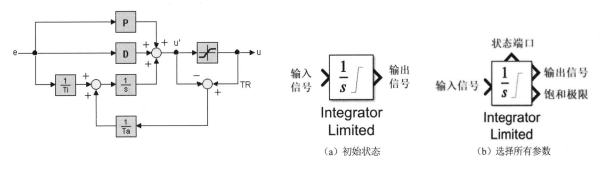

图 9-6　防饱和机制　　　　　　　　　　　　图 9-7　Integrator Limited 模块

双击该模块，弹出如图 9-8 所示的"模块参数：Integrator Limited"对话框，在该对话框中设置相关参数。

图 9-8　"模块参数：Integrator Limited"对话框

该对话框的参数与 Integrator 模块的参数大致相同，不同的是该对话框中默认勾选了"限制输出"复选框，其可以指定饱和上限和饱和下限。模块的输出限制为介于饱和下限和饱和上限参数之间的值。

➥ 饱和上限：积分的上限，可为标量、向量或矩阵，默认值为 1。

➥ 饱和下限：积分的下限，可为标量、向量或矩阵，默认值为 0。

动手练一练——求解初值问题

在数学中，初值问题是一个涉及微分方程式与一些初始条件的问题。初始条件是微分方程式的未

知函数在某些点的设定值。试建立模型求解方程 $\begin{cases} y - \mathrm{d}y \\ y(0) = 1 \end{cases}$ 的初值问题。

📋 **思路点拨：**

源文件：yuanwenjian\ch09\Initial_value_equation.slx

（1）新建一个 Simulink 模型文件。

（2）放置模块，显示模块名称。

（3）设置模块参数。Integrator 模块用于对信号求积分，初始条件为 1；
Scope 模块用于显示输出结果。

（4）连接模块端口，输入等于输出，如图 9-9 所示。

（5）运行仿真。

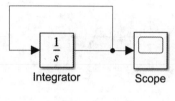

图 9-9　模型图

9.6.3　二次积分模块

二重积分，顾名思义是进行两次积分，运算一次二重积分相当于进行两次积分运算，如图 9-10 所示。

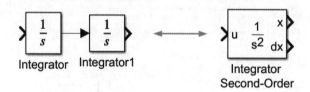

图 9-10　积分与二重积分

在 Simulink 中，二重积分模块包括 Integrator Second-Order（二重积分）模块和 Integrator Second-Order Limited（限制二重积分）模块，常用于求解二阶初始值问题。此模块是一个动态系统，具有两个连续状态：x 和 $\mathrm{d}x/\mathrm{d}t$。

$$\frac{\mathrm{d}^2 x}{\mathrm{d}t^2} = u$$

$$\left.\frac{\mathrm{d}x}{\mathrm{d}t}\right|_{t=0} = \mathrm{d}x_0$$

$$x|_{t=0} = x_0$$

其中，u 是系统的输入信号。

积分模块默认输出两个连续状态：x 和 $\mathrm{d}x/\mathrm{d}t$。Second-Order Integrator Limited 模块与 Second-Order Integrator 模块图标如图 9-11（a）所示，如果选择所有参数选项，模块图标将如图 9-11（b）所示。

（a）初始状态　　　　　　　　　　　　　　（b）选择所有参数

图 9-11　二重积分模块

双击该模块，弹出如图 9-12 所示的模块参数设置对话框，在该对话框中设置相关参数，参数属性见表 9-3。

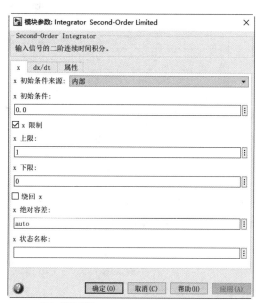

（a）模块参数：Integrator Second-Order　　　　　　（b）模块参数：Integrator Second-Order Limited

图 9-12　模块参数设置对话框

表 9-3　二重积分模块参数属性

选项卡	参 数	说 明
x	x 初始条件来源	获取状态 x 的初始条件的来源：内部（从 x 初始条件参数获取）、外部（从连接到 x0 输入端口的外部模块获取）
	x 初始条件	状态 x 的初始条件：0.0（默认）、标量、向量、矩阵，不能为 Inf 或 NaN
	x 限制	将模块的状态 x 限制为介于 x 下限和 x 上限参数之间的值
	x 上限	状态 x 的上限值，必须严格大于饱和下界
	x 下限	状态 x 的下限值，必须严格小于饱和上界
	绕回 x	在 x 绕回上限值和 x 绕回下限值参数之间启用绕回。如果将绕回 x 上限值指定为 Inf 并将绕回 x 下限值指定为-Inf，则永远不会发生绕回
	x 绕回上限值	绕回 x 的上限值：pi（默认）、标量、向量、矩阵
	x 绕回下限值	绕回 x 的下限值：-pi（默认）、标量、向量、矩阵

续表

选项卡	参数	说明
x	x 绝对容差	用于计算状态 x 的绝对容差：auto（默认）、-1、正实数标量或向量
	x 状态名称	为状态 x 分配唯一名称，并用引号引起来。如果为 x 指定状态名称，还必须为 dx/dt 指定状态名称。x 和 dx/dt 的状态名称必须具有相同的类型和长度
dx/dt	dx/dt 初始条件来源	状态 dx/dt 的初始条件来源：内部（启用 dx/dt 初始条件参数并删除 dx0 输入端口）、外部（禁用 dx/dt 初始条件参数并启用 dx0 输入端口）
	dx/dt 初始条件	状态 dx/dt 的初始条件：0.0（默认）、标量、向量、矩阵，不允许此模块的初始条件为 Inf 或 NaN
	dx/dt 限制	将模块的 dx/dt 状态限制为介于 dx/dt 下限和 dx/dt 上限参数之间的值。如果为 x 设置了饱和界限值，则 dx/dt 上限和 dx/dt 下限定义的区间必须包含 0
	dx/dt 上限	状态 dx/dt 的上限。如果限制 x，则此参数的值必须严格为正
	dx/dt 下限	状态 dx/dt 的下限。如果限制 x，则此参数的值必须严格为负
	dx/dt 绝对容差	用于计算状态 dx/dt 的绝对容差：auto（默认）、-1、正实数标量或向量
	dx/dt 状态名称	为状态 dx/dt 分配唯一名称。状态名称只应用于所选模块。如果为 dx/dt 指定了状态名称，也必须为 x 指定状态名称。x 和 dx/dt 的状态名称必须具有相同的类型和长度
属性	外部重置	当重置信号中发生指定的触发事件时，将状态重置为其初始条件
	启用过零检测	启用过零检测技术以准确定位不连续性
	当 x 达到饱和时重新初始化 dx/dt	在状态 x 达到饱和的瞬间，将 dx/dt 重置为其当前初始条件
	忽略状态限制和重置以便于线性化	忽略指定的状态限制和外部重置以进行线性化
	显示输出	要显示的输出端口：两者（同时显示 x 和 dx/dt 输出端口）、x、dx/dt

Integrator Second-Order Limited 模块除了默认情况下限制 x 和 dx/dt，与 Integrator Second-Order 模块完全相同。图 9-13 显示了两个模块间的转换关系。

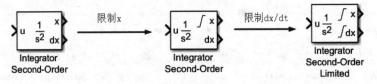

图 9-13　模块间的转换关系

使用 Integrator Second-Order Limited 模块，默认情况下会限制两个状态：x 和 dx/dt。

（1）如果只限制状态 x，模块将按以下方式确定状态的值。

❧ 当 x 小于或等于下限值时，x 的值保持在下限值，dx/dt 设置为 0。

❧ 当 x 介于下限值和上限值之间时，两个状态都按照二阶 ODE 给出的轨迹发生变化。

❧ 当 x 大于或等于上限值时，x 的值保持在上限值，dx/dt 设置为 0。

（2）如果只限制状态 dx/dt，模块将按以下方式确定状态的值。

❧ 当 dx/dt 小于或等于下限值时，dx/dt 的值保持在下限值。

❧ 当 dx/dt 介于下限值和上限值之间时，两个状态都按照二阶 ODE 给出的轨迹发生变化。

❧ 当 dx/dt 大于或等于上限值时，dx/dt 的值保持在上限值。

当状态 dx/dt 保持在上限值或下限值时，x 的值受一阶初值问题制约。

$$\frac{\mathrm{d}x}{\mathrm{d}t} = L$$

$$x(tL) = xL$$

其中，L 是 $\mathrm{d}x/\mathrm{d}t$ 的限制值（上限或下限），tL 是 $\mathrm{d}x/\mathrm{d}t$ 达到此限制值的时间，xL 是状态 x 在该时间的值。

（3）当限制两个状态时，Simulink 将通过限制允许的 $\mathrm{d}x/\mathrm{d}t$ 上限值和下限值，使状态在数学意义上保持一致。此时必须满足以下约束。

➡ 当 x 达到饱和限制值时，$\mathrm{d}x/\mathrm{d}t$ 的值必须为 0。

➡ 要使 x 离开上限值，$\mathrm{d}x/\mathrm{d}t$ 的值必须严格为负。

➡ 要使 x 离开下限值，$\mathrm{d}x/\mathrm{d}t$ 的值必须严格为正。

实例——求解电容两端的电压

源文件： yuanwenjian\ch09\Circuit_Voltage.slx、Circuit_Voltage1.slx

图 9-14 中矩形波高电平持续的时间与信号周期的比值 T_1/T 叫作占空比 q，习惯上将占空比为 50% 的矩形波称为方波。

在积分运算电路的输入端加载方波电压，输出即可获得三角波电压；若改变积分电路正向积分和反向积分时间，使某一方向的积分常数趋于 0，则可获得锯齿波。方波 u_0 的波形和电容器充、放电时 u_c 的波形如图 9-15 所示。

在图 9-16 所示的电路模型中，$U_0(t)$ 为方波电压，求解电容 C 两端的电压变化曲线。

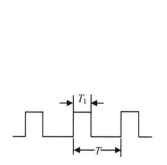

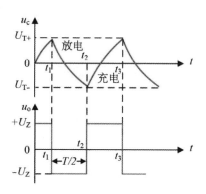

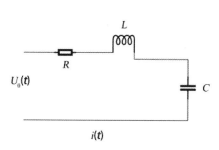

图 9-14　矩形波的占空比　　图 9-15　方波发生电路电压的波形图　　图 9-16　电路模型

已知条件：$it(0^-) = 0$，$V_c(0^-) = 0.5v$，其中 $R = 1\Omega$，$L = \dfrac{1}{4}$H，$C = \dfrac{4}{3}$F。

操作步骤

（1）系统分析。根据基尔霍夫电压定律可以得到：$\dfrac{1}{3}\dfrac{\partial^2 V_c}{\partial t^2} + \dfrac{4}{3}\dfrac{\partial^2 V}{\partial t^2} + V_c = U_0(t)$，通过建立 Simulink 模型来求解 $V_c(t)$。

（2）创建模型文件。在 MATLAB "主页" 选项卡中选择 "新建" → "Simulink 模型" 命令，打开 "Simulink 起始页" 窗口。单击 "空白模型" 按钮，新建一个空白的模型文件。

（3）打开库文件。单击 "仿真" 选项卡中的 "库浏览器" 按钮，打开 Simulink 库浏览器。

（4）保存模型。单击 "仿真" 选项卡中的 "保存" 按钮，将生成的模型文件保存为 Circuit_Voltage.slx。

（5）放置模块。

选择 Simulink（仿真）→Sources（信号源）库中的 Signal Generator（信号生成器）模块，将其拖动到模型中，用于演示输入电压信号。

选择 Simulink→Continuous（连续系统）库中的 Integrator（积分）模块，将其拖动到模型中，用于对信号求积分。

使用同样的方法在模块库中搜索 Add（叠加）、Gain（增益）、Scope（示波器），将它们拖动到模型中，用于显示输出信号。

按住 Ctrl 键，拖动 Integrator 模块，复制 Integrator 模块，计算信号二次积分。

按住 Ctrl 键，拖动 Gain 模块，复制出两个增益模块 Gain1 和 Gain2。

选中一个模块，在"格式"选项卡中单击"自动名称"下拉按钮，从弹出的下拉菜单中取消勾选"隐藏自动模块名称"复选框，显示模型中的所有模块名称。

（6）设置模块参数。双击模块，即可弹出相应的模块参数设置对话框，用于设置相应的参数。

1）设置 Signal Generator 模块的"波形"为"平方"（方波），如图 9-17 所示。

2）设置 Add 模块的"符号列表"为"+++"。

3）设置 Gain 模块的"增益"为 3，Gain1 模块的"增益"为-4，Gain2 模块的"增益"为-3。

4）设置 Integrator1 模块的"初始条件"为 0.5，如图 9-18 所示。

图 9-17　"模块参数：Signal Generator"对话框

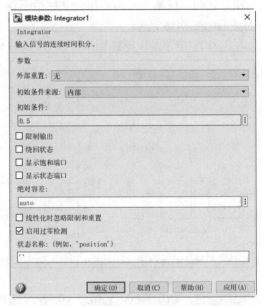

图 9-18　"模块参数：Integrator1"对话框

5）设置 Scope 模块的输入端口个数为 2；选择"文件"→"仿真开始时打开"命令，设置运行时自动打开示波器窗口，显示运行结果。

（7）连接信号线。选中 Gain1 和 Gain2 模块，在"格式"选项卡中单击"左右翻转"按钮，翻转模块便于连线。然后进行模块端口连接。

双击积分模块前后信号线，添加信号线标签，便于读者理解，连接结果如图 9-19 所示。

（8）运行仿真。在"仿真"选项卡中单击"运行"按钮，编译完成后，自动打开示波器显示仿真结果，如图 9-20 所示。

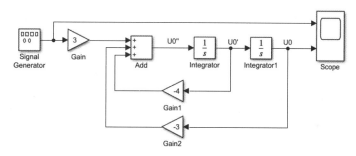

图 9-19　模块连接结果

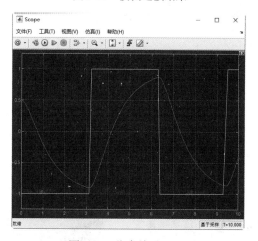

图 9-20　仿真结果（1）

下面使用 Integrator Second-Order（二次积分）模块，替换两个积分模块，以实现相同的功能。

（1）保存模型。在"仿真"选项卡中单击"另存为"按钮，将生成的模型文件另存为 Circuit_Voltage1.slx。

（2）放置模块。选择 Simulink→Continuous 中的 Integrator Second-Order 模块，将其拖动到模型中，用于替换两个积分模块，对信号求积分。

（3）模块参数设置。双击 Integrator Second-Order 模块，在打开的模块参数设置对话框中设置"x 初始条件"为 0.5，如图 9-21 所示。

图 9-21　"模块参数：Integrator Second-Order"对话框

（4）连接信号线。进行模块端口连接，然后为积分模块前后的信号线添加标签，便于读者理解。连接结果如图 9-22 所示。

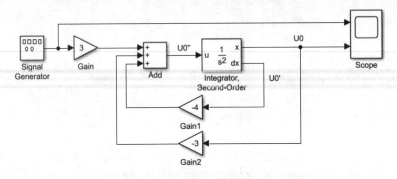

图 9-22　模块连接结果

（5）运行仿真。在"仿真"选项卡中单击"运行"按钮▶，即可自动打开示波器显示仿真结果，如图 9-23 所示。

选择"视图"→"布局"命令，从弹出的视图面板中选择 2 行 1 列的布局，然后选择"视图"→"图例"命令，为各个子视图添加图例，如图 9-24 所示。

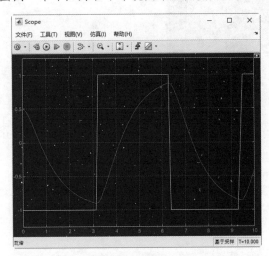

图 9-23　仿真结果（2）

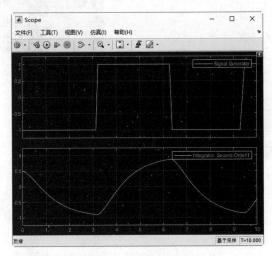

图 9-24　分视图显示结果

9.6.4　线性系统建模模块

1. 线性系统

线性系统是一个数学模型，是指用线性运算组成的系统。相较于非线性系统，线性系统的特性比较简单。

线性系统通常可进一步分为线性时不变系统和线性时变系统。

（1）线性时不变系统也称为线性定常系统或线性常系数系统，在描述系统动态过程的线性微分方程或差分方程中，每个系数都是不随时间变化的常数。线性时不变系统是实际系统的一种理想化模型，实质上是对实际系统经过近似化和工程化处理后所导出的一类理想化系统，是线性系统理论中的主要研究对象。

（2）线性时变系统也称为线性变系数系统。在系统动态过程的线性微分方程或差分方程中，至少有一个参数为随时间变化的函数。

一般频域的系统处理方式需限制在常系数，初始条件为 0 的系统。而状态空间表示法对系统的系数及初始条件没有限制。

2. 线性系统与非线性系统

线性系统是指同时满足叠加性和均匀性（又称为齐次性）的系统，不满足叠加性和均匀性的系统称为非线性系统。

- ➥ 叠加性：当几个输入信号共同作用于系统时，总的输出等于每个输入单独作用时产生的输出之和。
- ➥ 均匀性：当输入信号增大若干倍时，输出也相应增大同样的倍数。对于线性连续控制系统，可以用线性的微分方程来表示。

3. 状态空间表示法

状态空间是控制工程中的一个名词，是指该系统全部可能状态的集合，状态变数是系统状态全部可能的个数。

针对多输入、多输出的系统，状态空间表示法提供一种更方便简捷的方法进行分析并建立模型。即将物理系统表示为一组输入、输出及状态的数学模式，而输入、输出及状态之间的关系可用许多一阶微分方程来描述。依照不同的假设，状态空间表示法表示形式见表 9-4。其中，x 是状态向量，u 是输入向量，y 是输出向量。

连续时间变量表示为 $t \in \mathbf{R}$，其中，$\mathbf{R}$ 为实数集合（包括有理数和无理数）；离散时间变量表示为 $t \in \mathbf{Z}$，其中，$\mathbf{Z}$ 为整数集合。

表 9-4 状态空间表示法表示形式

系 统 形 式	状态空间模型
连续非时变系统	$\dot{x}(t) = Ax(t) + Bu(t)$ $y(t) = Cx(t) + Du(t)$
连续时变系统	$\dot{x}(t) = A(t)x(t) + B(t)u(t)$ $y(t) = C(t)x(t) + D(t)u(t)$
离散非时变系统	$x(k + 1) = Ax(k) + Bu(k)$ $y(k) = Cx(k) + Du(k)$
离散时变系统	$x(k + 1) = A(k)x(k) + B(k)u(k)$ $y(k) = C(k)x(k) + D(k)u(k)$
连续非时变系统转换到 s 域	$sX(x) = AX(s) + BU(s)$ $Y(s) = CX(s) + DU(s)$
离散非时变系统转换到 z 域	$zX(z) = AX(z) + BU(z)$ $Y(z) = CX(z) + DU(z)$

4. 线性状态空间系统

一个有 p 个输入、q 个输出及 n 个状态变数的线性系统，可以用以下的状态空间表示法来表示。

$$\dot{x}(t) = A(t)x(t) + B(t)u(t)$$
$$y(t) = C(t)x(t) + D(t)u(t)$$
$$x\big|_{t=t_0} = x_0$$

或简化为

$$\dot{x}(t) = Ax + Bu$$
$$y(t) = Cx + Du$$
$$x|_{t=t_0} = x_0$$

其中，$x(\cdot)$ 称为状态向量，$x(t) \in \mathbf{R}^n$；$y(\cdot)$ 称为输出向量，$y(t) \in \mathbf{R}^q$；$u(\cdot)$ 称为输入向量（或控制向量），$u(t) \in \mathbf{R}^p$；$A(\cdot)$ 称为状态矩阵，$\dim[A(\cdot)] = n \times n$；$B(\cdot)$ 称为输入矩阵，$\dim[B(\cdot)] = n \times p$；$C(\cdot)$ 称为输出矩阵，$\dim[C(\cdot)] = q \times n$；$D(\cdot)$ 称为前馈矩阵（若系统没有直接从输出的路径，此矩阵为零矩阵），$\dim[D(\cdot)] = q \times p$。

5. 状态函数模块

在 Simulink 中，State-Space 模块用于创建线性状态空间系统，一般情况下，该模块只有一个输入端口和一个输出端口，如图 9-25 所示。C 或 D 矩阵中的行数与输出端口的宽度相同，B 或 D 矩阵中的列数与输入端口的宽度相同。

如果要建立不带任何输入端口的线性系统模型，需要将 B 和 D 设置为空矩阵。在这种情况下，模块相当于没有输入端口但有一个输出端口的源模块，线性状态空间系统表示为

$$\dot{x} = Ax$$
$$y = Cx$$
$$x|_{t=t_0} = x_0$$

双击该模块，弹出如图 9-26 所示的"模块参数：State-Space"对话框，在该对话框中可以设置相关参数，参数属性见表 9-5。

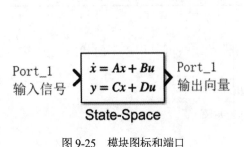

图 9-25 模块图标和端口   图 9-26 "模块参数：State-Space" 对话框

表 9-5 State-Space 模块参数属性

参　　数	说　　明
A、B、C、D	实数值矩阵系数 A、B、C、D
初始条件	初始状态向量，取值可为 0（默认）、标量、向量，但不能为 Inf 或 NaN
参数可调性	选择使用 Simulink Compiler 的加速仿真模式和部署仿真的状态空间矩阵（A、B、C、D）的可调性级别。当设置为"自动"时，Simulink 会选择适当的参数可调性级别
允许最初指定为零的 D 矩阵具有非零值	当 D = 0 时允许调整 D 矩阵。启用此参数会启用 State-Space 模块的直接馈通
绝对容差	用于计算模块状态的绝对容差，指定为正值、实数值、标量或向量。如果要从配置参数继承绝对容差，指定为 auto 或 1
状态名称	为每个状态指定唯一一名称

9.6.5　传递函数模块

传递函数是《积分变换》里的概念。设一个系统的输入函数为 $x(t)$，输出函数为 $y(t)$，则 $y(t)$ 的拉氏变换 $Y(s)$ 与 $x(t)$ 的拉氏变换 $X(s)$ 的商——$W(s)=Y(s)/X(s)$ 称为这个系统的传递函数。

传递函数是一种数学模型，与系统的微分方程相对应。它是系统本身的一种属性，与输入量的大小和性质无关，只适用于线性定常系统。传递函数是单变量系统描述，外部描述。传递函数是在零初始条件下定义的，它不能反映在非零初始条件下系统的运动情况。

在 Simulink 中，Transfer Fcn 模块通过传递函数 $H(s)$（拉普拉斯域变量为 s）为线性系统建模，默认图标与端口如图 9-27 所示。

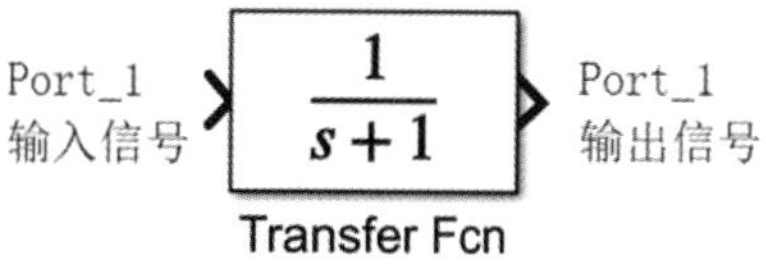

传递函数可用于描述线性非时变系统的特性。一个连续时间的线性非时变系统，可用以下的方式将其状态空间表示式转换为传递函数：

图 9-27　传递函数模块图标与端口

$$\dot{x}(t) = Ax(t) + Bu(t)$$

首先，对下式进行拉氏转换，可得

$$sX(s) = AX(s) + BU(s)$$

再针对 $X(s)$ 进行化简，可得

$$(sI - A)X(s) = BU(s)$$
$$X(s) = (sI - A)^{-1}BU(s)$$

可用此式来替换以下输出方程式中的 $X(s)$：

$$Y(s) = CX(s) + DU(s)$$

结果如下：

$$Y(s) = C((sI - A)^{-1}BU(s)) + DU(s)$$

利用传递函数定义系统输出相对于输入的比值为

$$Y(s) = C((sI - A)^{-1} BU(s)) + DU(s)$$

在 Transfer Fcn 模块参数中，定义系统输入和系统输出 $u(s)$ 和 $y(s)$，该系统的传递函数 $H(s)$ 可以转化为

$$H(s) = \frac{y(s)}{u(s)} = \frac{\text{num}(s)}{\text{den}(s)} = \frac{\text{num}(1)s^{nn-1} + \text{num}(2)s^{nn-2} + \cdots + \text{num}(nn)}{\text{den}(1)s^{nd-1} + \text{den}(2)s^{nd-2} + \cdots + \text{den}(nd)}$$

其中，nn 和 nd 分别是分子和分母系数。num(s) 和 den(s) 包含分子和分母的 s 降幂系数。

该模块通过传递函数为单输入单输出（SISO）和单输入多输出（SIMO）系统建模。Transfer Fcn 模块通过分子系数和分母系数定义传递函数。

若将"分子系数"指定为[3,2,1]，并将"分母系数"指定为[7,5,3,1]，根据公式结果，模块的显示如图 9-28 所示。

双击该模块，弹出如图 9-29 所示的"模块参数：Transfer Fcn"对话框，在该对话框中可以设置相关参数。

其中，"分子系数"用于定义传递函数的分子系数。对于单输出系统，输入传递函数的分子系数向量；对于多输出系统，输入矩阵，矩阵的每一行包含确定一个模块输出的传递函数的分子系数。

"分母系数"用于定义传递函数的分母系数，值为一个行向量。对于单输出系统，输入传递函数的分母系数向量；对于多输出系统，输入包含对系统所有传递函数公分母系数的向量。

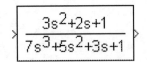

图 9-28　传递函数模块

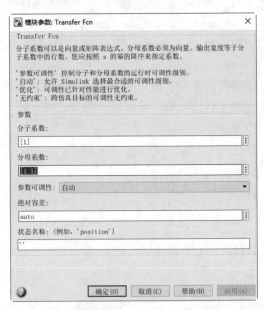

图 9-29　"模块参数：Transfer Fcn"对话框

9.6.6　PID 控制器模块

PID 控制器是一个在工业控制应用中常见的反馈回路部件，它把收集到的数据和参考值进行比较，然后计算差别值得到新的输入值，使用新的输入值可以让系统的数据达到或者保持在参考值，这样可以使系统更加准确、更加稳定。PID 控制器主要适用于基本线性和动态特性不随时间变化的系统。

1. 传统的 PID 控制器

传统的 PID 控制器的传递函数为

$$Gc = K_p + K_i S + K_d / S$$

其中，K_p 为比例增益常数，K_i 为积分增益常数，K_d 为微分增益常数。

在 Simulink 中，PID Controller（PID 控制器）模块基于连续时间或离散时间 PID 控制器实现 PID（P 表示比例、I 表示积分、D 表示微分）、PI、PD、仅 P 或仅 I 的功能，该模块输出的是输入信号、输入信号积分和输入信号导数的加权和。其中，权重为比例、积分和导数增益参数。默认图标与端口如图 9-30（a）所示，如果选择所有参数选项，模块图标将如图 9-30（b）所示。

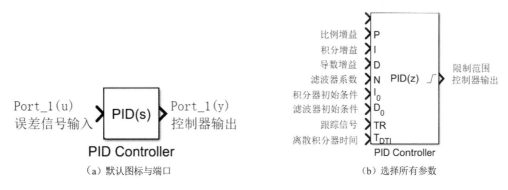

（a）默认图标与端口　　　　　　　（b）选择所有参数

图 9-30　PID 控制器模块图标与端口

双击该模块，弹出如图 9-31 所示的"模块参数：PID Controller"对话框，在该对话框中可以设置相关参数，使用传递函数或状态空间表示形式对 PID 控制器建模，参数属性见表 9-6。

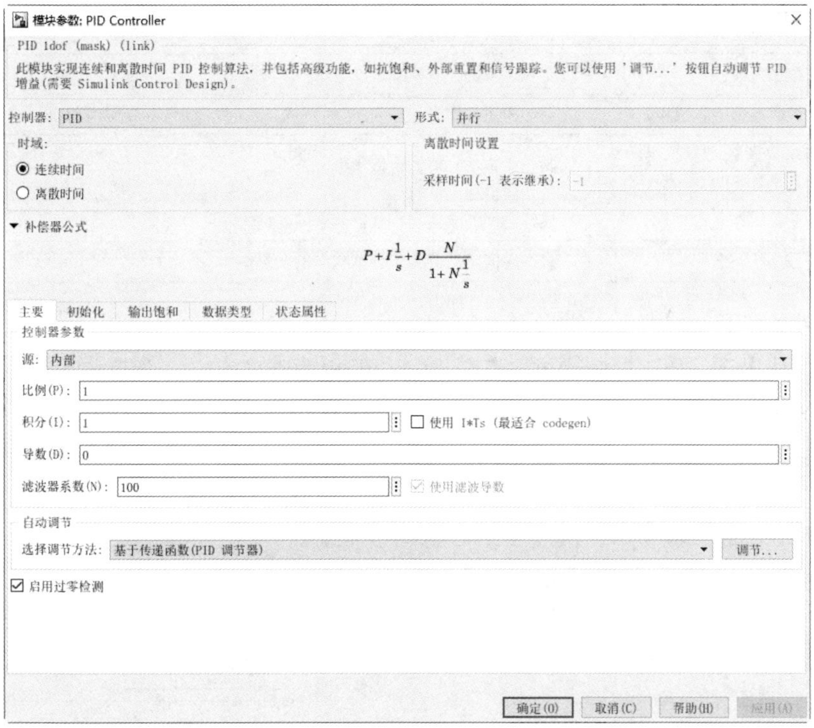

图 9-31　"模块参数：PID Controller"对话框

表 9-6 PID Controller 模块参数属性

选 项 卡	参 数	说 明
主要	源	控制器增益和滤波器系数的信源，可取值为内部（默认）、外部。选择"外部"选项，添加 P（比例增益）、I（积分增益）、D（导数增益）、N（滤波器系数）端口
	比例	比例增益，可取值为标量、向量，默认值为 1
	积分	积分增益，可取值为标量、向量，默认值为 1
	导数	导数增益，可取值为标量、向量，默认值为 0
	滤波器系数	可取值为标量、向量，默认值为 100
	使用滤波导数	将滤波器应用于导数项
	选择调节方法	选择用于自动调整控制器系数的工具
	启用过零检测	在复位时及在进入或退出饱和状态时检测过零点
初始化	源	积分器和导数初始条件的信源
	积分器	积分器初始条件，可取值为标量、向量，默认值为 0
	滤波器	滤波器初始条件，可取值为标量、向量，默认值为 0
	外部重置	用于复位积分器和滤波器值的触发器
	线性化时忽略重置	强制线性化以忽略复位
	启用跟踪模式	激活信号跟踪。勾选该复选框，添加 TR（跟踪信号）复选框
	跟踪系数	信号跟踪反馈回路的增益，可取值为标量，默认值为 1
输出饱和	限制输出	将模块输出限制为指定的饱和值。勾选该复选框，输出端显示限制符号
	上限	模块输出的饱和上限，取值为标量，默认值为 Inf
	下限	模块输出的饱和下限，取值为标量，默认值为 -Inf
	线性化时忽略饱和限值	强制线性化以忽略输出限制
	抗饱和方法	积分器抗饱和方法
数据类型	整数舍入模式	定点运算的舍入模式
	对整数溢出进行饱和处理	对溢出进行饱和处理
	锁定数据类型设置以防止被定点工具更改	防止定点工具覆盖数据类型
状态属性	积分器状态名称	连续时间滤波器和积分器状态的名称
	滤波器状态名称	离散时间滤波器和积分器状态的名称

（1）"控制器"下拉列表框用于选择控制器类型。

➥ PID：默认选项，PID 控制器可以看成 PI 与 PD 控制器的结合。PID 调节器兼顾 PD 调节器快速性，结合 I 调节器的无静差特点，从而达到比较高的调节质量，根据不同的需求选用不同的调节器，像电源中因为不能过压所以不会有 D，都是 PI 调节器，如图 9-32 所示。

➥ PI：PI 调节器，兼顾快速性，减小或消除静差（I 调节器无调节静差）。

➥ PD：PD 调节器，调节偏差快速变化时使调解量在最短的时间内得到强化调节，有调节静差，适用于大滞后环节。

➥ P：P 调节器，快速响应，无法消除静差。

➥ I：I 调节器，消除稳态误差。

（2）"形式"下拉列表框包含以下两个选项。

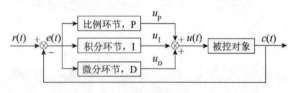

图 9-32 PID 调节器

▶ 并行：默认选项，表示控制器输出是比例、积分和导数动作的总和，三者分别用 P、I 和 D 独立进行加权。

对于连续时间并行形式的 PID 控制器，传递函数为

$$C_{\mathrm{par}}(s) = P + I\left(\frac{1}{s}\right) + D\left(\frac{Ns}{s+n}\right)$$

对于离散时间并行形式的控制器，传递函数为

$$C_{\mathrm{par}}(z) = P + I\alpha(z) + D\left[\frac{N}{1+N\beta(z)}\right]$$

其中，分别通过"积分器方法"和"滤波器方法"参数确定 $\alpha(z)$ 和 $\beta(z)$。

▶ 理想：表示比例增益 P 作用于所有动作的总和。

对于连续时间理想形式的 PID 控制器，传递函数为

$$C_{\mathrm{id}}(s) = P\left[1 + I\left(\frac{1}{s}\right) + D\left(\frac{Ns}{s+n}\right)\right]$$

对于离散时间理想形式的控制器，传递函数为

$$C_{\mathrm{id}}(z) = P\left[1 + I\alpha(z) + D\frac{N}{1+N\beta(z)}\right]$$

（3）"时域"单选按钮组包含以下两个选项。

▶ 连续时间：默认选项，选择该选项，在"补偿器公式"选项组下显示连续时间控制器比例增益 P 与积分增益 I 公式 $P + I\dfrac{1}{s} + D\dfrac{N}{1+N\dfrac{1}{s}}$。

▶ 离散时间：选择该选项，激活"离散时间设置"选项组。

　▷ 在"补偿器公式"选项组下显示离散时间控制器比例增益 P 与积分增益 I 公式 $P + IT_s\dfrac{1}{z-1} + D\dfrac{N}{1+NT_s\dfrac{1}{z-1}}$。

　▷ 勾选"PID 控制器位于条件执行子系统内"复选框，启用离散积分器时间端口，如图 9-33 所示。

　▷ 采样时间：在该文本框输入采样之间的离散间隔，默认离散采样时间为-1，表示该模块从上游模块继承其采样时间。

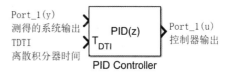

图 9-33　添加离散积分器时间端口

　▷ 积分器和滤波器方法：在该选项组下选择"积分器方法"和"滤波器方法"。

在离散时间内，控制器传递函数的积分项为 $I\alpha(z)$，其中，$\alpha(z)$ 取决于"积分器方法"的选择项，具体计算结果见表 9-7。

表 9-7　$I\alpha(z)$ 计算结果

参　　数	说　　明	适 用 范 围	参 数 值
前向欧拉	正向矩形（左手）近似方法	适合较小的采样时间	$\alpha(z) = \dfrac{T_s}{z-1}$

续表

参 数	说 明	适 用 范 围	参 数 值
后向欧拉	反向矩形（右手）近似方法	离散稳定的连续时间系统始终会生成稳定的离散时间结果	$\alpha(z)=\dfrac{T_S z}{z-1}$
梯形	双线性近似法	在离散化系统与对应的连续时间系统的频域属性之间生成最接近的匹配	$\alpha(z)=\dfrac{T_S}{2}\dfrac{z+1}{z-1}$

在离散时间内，控制器传递函数的导数项为 $D\left[\dfrac{N}{1+N\alpha(z)}\right]$，其中，$\alpha(z)$ 取决于使用"滤波器方法"

参数指定的滤波器方法，控制器传递函数的导数项具体计算结果见表 9-8。

表 9-8 $\alpha(z)$ 计算结果

参 数	说 明	适 用 范 围	参 数 值
前向欧拉	正向矩形（左手）近似方法	适合较小的采样时间	$\alpha(z)=\dfrac{T_S}{z-1}$
后向欧拉	反向矩形（右手）近似方法	离散稳定的连续时间系统始终会生成稳定的离散时间结果	$\alpha(z)=\dfrac{T_S z}{z-1}$
梯形	双线性近似法	在离散化系统与对应的连续时间系统的频域属性之间生成最接近的匹配	$\alpha(z)=\dfrac{T_S}{2}\dfrac{z+1}{z-1}$

2. 二自由度 PID 控制器

传统的 PID 控制器是一自由度的 PID 控制系统，只能对系统的一个控制参数进行设定，所以很难在实际控制中得到理想的控制效果。而二自由度 PID 控制系统可以独立设定两个控制参数，使系统的设定值跟踪效果和抑制干扰的效果同时达到最优。

在 Simulink 中，PID Controller（2DOF）模块用于创建连续时间或离散时间二自由度 PID 控制器，默认图标与端口如图 9-34（a）所示，如果选择所有参数选项，模块图标将如图 9-34（b）所示。

相关参数与 PID Controller 模块相同，这里不再赘述。

二自由度 PID 控制器可以理解为具有预滤波器的 PID 控制器或具有前馈元素的 PID 控制器。

（1）预滤波器分解。

在并行形式中，可以通过图 9-35 所示的模块图等效创建二自由度 PID 控制器，其中，C 是单自由度 PID 控制器，F 是参考信号上的预滤波器，Ref 是参考信号，y 是来自测量系统输出的反馈，u 是控制器输出。

对于并行形式的连续时间二自由度 PID 控制器，F 和 C 的传递函数为

$$F_{\mathrm{par}}(s)=\frac{(bP+cDN)s^2+(bPN+I)s+IN}{(P+DN)s^2+(PN+I)s+IN}$$

$$C_{\mathrm{par}}(s)=\frac{(P+DN)s^2+(PN+I)s+IN}{s(s+N)}$$

其中，b 和 c 是设定点的权重。

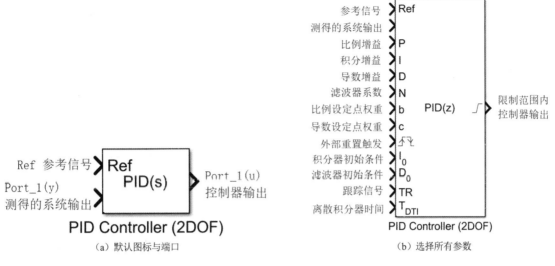

图 9-34　二自由度 PID 控制器模块图标与端口

对于理想形式的二自由度 PID 控制器，传递函数为

$$F_{\text{id}}(s) = \frac{(b+cDN)s^2 + (bN+I)s + IN}{(1+DN)s^2 + (N+I)s + IN}$$

$$C_{\text{id}}(s) = \frac{P(1+DN)s^2 + (N+I)s + IN}{s(s+N)}$$

Discrete PID Controller (2DOF)（离散时间二自由度控制器）同样适用于类似的分解。

（2）前馈分解。

在 Simulink 中，通过图 9-36 所示的模块图来建立并行二自由度 PID 控制器模型。

图 9-35　并行模块图　　　　　　　　　图 9-36　模块图

在图 9-36 中，Q 用于对参考信号进行前馈调节，对于并行形式的连续时间二自由度 PID 控制器，Q 的传递函数为

$$Q_{\text{par}}(s) = P\frac{((b-1)p + (c-1)DN)s + (b-1)N}{s+N}$$

对于理想形式的二自由度 PID 控制器，Q 的传递函数为

$$Q_{\text{id}}(s) = P\frac{((b-1) + (c-1)DN)s + (b-1)N}{s+N}$$

其中，单自由度 PID 控制器 C 的传递函数与滤波器分解中的相同。

Discrete PID Controller（2DOF）同样适用于类似的分解。

动手练一练——抗饱和控制

使用抗饱和方案防止 PID 控制器中的积分饱和。

扫一扫，看视频

思路点拨：

源文件：yuanwenjian\ch09\Anti_saturation_control.slx

（1）新建一个 Simulink 模型文件。

（2）放置模块，显示模块名称。

（3）设置模块参数。Step 模块阶跃时间为 60，初始值为 10，终值为 5；Sum 模块的符号列表为"+−"；Saturation 模块上限为 10，下限为−10；Transfer Fcn 的分母系数为[10 1]；Transport Delay 模块的时滞为 2。

（4）连接模块端口，添加信号标签，如图 9-37 所示。

（5）运行仿真，打开示波器，添加图例。

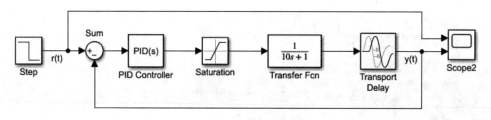

图 9-37　模型图

9.6.7　广义状态-空间模块

广义系统理论广泛应用于现代控制理论中，有很多学者对其展开了研究，主要研究方法有几何方法、多变量频域法和状态空间法。几何方法表述简洁明了，简化了数学计算并有效减小了误差，但涉及矩阵范数或非线性优化问题时，几何方法难以发挥其作用；多变量频域法则是用频率域上的计算方法研究广义系统，随着频率域上的许多设计方法不断更新完善，这种方法在控制系统中也越来越发挥着重要作用；状态空间法简洁地描述了问题，其能揭示系统的内部结构，并可设计相应的软件用计算机辅助计算，极大地简化了求解过程，因此该方法广泛应用于广义系统的研究中。

线性隐式系统可以表示为

$$E\dot{x} = Ax + Bu$$

其中，E 是系统的质量矩阵，x 是状态向量，u 是输入向量。

系统可以显式地写成

$$\dot{x} = E^{-1}Ax + E^{-1}Bu$$

当质量矩阵 E 是奇异的，系统的因变量中一个或多个导数不存在于方程时，这些变量称为代数变量。含有这类代数变量的微分方程称为微分代数方程。它们的状态空间表示形式为

$$E\dot{x} = Ax + Bu$$
$$y = Cx + Du$$

其中，y 是输出向量。

在 Simulink 中，Descriptor State-Space（广义状态-空间）模块用于对线性隐式系统进行建模，默认图标与端口如图 9-38 所示。

双击该模块，弹出如图 9-39 所示的"模块参数：Descriptor State-Space"对话框，在该对话框中可以设置相关参数，参数属性见表 9-9。

图 9-39 "模块参数：Descriptor State-Space"对话框

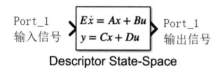

图 9-38 模块图标与端口

表 9-9 Descriptor State-Space 模块参数属性

参　　数	说　　明
E	质量矩阵，取值为标量或矩阵，默认值为 1
A	矩阵系数，取值为标量或矩阵，默认值为 1
B、C、D	矩阵系数，取值为标量、向量或矩阵，默认值为 1
初始条件	模块状态的初始条件，取值为标量、向量或矩阵，默认值为 0
直接馈通	设置输出信号是否依赖于输入
线性化为稀疏模型	将状态线性化为稀疏矩阵

9.6.8　一阶保持模块

一阶保持（First-Order Hold，FOH）是一种重建信号的数学模型，可以通过传统的数位类比转换器（DAC）和作为积分器的模拟电路完成。

一阶保持模型根据采样定理，将离散后的信号用狄拉克 δ 脉冲序列 $x_s(t)$ 表示，再经过低通滤波器即可还原到原始的信号。

基本的一阶保持是利用假想的滤波器或是线性时不变系统，将理想的取样信号

$$x_s(t) = x(t)T \sum_{n=-\infty}^{\infty} \delta(t-nT) = T \sum_{n=-\infty}^{\infty} x(nT)\delta(t-nT)$$

转换为分段线性的信号

$$x\text{FOH}(t) = \sum_{n=-\infty}^{\infty} x(nT)\text{tri}\left(\frac{t-nT}{T}\right)$$

分段线性化是指把非线性特性曲线分成若干个区段，如图 9-40 所示，在每个区段中用直线段近似地代替特性曲线。

在分段线性化处理后，非线性系统在每一个区段上被近似等效为线性系统，此时可采用线性系统的理论和方法进行分析。

面对非线性函数的问题时，如果是使用求解器的情况，则有以下两种选择。

❧ 使用可以求解非线性问题的求解器。

❧ 非线性函数的分段线性近似。

在 Simulink 中，First Order Hold（一阶保持）模块用于在不需要触发求解器复位的前提下，采用分段线性近似的方法，将采样的离散信号在特定的区间转换为连续信号，默认图标与端口如图 9-41 所示。

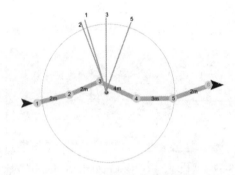

图 9-40 非线性特性曲线分段　　　　　　图 9-41 模块图标与端口

双击该模块，弹出如图 9-42 所示的"模块参数：First Order Hold"对话框，在该对话框中可以设置相关参数，参数属性见表 9-10。

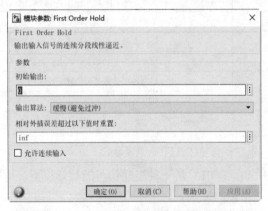

图 9-42 "模块参数：First Order Hold"对话框

表 9-10 First Order Hold 模块参数属性

参　　数	说　　明
初始输出	指定模块在仿真时间超过离散输入的第一个采样时间命中点之前生成的输出。取值可为标量或向量，但不能为 inf 或 NaN
输出算法	指定用于对输入信号进行平滑处理的逼近方法
相对外插误差超过以下值时重置	指定输出算法外插误差的容差级别。大于此值的外插误差将导致重置模型的求解器。设置为默认值 inf 时，启用"允许连续输入"参数可能会导致仿真中的数值不准确
允许连续输入	使模块能够接收连续信号作为输入。启用此参数会在输入和输出连续信号之间产生延迟

1．近似算法

非线性函数的分段线性近似示意图如图 9-43 所示，First Order Hold 模块对离散信号进行函数近似，利用插值法估算出函数在特定区间的近似值，将其转换为连续信号。

线性外插法（Linear Extrapolation）是常用的近似计算方法，是指当自变量 x 位于插值区间之外时被插值函数的近似值 $f(x)$ 为插值函数 $P(x)$。这种方法可用于研究随时间按恒定增长率变化的事物。在以时间为横坐标的坐标图中，信号的变化接近一条直线，根据这条直线，可以推断信号未来的变化。在 Simulink 中，线性外插的近似方法分为两种。

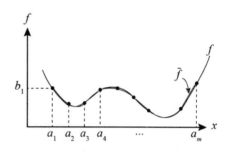

图 9-43　非线性函数 $f(x)$ 的分段线性近似示意图

（1）慢速（低通）算法。慢速（低通）算法的目的是在平滑输入信号时避免过冲。线性外插近似计算后的输出公式为

$$y(t) = M_k(t - T_k) + C_k \forall T_k \leqslant t \leqslant t_{k+1}$$

斜率 M_k 和 y 轴截距 C_k 的计算公式如下。

$$H_k = T_k - T_{k-1}$$

$$M_{k+1} = \frac{U_k - U_{k-1}}{H_k}$$

$$C_k = y_k$$

其中，T_k 是执行第 k 个主时间步的时间；U_k 是第 k 个主时间步的输入；U_k 和 M_k 是线性外插系数；y_k 是时间 T_k 处的连续输出。

（2）快速（高通）算法。快速（高通）算法通过在模块的更新方法中预测下一个输入，从而最小化误差，该算法用于抵扣超过基准或输入信号的趋势，线性外插近似计算后的输出公式为

$$y(t) = N_k(t - T_k) + C_k \forall T_k \leqslant t \leqslant t_{k+1}$$

斜率 M_k 和 y 轴截距 C_k 的计算公式如下。

$$H_k = T_k - T_{k-1}$$

$$M_{k+1} = \frac{U_k - U_{k-1}}{H_k}$$

$$\hat{U} = U_k + M_{k+1}(H_k)$$

$$N_{k+1} = \frac{\hat{U} - y_{k-1}}{H_k}$$

$$C_k = y_k$$

其中，T_k 是执行第 k 个主时间步的时间；U_k 是第 k 个主时间步的输入；U 是第 $k+1$ 个主时间步的输入的预测值；C_k 和 N_k 是线性外插系数；y_k 是时间 T_k 处的连续输出。

2．求解器

在运筹学中，对于数学规划求解器的定义是，针对多种已经建立的线性、整数及各种非线性规划模型，进行算法优化的求解器，可以将其看作一个"黑盒子"软件系统。求解器就好比是计算机的操作系统，而解决不同问题的数学模型就是一个个的软件。

在"相对外插误差超过以下值时重置"文本框中输入参数。如果线性外插误差大于此参数值，Simulink 模型的求解器将复位。如果参数设置为 inf，则不能同时勾选"允许连续输入"复选框，否则可能会导致模拟中的数值错误。

9.6.9 延迟输入模块

信息差不管什么时候都是存在的，即便是在互联网传播速度如此之快的今天，信息差依然存在，如图 9-44 所示。首先，因为每个人接触到信息的时间存在延迟，称之为传输延迟。传输延迟直接导致时间延迟，也就是时间滞后（简称时滞）；其次，人们对信息的接收反应也有延迟，称之为响应延迟。响应延迟和传输延迟之和称之为延迟时间。

时间延迟是系统波动的主要原因。无论采取什么方法减小时延（延迟时间），都无法完全消除时延，但很多事物的发展都存在内在规律，了解每个系统的时间延迟，接收这种延迟，并学会利用这种延迟，才能更好地完成任务。

在 MATLAB 中，为保持减少波动，保持信号的完整性，可以采取手段减小信息传输时延。使用分组交换的方式传输信号使得传输时延较小，而且变化范围不大，能够较好地适应会话型通信的实时性要求。在 Simulink 中，可以选择使用分组交换的方式传输信号，从而减小信息传输时延，如图 9-45 所示。分组交换网络中常见的方式是假定分组以先到先服务的方式传输，仅当所有已经到达的分组被传输后，才能传输下面的分组。其中，所有传输的输入首先存储在缓冲区。

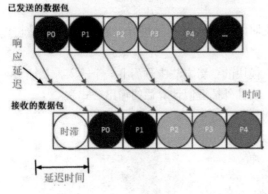

图 9-44 延迟时间

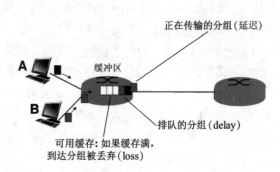

图 9-45 分组传输延迟

在 Simulink 模块库中，包含产生实质信号的模块，用于进行仿真分析。一般来说，信号产生的时滞（传输延时）可以分为固定不变、与时间相关和与状态相关。在 Simulink 中，与时间相关的时滞（传输延时）可以分为三个不同的模块，下面进行详细的介绍。

1. 指定时间量

Transport Delay 模块用于将输入端的信号（连续的信号）延迟指定的时间后再传输给输出信号，仿真时会实现时滞，输出延迟后的信号，默认图标与端口如图 9-46 所示。

仿真时滞过程如图 9-47 所示，在一个时间步内，仿真从 t_0 时刻开始时，由于信号延迟，无法输出 t_0 处的信号，因此需要定义一个初始信号。Transport Delay 模块输出 Initial output（初始输出）参数定义的初始值，直到仿真时间 t 超过延迟时间 t_d（时滞），即从 t_d 时刻开始输出仿真初始时刻 t_0 处的信号。

双击该模块，弹出如图 9-48 所示的"模块参数：Transport Delay"对话框，在该对话框中可以设置相关参数，参数属性见表 9-11。

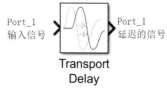

图 9-46　模块图标与端口

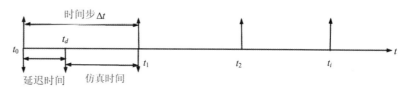

图 9-47　时滞效应

图 9-48　"模块参数：Transport Delay"对话框

表 9-11　Transport Delay 模块参数属性

参　数	说　明
时滞	输入信号在传播到输出之前要延迟的仿真时间量，指定为非负标量、向量或矩阵
初始输出	指定模块在仿真时间首次超过输入的时滞量之前生成的输出，指定为标量、向量或矩阵
初始缓冲区大小	为要存储的输入点数定义初始内存分配
使用固定缓冲区大小	使用固定大小缓冲区保存之前时间步的输入数据
线性化期间直接馈通输入	使得模块在线性化期间输出其输入并配平，此操作可将模块模式设置为直接馈通
Pade 阶（用于线性化）	线性化例程的 Pade 近似的阶，设置为非负整数的标量、向量或矩阵。默认值为 0，将产生无动态状态的单位增益

由于延迟环节将信号延后一段时间才输出，那么在仿真刚开始时，由于没有可用的信号，即 $t=0$ 时刻应该输出 $t= -\Delta t$（Δt 为延迟时间）时刻的输入信号，但显然不存在这样的信号，所以这时需要提供一个初值，在仿真开始之后Δt 秒内输出。大多数情况下，初始输出默认值为 0。

初始缓冲区的默认大小为 1024。延迟环节的作用是把输入信号延后一段时间再输出，那么从实际实现的角度来说，需要有一个缓冲区（buffer）来保存这一段时间的值。但对于绝大多数用户而言，可以不用关心这个参数，因为缓冲区的大小可以根据需要自动进行调整，不需要担心缓冲溢出。

如果缓冲区已满，新的数据将替换已经在缓冲区中的数据，同时使用线性外推法估算不在缓冲区中的输出值。

勾选"线性化期间直接馈通输入"复选框，表示系统的输出或可变采样时间受到输入的控制。

Pade 阶（用于线性化）用于指定有理函数的阶次。延迟环节的传递函数属于无理函数，计算该函数需要采用一种常用的线性化手段（Pade 近似的方法），即用一个有理函数（分子、分母都是多项式）来近似延迟环节。

2. 可变时间量

Variable Transport Delay（可变传输延迟）模块和 Variable Time Delay（可变时间延迟）模块均表示按可变时间量延迟输入，虽然计算方法不同，但这两个模块之间可以互相转化，Transport Delay 模块与这两个模块的异同见表 9-12。

表 9-12　指定时间量模块与可变时间量模块的异同

项　目	Transport Delay	Variable Transport Delay	Variable Time Delay
说明	传输延迟	可变传输延迟	可变时间延迟
延迟时间	恒定	可变	可变
当前时间步的输出	当前时间步输入数据（顶部或左边）		上一个时间步输入数据
输出时间	当前时间 t 减去传输延迟 t_d		当前时间 t 减去由时滞输入指定的延迟时间 t_0
输出计算	$y(t) = u(t - t_d(t))$		$y(t) = u(t - t_0) = u(t - \tau(t))$

Variable Time Delay 模块和 Variable Transport Delay 模块默认图标与端口如图 9-49 所示。

（a）可变时间延迟模块　　　　　　　　　　　　　（b）可变传输延迟模块

图 9-49　模块图标与端口

一般情况下，设置的延迟时间 t_d 应大于时间步 Δt，如图 9-50 所示，否则容易造成仿真结果不精确。

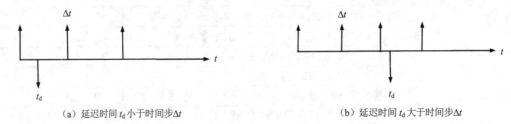

（a）延迟时间 t_d 小于时间步 Δt　　　　　　　　（b）延迟时间 t_d 大于时间步 Δt

图 9-50　延迟时间大小

在仿真过程中，模块将信号"时间-输入值"作为一组数据存储在内部缓冲区。在每个仿真步 Δt 内，模块会在相当于当前仿真时间 t 减去延迟时间 t_d 的时间内输出内部缓冲区信号。

 知识拓展：

linear extrapolation 表示线性外插法，也称线性外推。这种方法可用于研究随时间按恒定增长率变化的事物。

外插法包括向前外插法和向后外插法，根据上一个时间步向前外插计算的结果没有根据当前时间步向后外插计算的结果准确。但是，模块无法使用当前输入计算其输出值，因为输入端口没有直接馈通。

如果需要输出某个时间 t（位于两个存储输入时间 t_1、t_2 之间）的信号，如图 9-51 所示，且求解器是连续求解器，模块将利用线性插值的方法从时间 t_1、t_2 处的信号推算时间 t 处的信号。

如果延迟时间 t_0 小于时间步 Δt，则块从前一个时间步 t_1 外推计算输出点 t 处的信号。例如，信号延迟时间 $t_0 = 0.5$，计算 $t = 5$ 处的输出信号，采用从上一个时间步进行外推的方法计算输出信号，即 $y = u(t - t_0) = u(5 - 0.5) = u(4.5)$。模块根据 $t = 4$ 处输入信号利用外推法得到 $t = 4.5$ 处输入信号，并将其作为 $t = 5$ 处的输出信号。

双击 Variable Transport Delay 模块，弹出如图 9-52 所示的"模块参数：Variable Transport Delay"对话框，在该对话框中可以设置相关参数，参数属性见表 9-13。

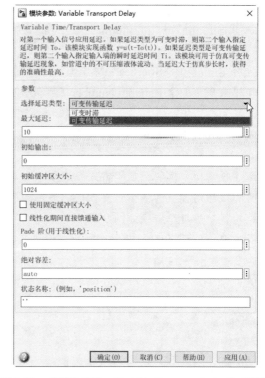

图 9-51　计算时间 t 的输出　　　　图 9-52　"模块参数：Variable Transport Delay"对话框

表 9-13　Variable Transport Delay 模块参数属性

参　数	说　明
选择延迟类型	指定延迟类型为"可变时滞"或"可变传输延迟"
最大延迟	此值定义此模块允许的最大时滞输入，不能为负数。模块会截减超过此值的任何延迟量。如果时滞变为负数，模块会将其截减为 0 并发出警告消息
初始输出	指定模块在仿真时间首次超过输入的时滞量之前生成的输出
初始缓冲区大小	为要存储的输入点数定义初始内存分配
使用固定缓冲区大小	使用固定大小缓冲区保存来自之前时间步的输入数据
线性化期间直接馈通输入	将模块模式设置为直接馈通，在线性化期间输出其输入并配平

实例——信号传输延迟

源文件： yuanwenjian\ch09\Chirp_delay.slx

本实例演示高斯调制的二次啁啾信号经可变时间延迟后的输出信号。

扫一扫，看视频

操作步骤

（1）创建模型文件。在 MATLAB "主页"选项卡中单击 Simulink 按钮，打开"Simulink 起始页"窗口。单击"空白模型"，新建一个空白的模型文件。

（2）打开库文件。单击"仿真"选项卡中的"库浏览器"按钮，打开 Simulink 库浏览器。

（3）放置模块。

选择 Simulink（仿真）→Continuous（连续系统）库中的 Variable Transport Delay（可变传输延迟）模块，将其拖动到模型中。

选择 Simulink→Continuous 中的 Variable Time Delay（可变时间延迟）模块，将其拖动到模型中。

选择 Simulink→Sources（信号源）库中的 Chirp Signal（啁啾信号）模块，将其拖动到模型中。

在模块库中搜索 Random Number（随机数）、Scope（示波器）、Bus Creator（总线）模块，并将它们拖动到模型中。

按住 Ctrl 键拖动 Bus Creator 模块，复制出一个模块 Bus Creator1。使用同样的方法复制出一个模块 Scope1。

选中任意一个模块，在"格式"选项卡中单击"自动名称"下拉按钮，从弹出的下拉菜单中取消勾选"隐藏自动模块的名称"复选框，显示所有模块的名称。

连接模块端口，结果如图 9-53 所示。

双击 Random Number 模块，弹出"模块参数：Random Number"对话框，修改"均值"为 1，"方差"为 2，如图 9-54 所示。

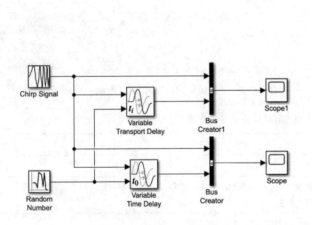

图 9-53　模块连接结果

图 9-54　"模块参数：Random Number"对话框

（4）保存模型。在"仿真"选项卡中单击"保存"按钮，将生成的模型文件保存为 Chirp_delay.slx。

（5）仿真分析。在"仿真"选项卡中单击"运行"按钮 ▶，编译结束后，双击 Scope 模块弹出示波器窗口，在示波器中显示分析结果，如图 9-55 所示。

在 Scope 中显示经过 Variable Time Delay 模块的信号；在 Scope1 中显示经过 Variable Transport Delay 模块的信号，经比较发现，信号经过 Variable Transport Delay 模块后的输出信号精确度更高。

（6）设置模块属性。双击 Chirp Signal 模块，弹出"模块参数：Chirp Signal"对话框，修改"初始频率"为 0.5，如图 9-56 所示。

（7）仿真分析。单击"运行"按钮 ▶，运行结束后，在示波器中显示分析结果，如图 9-57 所示。

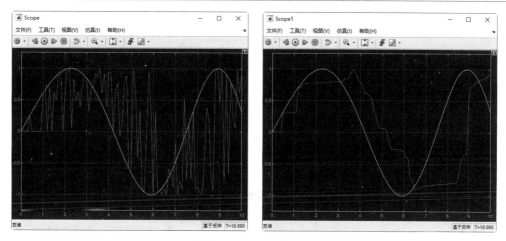

图 9-55　示波器分析图

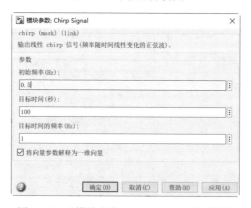

图 9-56　"模块参数：Chirp Signal"对话框

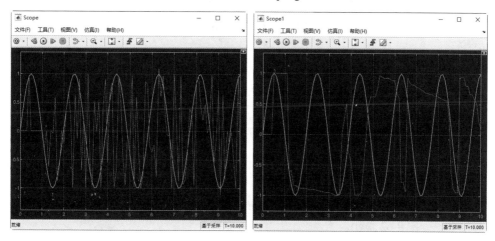

图 9-57　示波器分析图

经比较发现，经过 Variable Transport Delay 模块后的输出信号精确度更高。

实例——正弦信号传输延迟

源文件： yuanwenjian\ch09\Phase\Capacitance_Phase.slx、Capacitance_Phase1.slx、Capacitance_Phase2.slx

当交流电流经过电容时，电容两端的电压相位会滞后电流 90°；当流过电感时，电感两端的电压

扫一扫，看视频

327

相位会超前电流 90°。本实例创建模型演示交流电流经一个电容和两个电容对电路的影响。

操作步骤

（1）创建模型文件。在 MATLAB"主页"选项卡中选择"新建"→"工程"→"空白工程"命令，弹出"新建工程"对话框。在"工程名称"文本框与"工程文件夹"文本框中输入工程的名称与路径，如图 9-58 所示。单击"创建"按钮，进入"工程"编辑环境。

创建工程文件后，自动在 MATLAB 编辑环境下显示创建的工程文件和 resources 文件夹，在"工程"面板的空白处右击，在弹出的快捷菜单中选择"新建"→"模型"命令，创建默认名称为 untitled1.slx 的模型文件，如图 9-59 所示。双击该模型文件进入 Simulink 模型文件编辑环境。

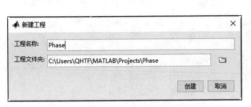

图 9-58　"新建工程"对话框　　　　　　　　图 9-59　新建模型文件

（2）打开库文件。在"仿真"选项卡中单击"库浏览器"按钮，弹出 Simulink 库浏览器。

（3）放置模块。设定电路电压为正弦波信号。在模块库中搜索正弦波模块 Sine Wave，将其拖动到模型中。

选中该模块，在"格式"选项卡中单击"自动名称"下拉按钮，从弹出的下拉菜单中取消勾选"隐藏自动模块名称"复选框，显示模型中所有模块的名称。

在模块库中搜索 Scope（示波器）模块，将其拖动到模型中，与 Sine Wave 模块放置在同一水平线上，模块端口间自动显示连接箭头，如图 9-60 所示。在箭头上单击，完成模块端口的连接，连接结果如图 9-61 所示。

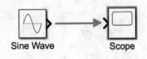 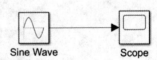

图 9-60　自动连接　　　　　　　　　　　图 9-61　模块连接结果

（4）保存模型。在"仿真"选项卡中单击"另存为"按钮，将生成的模型文件保存为 Capacitance_hase.slx。

（5）仿真分析。单击"运行"按钮 ▶，运行结束后，双击 Scope 模块弹出示波器窗口，在示波器中显示分析结果，如图 9-62 所示。

（6）放置模块。

打开模块库，选择 Simulink→Commonly Used Blocks（常用模块）库中的 Bus Creator（总线）模块，将其拖动到模型中。

选择 Simulink→Continuous（连续系统）库中的 Transport Delay（传输延迟）模块，将其拖动到模型中。

单击输入/输出端口，连接模块，结果如图 9-63 所示。

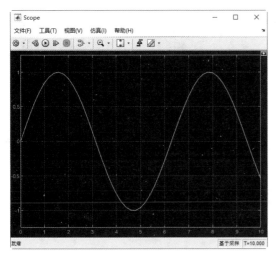

图 9-62　示波器分析图

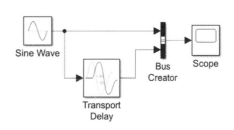

图 9-63　信号延迟模型图

（7）设置模块参数。双击 Transport Delay 模块，弹出"模块参数：Transport Delay"对话框，设置"时滞"为 pi/2，如图 9-64 所示，通过此参数将信号相位延迟 90°。

（8）保存模型。在"仿真"选项卡中单击"另存为"按钮，将生成的模型文件保存为 Capacitance_hase1.slx。

（9）仿真分析。单击"运行"按钮 ⏵，运行结束后，双击 Scope 模块弹出示波器窗口，在示波器中显示分析结果，如图 9-65 所示。

图 9-64　"模块参数：Transport Delay"对话框

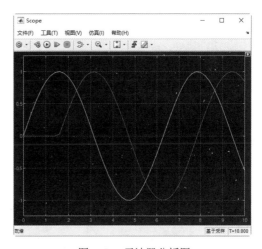

图 9-65　示波器分析图

图 9-65 中，黄色曲线（下方）为原始正弦波，蓝色曲线（上方）为延迟 90°的波形。

（10）保存模型。在"仿真"选项卡中单击"另存为"按钮，将生成的模型文件保存为 Capacitance_hase2.slx。

（11）放置模块。

打开模块库，选择 Simulink→Commonly Used Blocks 中的 Constant 模块，将其拖动到模型中。

选择 Simulink→Continuous 中的 Variable Transport Delay 模块，将其拖动到模型中。

选择 Simulink→Continuous 中的 Variable Time Delay 模块，将其拖动到模型中。

选择模型文件中的 Constant、Bus Creator、Scope 模块，按住 Ctrl 键拖动，复制出 Constant1、Bus Creator1 和 Scope1 模块。

删除模型文件中的 Transport Delay 模块，然后连接其他模块，模型结果如图 9-66 所示。

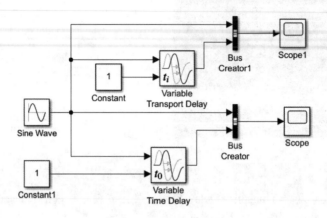

图 9-66　信号延迟模型图

（12）设置仿真模型中的参数。双击 Constant 模块，弹出"模块参数：Constant"对话框，设置"常量值"为 pi/2，如图 9-67 所示，通过此参数将信号相位延迟 90°。

使用同样的方法设置 Constant1 模块的"常量值"为 pi，将信号相位延迟 180°。模型如图 9-68 所示。

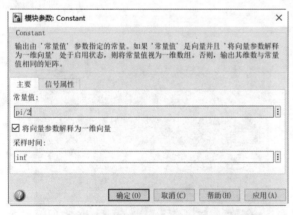

图 9-67　"模块参数：Constant"对话框

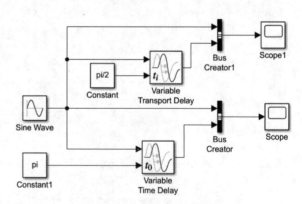

图 9-68　设置参数后的模型

（13）仿真分析。单击"运行"按钮 ▶，运行结束后，双击 Scope 模块弹出示波器窗口，在示波器中显示分析结果，如图 9-69 所示。

Scope1 中显示流经一个电容，相位滞后 90°，Scope 中显示流经两个电容，相位滞后 180°。

（14）加载文件。选中"工程"面板，在 MATLAB 功能区中打开"工程"选项卡，在"工具"选项组的下拉列表框中单击"添加文件"按钮，如图 9-70 所示。在弹出的"将文件添加到工程"对话框中选择需要添加的文件，如图 9-71 所示。

单击"确定"按钮，在"工程"面板中显示添加的文件，如图 9-72 所示。

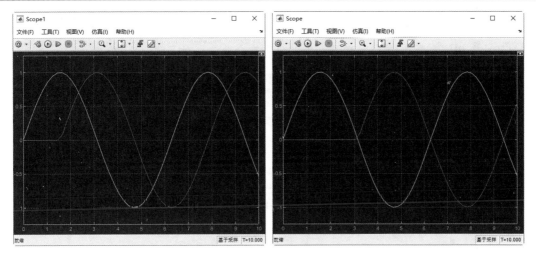

图 9-69 示波器分析图

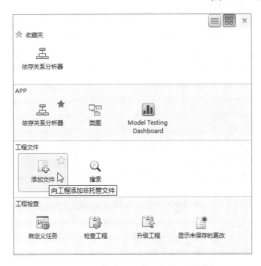

图 9-70 单击"添加文件"按钮

图 9-71 "将文件添加到工程"对话框

图 9-72 文件添加结果

9.6.10 零极点增益模块

微分方程直接描述系统输入和输出量之间的制约关系，是连续控制系统其他数学模型表达式的基础。状态方程能够反映系统内部各状态之间的相互关系，适用于多输入多输出系统。传递函数是零极点形式和部分分式形式的基础。零极点增益形式可用于分析系统的稳定性和快速性。

传递函数是在零初始条件下定义的，它不能反映在非零初始条件下系统的运动情况，系统传递函数的特征可由其极点和零点在 s 复数平面上的分布完全决定。对于传递函数 $G(s) = \dfrac{M(s)}{D(s)}$，传递函数 $G(s)$ 的极点规定为特征方程 $D(s)=0$ 的根，传递函数 $G(s)$ 的零点规定为方程 $M(s)=0$ 的根。

定义传递函数的格式为 $H(s) = K\dfrac{Z(s)}{P(s)} = K\dfrac{(s-Z(1))(s-Z(2))\cdots(s-Z(m))}{(s-P(1))(s-P(2))\cdots(s-P(n))}$。其中，$Z$ 表示零点，P 表示极点，K 表示传递函数增益。

在 Simulink 中，Zero-Pole（零极点增益）模块用于在不需要触发求解器复位的前提下，采用分段线性近似的方法，将采样的离散信号在特定的区间内转换为连续信号，默认图标与端口如图 9-73 所示。

双击该模块，弹出如图 9-74 所示的"模块参数：Zero-Pole"对话框，在该对话框中可以设置相关参数，参数属性见表 9-14。

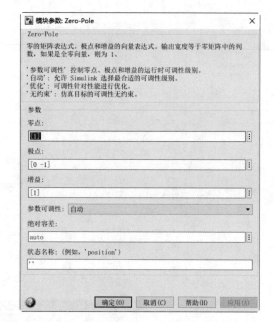

图 9-73　模块图标与端口　　　　　　　　图 9-74　"模块参数：Zero-Pole"对话框

表 9-14　Zero-Pole 模块参数属性

参　数	说　明
零点	零点矩阵。对于单输出系统，输入传递函数的零点向量；对于多输出系统，输入矩阵。此矩阵的每一列包含一个传递函数（将系统输入与一个输出相关联）的零点
极点	极点向量。对于单输出系统，输入传递函数的极点向量；对于多输出系统，输入对系统的所有传递函数通用的极点向量
增益	增益向量。对于单输出系统，输入传递函数的 1×1 增益向量；对于多输出系统，输入增益向量。每个元素代表对应的传递函数在零点中的增益
参数可调性	设置使用 Simulink Compiler 部署的仿真和加速仿真模式中的零点、极点和增益的可调性级别
绝对容差	用于计算模块状态的绝对容差，指定为正值、实数值、标量或向量。如果要从配置参数继承绝对容差，指定为 auto 或-1
状态名称	为每个状态指定唯一名称

当传递函数具有不同的零点数或者每个传递函数只有一个零点时,不能使用一个 Zero-Pole 模块建立多输出系统模型,而是需要使用多个 Zero-Pole 模块建立此类系统模型。

Zero-Pole 模块可以为使用零点、极点和拉普拉斯域传递函数增益定义的系统进行建模。该模块还可分为单输入单输出(SISO)和单输入多输出(SIMO),针对不同的系统,输入参数也有所不同,详见表 9-14。

扫一扫,看视频

动手练一练——比例微分控制器仿真

比例微分控制器是指产生比例和微分控制作用的控制器,其数学描述为

$$u(t) = K_\mathrm{p} e(t) + K_\mathrm{d} \frac{\partial e}{\partial t}$$

其中,K_p 为控制器比例项系数,K_d 为控制器分项系数。假设一个执行机构的传递函数为 $\dfrac{1}{(s-1)(s+1)}$,试建立比例微分控制器模型并进行仿真。

📝 **思路点拨:**

> 源文件:yuanwenjian\ch09\Proportional_differential_controller.slx
> (1)新建一个 Simulink 模型文件。
> (2)放置模块,显示模块名称。
> (3)设置模块参数。两个 Sum 模块的符号列表分别为 "+−" 和 "++";Gain 模块的增益分别设置为 15 和 2;Zero-Pole 模块的零点为[],极点为[1 −1];Scope 模块在仿真时打开。
> (4)连接模块端口,如图 9-75 所示。
> (5)运行仿真。

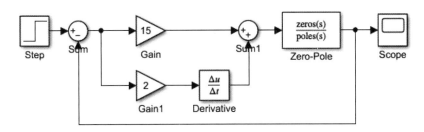

图 9-75　模型图

9.6.11　实体传输延迟模块

在 Simulink 中,Entity Transport Delay(实体传输延迟)模块在信号实体传输过程中,插入传输延迟,将输入信号和通过 SimEvents 实体传输中的瞬时延迟计算出的传输延迟作为一个连续的过程。

一般情况下,该模块有一个输入端口、一个瞬时延迟端口和一个输出端口,如图 9-76 所示。

双击该模块,弹出如图 9-77 所示的"模块参数:Entity Transport Delay"对话框,在该对话框中可以设置相关参数,参数属性见表 9-15。

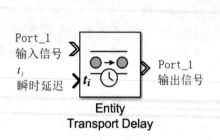
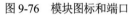

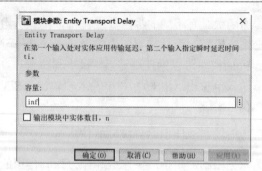

图 9-76　模块图标和端口　　　　图 9-77　"模块参数：Entity Transport Delay" 对话框

表 9-15　Entity Transport Delay 模块参数属性

参　　数	说　　明
容量	指定模块的容量，取值为标量，默认为 inf
输出模块中实体数目，n	输出模块中存在的延迟实体数目

第 10 章　图像处理仿真

内容指南

在 Simulink 中，Computer Vision Toolbox（计算机视觉工具箱）提供的模块用于执行设计和测试计算机视觉、3D 视觉和视频处理系统的算法。

本章以 Simulink 视频和图像处理模块为主，从实际应用角度出发，以二维静态图像为主要研究图像，举例讲述了图像的读取与显示、格式转换、图像的增强、图像的几何变换、图像的形态学操作等处理方法，以及图像的恢复、重建操作，并侧重介绍 MATLAB 2022 图像处理工具箱中的常用模块。

内容要点

- 图像文件
- 图像处理模块库
- 基于 Simulink 的图像显示
- 基于 Simulink 的图像转换处理
- 基于 Simulink 的图像几何变换
- 基于 Simulink 的图像增强

10.1　图　像　文　件

图像文件是一幅图像或存储在计算机上的一个平面设计作品。计算机处理的都是数字化的信息，因此图像必须转化为数字信息后才能被计算机识别并处理。

10.1.1　图像的类型

根据图像在图像信息中所反映的不同特征，利用计算机对图像进行定量分析，可以把图像或图像中的每个像元或区域划归为若干个类别。

1. 按灰度分类

图像按灰度分类有二值图像和多灰度图像。前者是只有黑色与白色两种像素组成的图像，后者含有从白色逐步过渡到黑色的中间级灰度。

2. 按色彩分类

图像按色彩分类可以分为单色图像和彩色图像。单色图像只有某一段频谱，彩色图像包括真彩色、假彩色、伪彩色和合成彩色。

3. 按运动分类

图像按运动分类可以分为静态图像和动态图像。静态图像包括静止图像和凝固图像，动态图像包括视频和动画。

4. 按时空分类

图像按时空分类可以分为二维图像和三维图像。二维图像为平面图像，三维图像为立体图像。

图像处理常用的类型包括 RGB 图像、索引图像和灰度图像。

10.1.2 图像文件的格式

MATLAB 支持的图像文件格式很多，这里介绍几种常用的文件格式。

1. BMP 格式

BMP（Windows Bitmap）是微软 Paint 的格式，因此可以被多种软件所支持，也可以在 Windows 系统和苹果系统中通用。BMP 格式颜色多达 16 位真彩色，质量上没有损失，但这种格式的文件比较大。

bmp 文件的位图数据格式依赖于编码中每个像素颜色所用的位数。对于一个 256 色的图像来说，每个像素占用文件中位图数据部分的 1 字节。像素的值不是 RGB 颜色值，而是文件中色表的一个索引。所以在色表中，如果第一个 R/G/B 值是 255/0/0，那么像素值为 0，表示它是鲜红色，像素值按从左到右的顺序存储，通常从最后一行开始。所以在一个 256 色的文件中，位图数据中第一字节就是图像左下角像素的颜色索引，第二字节就是它右边那个像素的颜色索引。如果位图数据中每行的字节数是奇数，则要在每行中都加一个附加的字节来调整位图数据边界为 16 位的整数倍。

2. GIF 格式

GIF（Graphic Interchange Format，图像交换格式）是一种小型化的文件格式，它最多只用 256 色，即索引色彩，GIF 格式支持动画，多用于网络传输。

GIF 文件的结构取决于它的版本，但无论哪个版本，它都以一个长 13 字节的文件头开始，该文件头中包含判定此文件是 GIF 文件的标记、版本号和其他的一些信息。如果这个文件只有一幅图像，则文件头后紧跟一个全局色表来定义图像中的颜色；如果含有多幅图像（GIF 和 TIFF 格式一样，允许在一个文件里编码多个图像），那么全局色表就被各个图像自带的局部色表所替代。

GIF 最显著的优点是它的广泛使用和紧密性。但它有两个弱点，一个是用 GIF 格式存放的文件最多只能含有 256 种颜色；另一个是使用 GIF 格式的软件开发者必须征得 compuserve 的同意，它抑制了程序员在其图像应用程序中支持 GIF 文件的需要。

3. TIFF 格式

TIFF（Tag Image File Format，标签图像文件格式）是一种最佳质量的图像存储方式，它可存储多达 24 个通道的信息。它所包含的有关图像信息最全，而且几乎所有的专业图形软件都支持这种格式。用户在存储自己的作品时，只要有足够的空间，都应该用这种格式来存储，才能保证作品质量没有损失。

这种格式的文件通常被用于在 Mac 平台和 PC 之间进行转换，也用在 3ds Max 与 Photoshop 之间进行转换。这也是平面设计专业领域中用得最多的一种存储图像的格式。

当然，它也有缺点，即体积太大。对于 TIFF 格式的图片，软盘从来都是无能为力的，因为在实际应用中，几乎没有多少 TIFF 格式的图片能够小于一张软盘的容量。

4．JPG 格式

JPG（JPEG）（Joint Photographic Experts Group，联合图像专家组）是一种压缩图像存储格式。用这种格式存储的图像会有一定的信息损失，但用 Photoshop 存储时可以通过选择"最佳""高""中"和"低" 4 种等级来决定存储 JPG 图像的质量。由于它可以把图片压缩得很小，中等压缩比大约是原PSD 格式文件的 1/20。一般一幅分辨率为 300dpi 的 5in 图片，用 TIFF 格式存储要使用 10MB 左右的空间，而 JPG 只需要 100KB 左右的空间就可以了。所以在传输图片时最好选择这种存储格式。现在几乎所有的数码照相机存储图像采用的都是这种存储格式。

5．PCX 格式

PCX 是在 PC 上成为位图文件存储标准的第一种图像文件格式。最早出现在 zsoft 公司的 Paintbrush软件包中，在 20 世纪 80 年代早期授权给微软与其产品捆绑发行，而后转变为 Microsoft Paintbrush，并成为 Windows 的一部分。

PCX 文件分为三部分，依次为 PCX 文件头、位图数据和一个可选的色表。PCX 文件头长达 128字节，分为几个域，包括图像的尺寸和每个像素颜色的编码位数。位图数据用一种简单的 rle 算法压缩，最后的可选色表有 256 个 RGB 值。PCX 格式最初是为 CGA 和 EGA 设计的，后来经过修改也支持 VGA 和真彩色显示卡，现在 PCX 图像可以用 1、4、8 或 24-bpp 来对颜色数据进行编码。

6．PNG 格式

PNG（Portable Network Graphics，便携式网络图形）文件格式是作为 GIF 的替代品开发的，它能够避免使用 GIF 文件所遇到的常见问题。另外，它从 GIF 那里继承了许多特征，而且支持真彩色图像。更重要的是，在压缩位图数据时它采用了一种颇受好评的 lz77 算法的一个变种，lz77 是 lzw 的前身，而且可以免费使用。由于篇幅所限，在这里就不花时间来具体讨论 PNG 格式了。

7．JPEG 格式

JPEG 文件格式最初是为了提供一种存储深度位像素的有效方法，如对于照片扫描，颜色很多而且差别细微（有时也不细微）。JPEG 和这里讨论的其他格式的最大区别是，JPEG 使用了一种有损压缩算法，无损压缩算法能在解压后准确再现压缩前的图像，而有损压缩则牺牲了一部分的图像数据来达到较高的压缩率，但是这种损失很小，以至于人们很难察觉。

8．DICOM 格式

DICOM 是以 TCP/IP 为基础的应用协定，并以 TCP/IP 联系各个系统。两个能接收 DICOM 格式的医疗仪器间可借由 DICOM 格式的档案来接收与交换影像及病人资料。

DICOM 文件整体结构先是 128 字节所谓的导言部分，紧接着是 DICOM 前缀（长度为 4 字节的"DICOM"字符串，判断是否为 DICOM 文件的唯一标准），然后是 dataElement 依次排列的方式（以一个 dataElement 接一个 dataElement 的方式排到文件结尾）。

DICOM 文件整体结构如图 10-1 所示。

dataElement 中的 tag 是 DICOM 标准里定义的数据字典。tag 由 4 字节表示，前两字节是组号，后两字节是偏移号，如 0008,0018。所有 dataElement 在文件中都是按 tag 排序的，如 0002,0001、0002,0002、0003,0011。

9. HDR 格式

HDR（High Dynamic Range，高动态范围图像）文件格式，相比普通的图像，可以提供更多的动态范围和图像细节，根据不同曝光时间的 LDR（Low-Dynamic Range）图像，利用每个曝光时间相对应最佳细节的 LDR 图像来合成最终 HDR 图像，其能够更好地反映出真实环境中的视觉效果。

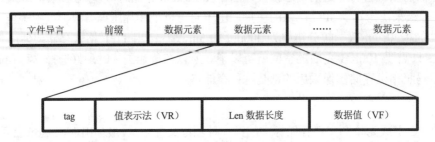

图 10-1　DICOM 文件整体结构

10.1.3　图像颜色模式

目前，各种图像文件中最常用的颜色空间模式主要有 RGB、CMYK、Lab、索引颜色模式和双色调模式等。下面简要介绍各种颜色模式的特点。

1. RGB 模式

RGB 模式又称为"真彩色模式"，是美工设计人员最熟悉的色彩模式。RGB 模式是将红（Red）、绿（Green）、蓝（Blue）三种基本颜色进行颜色加法（加色法），配制出绝大部分肉眼能看到的颜色。Photoshop 将 24 位 RGB 图像看作由三个颜色信息通道组成：红色通道、绿色通道和蓝色通道。其中每个通道使用 8 位颜色信息，每种颜色信息由 0～255 的亮度值表示。这三个通道通过组合可以产生 1670 余万种不同的颜色。屏幕的显示基础是 RGB 系统，印刷品无法用 RGB 模式产生各种颜色，所以 RGB 模式多用于视频、多媒体和网页设计。图 10-2 所示为 RGB 模式的图像。

2. CMYK 模式

CMYK 模式是一种印刷模式，其中的 4 个字母分别指青色（Cyan）、洋红色（Magenta）、黄色（Yellow）和黑色（Black），这 4 种颜色通过减色法形成 CMYK 颜色模式，其中黑色用于增加对比以弥补 CMY 产生黑度的不足。在每一个 CMYK 的图像像素中，都会被分配到这 4 种油墨的百分比值。CMYK 模式在本质上与 RGB 模式没有什么区别，只是在产生色彩的原理上有所不同。图 10-3 所示为 CMYK 模式的图像。

图 10-2　RGB 图像

图 10-3　CMYK 图像

📢 提示：

> RGB 模式一般用于图像处理，而 CMYK 模式一般只用于印刷。因为 CMYK 模式的文件较大，会占用更多的系统资源，因此一般在印刷时才将图像转换为 CMYK 模式。

3. Lab 模式

Lab 模式是以一个亮度分量 L（Lightness）和两个颜色分量 a 与 b 来表示颜色的。a 分量代表由绿色到红色的光谱变化，b 分量代表由蓝色到黄色的光谱变化。通常情况下，Lab 模式很少使用。

4. HSB 模式

HSB 模式利用色相（Hue）、饱和度（Saturation）和亮度（Brightness）三种基本矢量来表示颜色，往往在制作计算机图像时使用。色彩决定到底哪一种颜色被使用，饱和度决定颜色的深浅，亮度决定颜色的强烈度。

5. YCbCr 模式

YCbCr 模式中的 Y 指亮度分量，Cb 指蓝色色度分量，Cr 指红色色度分量。人的肉眼对视频的 Y 分量更敏感，因此，在通过对色度分量进行子采样来减少色度分量后，肉眼将察觉不到图像质量的变化。

6. YIQ 模式

美国国家电视系统委员会（NTSC）定义了用光亮度和色度传送信号的格式 YIQ，其中，Y 代表亮度信息，I、Q 为色度值。

7. YUV 模式

YUV 模式的图像中每个颜色都有一个亮度信号 Y 和两个色度信号 U 和 V。亮度信号是强度的感觉，它和色度信号断开，这样强度就可以在不影响颜色的情况下发生改变。

YUV 使用 RGB 的信息，但它从全彩色图像中产生一个黑白图像，然后提取出三个主要的颜色变成两个额外的信号来描述颜色。把这三个信号组合起来就可以产生一个全彩色图像。

8. 索引模式

索引模式采用一个颜色表存放并使用索引图像中的颜色，最多有 256 种颜色。

9. 灰度模式

灰度模式的图像中只有灰度颜色而没有彩色，其每个像素都以 8 位、16 位或 32 位表示，介于黑色与白色之间的 256（$2^8 = 256$）或 64K（$2^{16} = 64K$）或 4G（$2^{32} = 4G$）种灰度中的一种。

10. 位图模式

位图模式又称线画稿模式。位图模式图像的每个像素仅以 1 位表示，即其强度要么为 0，要么为 1，分别对应颜色的黑与白。要将一幅彩色图像转换为位图模式图像，首先要将其转换为 256 级灰度图像，然后才能将其转换为位图图像。

11. 双色调模式

双色调模式用一种灰色油墨或彩色油墨来渲染一个灰度图像，该模式最多可向灰度图像添加 4 种颜色。双色调模式采用 2～4 种彩色油墨混合其色阶来创建双色调（2 种颜色）、三色调（3 种颜色）、四色调（4 种颜色）的图像。在将灰度图像转换为双色调模式图像的过程中，可以对色调进行编辑，以产生特殊的效果，如图 10-4 所示。

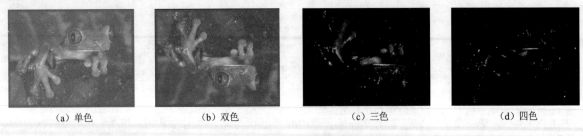

| (a) 单色 | (b) 双色 | (c) 三色 | (d) 四色 |

图 10-4　双色调模式图像

10.2　图像处理模块库

以 MATLAB/Simulink 为平台进行系统设计时，系统中所有的环节都要通过 Simulink 动态模型仿真进行检验。MATLAB/Simulink 提供了丰富的图像处理函数和模块，可以方便地对图像处理系统建模、对图像处理算法进行仿真验证等。

Computer Vision Toolbox（图像处理）模块库共有 70 多个子模块，将这些子模块分成 11 大类模块，按照功能主要分为图像处理功能、目标检测和跟踪、特征检测、提取和匹配等，如图 10-5 所示。

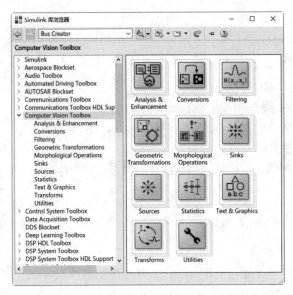

图 10-5　Computer Vision Toolbox 模块库

10.2.1　Analysis & Enhancement 模块库

Analysis & Enhancement（分析和增强）模块库包含 11 个子模块，如图 10-6 所示。

（1）Block Matching（块匹配）模块。

（2）Contrast Adjustment（对比度调整）模块。

（3）Corner Detection（角点检测）模块。

（4）Deep Learning Object Detector（深度学习目标检测器）模块。

（5）Deinterlacing（反交错处理）模块。

（6）Edge Detection（边缘检测）模块。

（7）Histogram Equalization（直方图均衡化）模块。

（8）Median Filter（中值滤波）模块。

（9）Optical Flow（光流法）模块。

（10）Template Matching（模板匹配）模块。

（11）Trace Boundary（边界跟踪）模块。

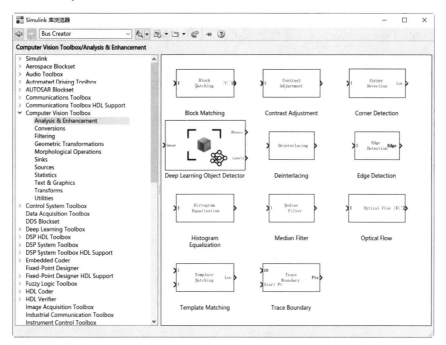

图 10-6　Analysis & Enhancement 模块库

10.2.2　Conversions 模块库

Conversions（转换）模块库包含 7 个子模块，如图 10-7 所示。

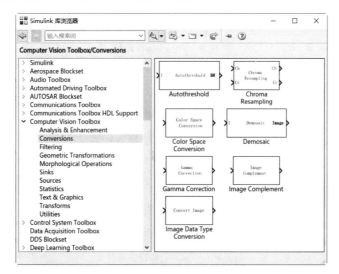

图 10-7　Conversions 模块库

（1）Autothreshold（自动阈值）模块。

（2）Chroma Resampling（色度重采样）模块。

（3）Color Space Conversion（颜色空间转换）模块。

（4）Demosaic（去马赛克）模块。

（5）Gamma Correction（伽玛校正）模块。

（6）Image Complement（图像补色）模块。

（7）Image Data Type Conversion（图像数据类型转换）模块。

10.2.3 Filtering 模块库

Filtering（滤波器）模块库包含 3 个子模块，如图 10-8 所示。

（1）2-D Convolution（二维卷积）模块。

（2）2-D FIR Filter（二维 FIR 数字滤波器）模块。

（3）Median Filter（中值滤波器）模块。

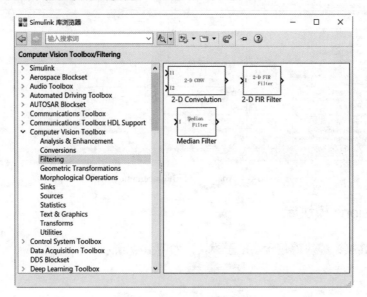

图 10-8　Filtering 模块库

10.2.4 Geometric Transformations 模块库

Geometric Transformations（几何变换）模块库包含 6 个子模块，如图 10-9 所示。

（1）Estimate Geometric Transformation（估计几何变换）模块。

（2）Resize（缩放）模块。

（3）Rotate（旋转）模块。

（4）Shear（错切）模块。

（5）Translate（平移）模块。

（6）Warp（仿射）模块。

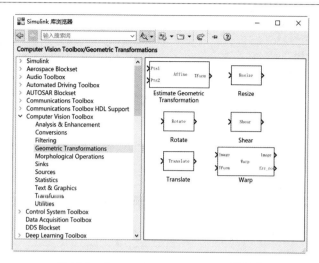

图 10-9　Geometric Transformations 模块库

10.2.5　Morphological Operations 模块库

Morphological Operations（形态学操作）模块库包含 7 个子模块，如图 10-10 所示。

（1）Bottom-hat（底帽滤波）模块。

（2）Closing（闭）模块。

（3）Dilation（膨胀）模块。

（4）Erosion（腐蚀）模块。

（5）Label（标记）模块。

（6）Opening（开）模块。

（7）Top-hat（顶帽滤波）模块。

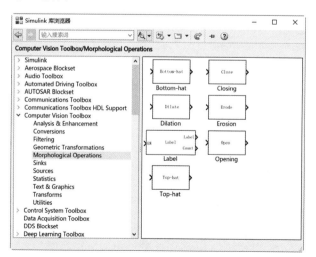

图 10-10　Morphological Operations 模块库

10.2.6　Sinks 模块库

Sinks（输出方式）模块库包含 6 个子模块，如图 10-11 所示。

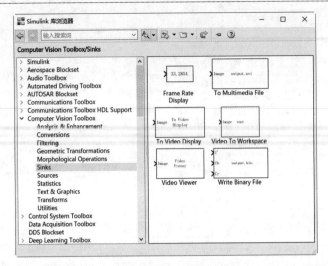

图 10-11　Sinks 模块库

（1）Frame Rate Display（帧频显示）模块。

（2）To Multimedia File（输出多媒体文件）模块。

（3）To Video Display（输出视频显示器）模块。

（4）Video To Workspace（向工作空间输出视频）模块。

（5）Video Viewer（视频显示器）模块。

（6）Write Binary File（写二进制文件）模块。

10.2.7　Sources 模块库

Sources（输入源）模块库包含 5 个子模块，如图 10-12 所示。

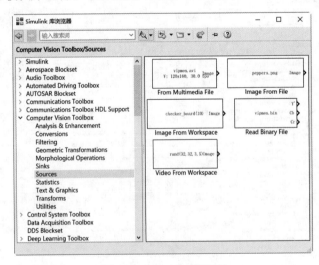

图 10-12　Sources 模块库

（1）From Multimedia File（来自多媒体文件）模块。

（2）Image From File（图像文件）模块。

（3）Image From Workspace（工作空间图像）模块。

（4）Read Binary File（读二进制文件）模块。

（5）Video From Workspace（视频来自工作空间）模块。

10.2.8　Statistics 模块库

Statistics（统计）模块库包含 12 个子模块，如图 10-13 所示。

（1）2-D Autocorrelation（二阶自相关系数）模块。

（2）2-D Correlation（二阶互相关系数）模块。

（3）2-D Histogram（二维直方图）模块。

（4）2-D Maximum（最大值）模块。

（5）2-D Mean（平均值）模块。

（6）2-D Median（中值）模块。

（7）2-D Minimum（最小值）模块。

（8）2-D Standard Deviation（标准差）模块。

（9）2-D Variance（方差）模块。

（10）Blob Analysis（Blob 分析）模块。

（11）Find Local Maxima（求局部极大值）模块。

（12）PSNR（峰值信噪比）模块。

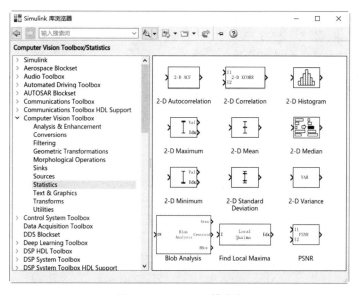

图 10-13　Statistics 模块库

10.2.9　Text & Graphics 模块库

Text & Graphics（文本和图形）模块库包含 4 个子模块，如图 10-14 所示。

（1）Compositing（合成）模块。

（2）Draw Markers（绘制标记）模块。

（3）Draw Shapes（绘制形状）模块。

（4）Insert Text（插入文本）模块。

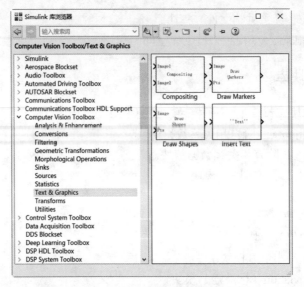

图 10-14　Text & Graphics 模块库

10.2.10　Transforms 模块库

Transforms（变换）模块库包含 7 个子模块，如图 10-15 所示。

（1）2-D DCT（二维离散余弦变换）模块。

（2）2-D FFT（二维傅里叶变换）模块。

（3）2-D IDCT（二维离散余弦逆变换）模块。

（4）2-D IFFT（二维傅里叶逆变换）模块。

（5）Gaussian Pyramid（高斯金字塔）模块。

（6）Hough Lines（霍夫直线）模块。

（7）Hough Transform（霍夫变换）模块。

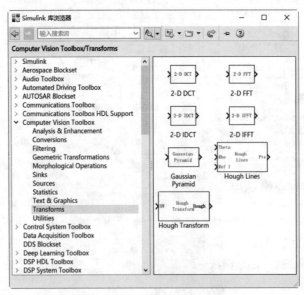

图 10-15　Transforms 模块库

10.2.11 Utilities 模块库

Utilities（工具）模块库包含 4 个子模块，如图 10-16 所示。

（1）Block Processing（块处理）模块：对输入矩阵的指定子矩阵进行用户自定义操作。

（2）From Simulink Image（来自 Simulink 图像）模块：从 Simulink 图像中解压缩数字矩阵。

（3）Image Pad（图像填补）模块：对图像的四周进行填补。

（4）To Simulink Image（到 Simulink 图像）：将数字矩阵打包到一个 Simulink 图像中。

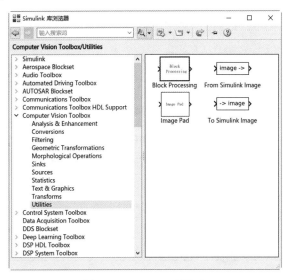

图 10-16　Utilities 模块库

10.3　基于 Simulink 的图像显示

图像的显示是将数字图像转化为适合人们使用的形式，以便于人们观察和理解。早期的图像处理设备一般都有专门的图像监视器供显示，目前一般都是用计算机的图形终端显示图像，图像窗口只是图形用户界面的一个普通窗口。为方便处理，通常图像都表现为一个矩形区域的位图形式。

10.3.1　读取图像

在 Simulink 中，Image From File（图像文件）模块位于 Computer Vision Toolbox / Sources 模块库中，用于从指定文件位置读取图像，输入文件可以包含二进制图像、灰度图像或彩色图像。一般情况下，该模块只有一个输出端口，如图 10-17 所示。如果将模块的 Image signal（图像信号）参数设置为 Separate color signals（分离的颜色信号），则模块显示三个输出端口，如图 10-18 所示。

图 10-17　图像文件模块　　　　　　　　　图 10-18　图像信号输出分量

双击该模块，弹出如图 10-19 所示的"模块参数：Image From File"对话框，在该对话框中可以设置相关参数，参数属性见表 10-1。

(a) Main 选项卡

(b) Data Types 选项卡

图 10-19 "模块参数：Image From File"对话框

表 10-1 Image From File 模块参数属性

参　　数	说　　明
File Name	图像名称，默认为系统预置的 peppers.png
Sample time	模块运行的采样时间
Image signal	模块返回的信号，可以是一个多维信号，也可以是分离的颜色信号
Output data type	输出图像的数据类型，默认从输入图像继承

10.3.2 显示图像

在 Simulink 中，Video Viewer（视频显示器）模块位于 Computer Vision Toolbox / Sinks 模块库中，用于查看二进制文件、RGB 图像或视频。一般情况下，该模块只有一个输入端口，如图 10-20 所示。

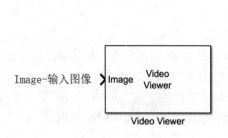

图 10-20 视频显示器模块

图 10-21 Video Viewer 窗口

双击该模块，弹出如图 10-21 所示的 Video Viewer 窗口，在该窗口中为运行模型时的播放、暂停和步骤提供模拟控件，还提供了像素区域分析工具。

选择"文件"→Separate color signals 命令，该模块将显示三个输入端口，如图 10-22 所示。

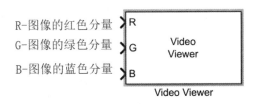

R-图像的红色分量

G-图像的绿色分量

B-图像的蓝色分量

图 10-22　显示信号输入分量

扫一扫，看视频

实例——图像分解显示

源文件：yuanwenjian\ch10\Image_Show.slx

操作步骤

（1）创建模型文件。在 MATLAB "主页" 选项卡中单击 Simulink 按钮，打开 "Simulink 起始页" 窗口。单击 "空白模型"，进入 Simulink 编辑窗口，创建一个 Simulink 空白模型文件。

（2）打开库文件。在 "仿真" 选项卡中单击 "库浏览器" 按钮，弹出 Simulink 库浏览器。

（3）放置模块。

选择 Computer Vision Toolbox（计算机视觉工具箱）→Sources（输入源）→Image From File（图像文件）模块，将其拖动到模型中，用于读取图像文件。

选择 Computer Vision Toolbox→Sinks（输出方式）中的 Video Viewer（视频显示器）模块，将其拖动到模型中，用于显示图像。

选中 Video Viewer 模块，按住 Ctrl 键拖动，复制出两个模块 Video Viewer1 和 Video Viewer2。

选中任意一个模块，在 "格式" 选项卡中单击 "自动名称" 下拉按钮，从弹出的下拉菜单中取消勾选 "隐藏自动模块名称" 复选框，用于显示模型中所有模块的名称。

（4）模块参数设置。双击 Image From File 模块，弹出 "模块参数：Image From File" 对话框。单击 File Name 文本框右侧的 Browse（浏览）按钮，选择系统预置的图像文件 yellowlily.jpg；在 Image signal 下拉列表中选择 Separate color signals，此时将显示图像分解的 RGB 颜色信号，如图 10-23 所示。

（5）连接信号线。连接模块端口，并对连线结果进行手动布局，连接结果如图 10-24 所示。

图 10-23　模块参数设置对话框

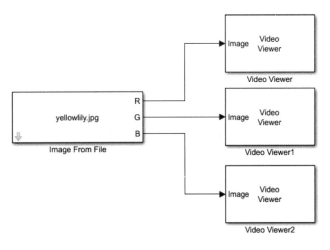

图 10-24　模块连接结果

（6）保存模型。在"仿真"选项卡中单击"另存为"按钮，将生成的模型文件保存为 Image_Show.slx。

（7）运行仿真。单击"运行"按钮 ▶，程序运行结束后，弹出 3 个 Video Viewer（视频显示器），结果如图 10-25 所示。

  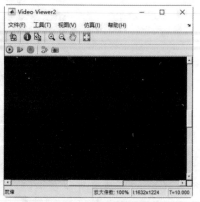

图 10-25　运行结果

10.4　基于 Simulink 的图像转换处理

不同的图像文件存储的信息不同，有的图像文件所占用的存储空间较小，输出质量较好，但在需要扫描转换时计算速度较慢，而转换速度快的图像文件存储空间较大。Simulink 可以实现图像的颜色空间、图像类型、颜色模式和数据类型的转换，从而满足系统对图像文件实际存储功能与转换速度的要求。

10.4.1　数据类型转换

图像使用数据矩阵表示，图像数据矩阵可能是 double、uint8 或 uint16 等类。输入图像矩阵默认使用 I 表示，指定为数值标量、向量、矩阵或多维数组。如果 I 是灰度或真彩色（RGB）图像，则它可以是 uint8、uint16、double、logical、single 或 int16；如果 I 为索引图像，则它可以是 uint8、uint16、double 或 logical；如果 I 为二值图像，则它必须是 logical。

为满足不同的要求，在 Simulink 中，Image Data Type Conversion（图像数据类型转换）模块（位于 Computer Vision Toolbox/Conversions 库中）用于转换图像的数据类型，将图像对应的值缩放到新的数据类型的动态数据范围。一般情况下，该模块只有一个输入端口和一个输出端口，如图 10-26 所示。

双击该模块，弹出如图 10-27 所示的"模块参数：Image Data Type Conversion"对话框，在该对话框中可以设置相关参数。

数值类型除双精度、单精度外，还包括无符号整型、有符号整型。将图像矩阵存储为 8 位或 16 位无符号整数类型，可以降低对内存的要求。

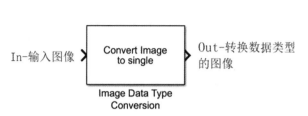

图 10-26　图像数据类型转换模块　　　　图 10-27　"模块参数：Image Data Type Conversion"对话框

动手练一练——将图像数据转换为逻辑值

试建立模型，将输入图像的数据转换为逻辑值，然后输出图像，如图 10-28 所示。

扫一扫，看视频

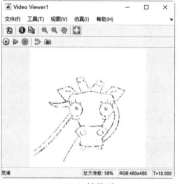

（a）转换前　　　　　　　　　　　　　（b）转换后

图 10-28　图像数据类型转换前后的效果

思路点拨：

源文件：yuanwenjian\ch10\convert_logic_image.slx

（1）新建一个 Simulink 模型文件。

（2）放置模块。

（3）设置模块参数。在 Image From File 模块中指定输入图像；在 Image Data Type Conversion 模块中指定输出数据类型为 boolean。

（4）连接模块端口，如图 10-29 所示。

（5）运行仿真。

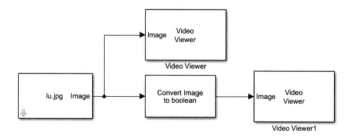

图 10-29　模型图

10.4.2　颜色空间转换

RGB、Lab、YUV 和 YCbCr 都是人为规定的彩色模型或颜色空间（也叫彩色系统或彩色空间）。它的用途是在某些标准下用人们可接受的方式对彩色加以说明。本质上，彩色模型是对坐标系统和子空间的阐述。

在 Simulink 中，Color Space Conversion（颜色空间转换）模块（位于 Computer Vision Toolbox/ Conversions 模块库中）用于转换图像颜色空间之间的颜色信息。一般情况下，该模块只有一个输入端口和一个输出端口，如图 10-30 所示。

双击该模块，弹出如图 10-31 所示的"模块参数：Color Space Conversion"对话框，在该对话框中可以设置相关参数，参数属性见表 10-2。

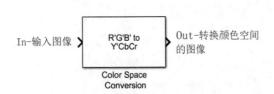

图 10-30　图像颜色空间转换模块　　　　图 10-31　　"模块参数：Color Space Conversion"对话框

表 10-2　Color Space Conversion 模块参数属性

参　　数	说　　明
Conversion	颜色空间转换。可以相互转换的颜色空间类型包括 R'G'B' to Y'CbCr、Y'CbCr to R'G'B'、R'G'B' to intensity、R'G'B' to HSV、HSV to R'G'B'、sR'G'B' to XYZ、XYZ to sR'G'B'、sR'G'B' to L*a*b*、L*a*b* to sR'G'B'
Use conversion specified by	指定转换标准
Image signal	输出的图像信号是一个多维信号，或分离的颜色信号

扫一扫，看视频

实例——图像颜色转换

源文件：yuanwenjian\ch10\Image_colorchange.slx

操作步骤

（1）创建模型文件。在 MATLAB"主页"选项卡中选择"新建"→"Simulink 模型"命令，打开"Simulink 起始页"窗口。单击"空白模型"按钮，进入 Simulink 编辑窗口，创建一个空白的 Simulink 模型文件。

（2）打开库文件。在"仿真"选项卡中单击"库浏览器"按钮，打开 Simulink 库浏览器。

（3）放置模块。

选择 Computer Vision Toolbox（计算机视觉工具箱）→Sources（输入源）→Image From File（图像文件）模块，将其拖动到模型中，用于读取图像文件。

选择 Computer Vision Toolbox→Sinks（输出方式）中的 Video Viewer（视频显示器）模块，将其拖动到模型中，用于显示图像。

选择 Computer Vision Toolbox（计算机视觉工具箱）→Conversions（转换）→Image Data Type Conversion（图像数据类型转换）模块、Color Space Conversion（颜色空间转换）模块，将其拖动到模型中，用于转换图像颜色。

选中 Video Viewer 模块，按住 Ctrl 键拖动，复制出两个视频显示器 Video Viewer1 和 Video Viewer2。用同样的方法复制出一个颜色空间转换模块 Color Space Conversion1。

选中任意一个模块，在"格式"选项卡中单击"自动名称"下拉按钮，从弹出的下拉菜单中取消勾选"隐藏自动模块名称"复选框，用于显示模型中所有模块的名称。

（4）模块参数设置。双击 Image From File（图像文件）模块，弹出"模块参数：Image From File"对话框，在 File Name 文本框中单击 Browse 按钮，选择图像文件 apples.jpg，如图 10-32 所示。

图 10-32　模块参数设置对话框（1）

设置 Color Space Conversion 模块中的 Conversion 为 R'G'B' to Y'CbCr，Color Space Conversion1 模块中的 Conversion 为 R'G'B' to HSV，如图 10-33 所示。

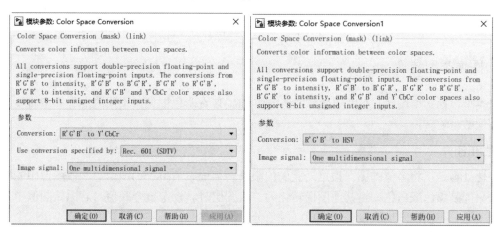

图 10-33　模块参数设置对话框（2）

（5）连接信号线。连接模块端口，结果如图 10-34 所示。

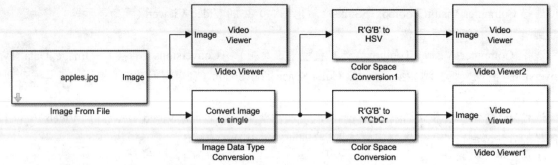

图 10-34　模块连接结果

（6）保存模型。在"仿真"选项卡中单击"另存为"按钮，将生成的模型文件保存为 Image_colorchange.slx。

（7）运行仿真。单击"运行"按钮 ▶ 运行程序，运行结果如图 10-35 所示。

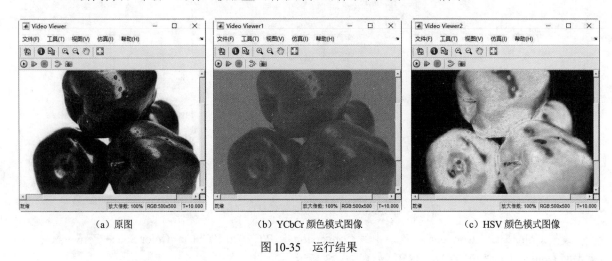

| （a）原图 | （b）YCbCr 颜色模式图像 | （c）HSV 颜色模式图像 |

图 10-35　运行结果

（8）结果分析。图 10-35 中，Video Viewer 中显示了图像原图，Video Viewer1 中显示了 YCbCr 颜色模式图像，Video Viewer2 中显示了 HSV 颜色模式图像。

10.4.3　图像类型转换

图像类型包括索引图像、灰度图像、二值图像、RGB 真彩色图像，不同的图像类型转换实质上是对颜色图像数组的转换。

1. 二值图像

二值化处理是指将多值的图像根据一定的门限值转换成二值(0,255)图像。二值图像中的每一个像素点取值只能是黑色或白色。将其他图像转化为二值图像时，设定一个阈值，若原始图像中某个像素的数值大于这个阈值，则把像素变成白色（颜色分量为 255）；若某个像素的数值小于这个阈值，则把像素变成黑色（颜色分量为 0），这样就形成了二值化图像。

在 Simulink 中，Autothreshold（自动阈值）模块（位于 Computer Vision Toolbox/Conversions 模块库中）使用 Otsu 算法（也称为最大类间方差法、大津算法）计算的阈值将灰度图像转换为二值图像。

一般情况下，该模块只有一个输入端口和一个输出端口，如图 10-36 所示。该模块输入数据类型只能为 double、single 和 floating-point，因此在大多数情况下该模块需要配合数据转换模块使用。

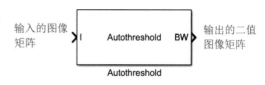

图 10-36　自动阈值模块

双击该模块，弹出如图 10-37 所示的"模块参数：Autothreshold"对话框，在该对话框中可以设置相关参数，参数属性见表 10-3。

（a）Main 选项卡　　　　　　　　　　（b）Data Types 选项卡

图 10-37　"模块参数：Autothreshold"对话框

表 10-3　Autothreshold 模块参数属性

参　数	说　明
Thresholding operator	阈值算子，指定模块在输入矩阵值上放置的条件。选择>或<=，模块输出 0 或 1 将取决于输入矩阵值是高于、低于还是等于阈值
Output threshold	输出阈值
Output effectiveness metric	输出有效性指标
Specify data range	指定数据范围。勾选此项后，可设置最小值（Minimum value of input）、最大值（Maximum value of input），以及当输入值超出预期范围时，指定模块的行为（When data range is exceeded）
Scale threshold	缩放阈值。勾选此项后，可设置阈值缩放因子（Threshold scaling factor），默认值为 1，输入标量值。该块将该标量值与 Otsu 方法计算的阈值相乘，并将结果用作新的阈值
Rounding mode	舍入方式，选择定点舍入方式
Saturate on integer overflow	整数溢出饱和处理
Product 1/2/3/4	指定乘数输出的字长和小数长度。 ➥ 选择 Specify word length，输入乘数值的字长（以位为单位） ➥ 选择 Same as input，特征与块的输入特征相匹配。此选择仅适用于乘数 4 参数 ➥ 选择 Binary point scaling，输入乘数输出的字长和小数长度（以位为单位） ➥ 选择 Slope and bias scaling，输入斜率和偏差的字长和小数长度

续表

参　数	说　明
Accumulator 1/2/3/4	对累加器的输入被转换为累加器数据类型。 ➥ 选择 Same as Product，这些特性与乘数输出的特性相匹配 ➥ 选择 Specify word length，输入累加器值的字长（以位为单位）。此选项不可用于累加器 4 参数 ➥ 选择 Binary point scaling，输入累加器的字长和小数长度（以位为单位）
Quotient	指定商数数据类型的字长和小数长度
锁定数据类型设置以防止被定点工具更改	防止定点工具覆盖模块掩码上指定的数据类型

2. 二值图像的补色

两种色光以适当比例混合而产生白色，则这两种色光便是补色。对于二进制图像，模块完成像素值替换，即从 0→1 和 1→0。

在 Simulink 中，Image Complement（图像补色）模块（位于 Computer Vision Toolbox/Conversions 模块库中）用于计算二值图像或灰度图像中像素值的补数，从而显示新的二值图像。一般情况下，该模块只有一个输入端口和一个输出端口，如图 10-38 所示。

图 10-38　图像补色模块

扫一扫，看视频

实例——图像二值化处理

源文件：yuanwenjian\ch10\Image_conver.slx

操作步骤

（1）创建模型文件。在 MATLAB"主页"选项卡中选择"新建"→"Simulink 模型"命令，打开"Simulink 起始页"窗口。单击"空白模型"按钮，进入 Simulink 编辑窗口，创建一个空白的 Simulink 模型文件。

（2）打开库文件。在"仿真"选项卡中单击"库浏览器"按钮，打开 Simulink 模块库浏览器。

（3）放置模块。

选择 Computer Vision Toolbox（计算机视觉工具箱）→Sources（输入源）→Image From File（图像文件）模块，将其拖动到模型中，用于读取图像文件。

选择 Computer Vision Toolbox→Sinks（输出方式）中的 Video Viewer（视频显示器）模块，将其拖动到模型中，用于显示图像。

选择 Computer Vision Toolbox→Conversions（转换）→Image Data Type Conversion（图像数据类型转换）模块、Autothreshold（自动阈值）模块、Image Complement（图像补色）模块，将其拖动到模型中，用于处理图像。

选中 Video Viewer 模块，按住 Ctrl 键拖动，复制出两个视频显示器模块 Video Viewer1 和 Video Viewer2。

选中任意一个模块，在"格式"选项卡中单击"自动名称"下拉按钮，从弹出的下拉菜单中取消勾选"隐藏自动模块名称"复选框，显示所有模块的名称。

（4）设置模块参数。双击 Image From File 模块，弹出"模块参数：Image From File"对话框，单击 File Name 文本框右侧的 Browse 按钮，选择图像文件 circuit.tif，如图 10-39 所示。

（5）连接信号线。连接模块端口，在"格式"选项卡中单击"自动布局"按钮，对连线结果进行自动布局，结果如图 10-40 所示。

图 10-39　模块参数设置对话框

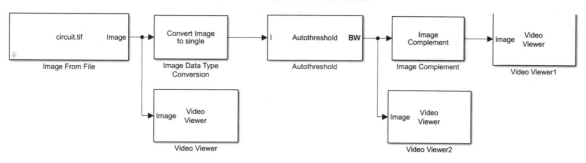

图 10-40　模块连接结果

（6）保存模型。在"仿真"选项卡中单击"另存为"按钮，将生成的模型文件保存为 Image_conver.slx。

（7）运行仿真。单击"运行"按钮 ▶ 运行程序，运行结果如图 10-41 所示。

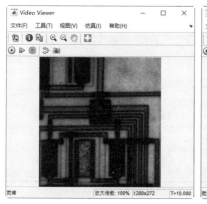
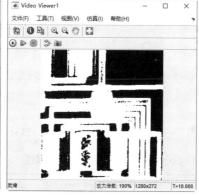
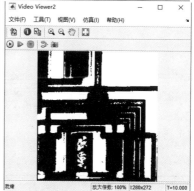

图 10-41　运行结果

（8）结果分析。如图 10-41 所示，Video Viewer 窗口显示原图，Video Viewer2 窗口显示二值处理后的图像，由于从 Image From File 模块中读取的图像文件数据类型为 unit8，Autothreshold 模块无法读取该类型的数据，需要通过 Image Data Type Conversion 模块转换数据类型，才能进行二值化处理。在 Video Viewer1 窗口中显示二值处理后的补色图像，与 Video Viewer2 中的图像颜色互补。

10.5　基于 Simulink 的图像几何变换

几何变换是指改变图像中物体对象之间的空间关系，从变换性质来分，几何变换可以分为图像形状变换、位置变换及复合变换。其中图像形状变换包括图像的放大与缩小，图像位置变换包括图像的平移、镜像和旋转。

在 Simulink 中，Geometric Transformations（几何变换）模块库中提供了可以实现图像几何变换的模块。

10.5.1　图像的旋转

在 Simulink 中，Rotate（旋转）模块用于实现图像的旋转。一般情况下，该模块只有一个输入端口和一个输出端口，如图 10-42 所示。

双击该模块，弹出如图 10-43 所示的"模块参数：Rotate"对话框，在该对话框中可以设置相关参数，参数属性见表 10-4。

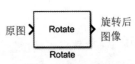

图 10-42　旋转模块

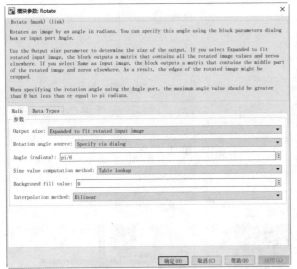

（a）Main 选项卡　　　　　　　　　　　（b）Data Types 选项卡

图 10-43　"模块参数：Rotate"对话框

表 10-4　Rotate 模块参数属性

参　数	说　明
Output size	指定旋转后输出图像矩阵的大小：Expanded to fit rotated input image（自动扩展以包含旋转图像）、Same as input image（裁剪旋转图像的边缘，与旋转前大小相同）
Rotation angle source	定义旋转角度的方法：Specify via dialog（通过对话框指定）、Input port（添加旋转角度端口）
Angle (radians)	旋转角度，默认值为 pi/6
Sine value computation method	选择正弦值计算法：Trigonometric function（三角函数）、Table lookup（查表）
Background fill value	指定背景填充值，即图像外部的像素值

续表

参　　数	说　　明
Interpolation method	指定用于旋转图像的插值方法：Nearest neighbor（附近像素的值）、Bilinear（4 个最近像素值的加权平均值）、Bicubic（16 个最近像素值的加权平均值）
Rounding mode	舍入方式
Saturate on integer overflow	整数溢出时饱和
Angle values	选择如何指定角度值的字长和小数长度
Product output	乘积的输出形式：与第一个输入相同、Binary point scaling（二进制小数点定标）
Accumulator	累加的输出形式：与乘积输出相同、与第一个输入相同、Binary point scaling（二进制小数点定标）
Output	定点数据类型输出的字长和小数长度
锁定数据类型设置以防止被定点工具更改	防止定点工具覆盖块掩码上指定的数据类型

10.5.2　图像的平移

在 Simulink 中，Translate（平移）模块用于实现图像的平移。一般情况下，该模块只有一个输入端口和一个输出端口，如图 10-44 所示。

双击该模块，弹出如图 10-45 所示的"模块参数：Translate"对话框，在该对话框中可以设置相关参数，参数属性见表 10-5。

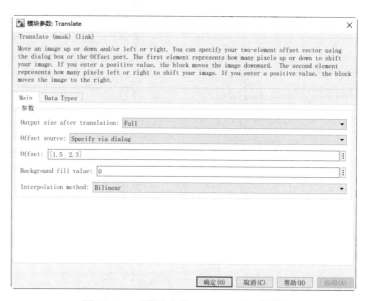

图 10-44　平移模块

图 10-45　"模块参数：Translate"对话框

表 10-5　Translate 模块参数属性

参　　数	说　　明
Output size after translation	平移后输出图像的大小：Full（自动扩展以包含平移后的全部图像）、Same as input image（与输入图像相同，裁剪部分图像）
Offset source	指定如何输入偏移参数：Specify via dialog（通过对话框指定）、Input port（添加偏移量端口），如图 10-46 所示
Offset	偏移的像素值

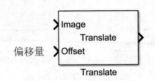

图 10-46　添加 Offset 端口

10.5.3　图像的缩放

在 Simulink 中，Resize（缩放）模块用于实现图像的缩放。一般情况下，该模块只有一个输入端口和一个输出端口，如图 10-47 所示。

双击该模块，弹出如图 10-48 所示的"模块参数：Resize"对话框，在该对话框中可以设置相关参数，参数属性见表 10-6。

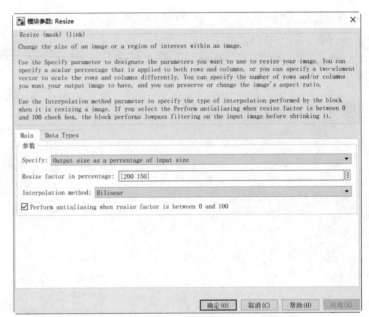

图 10-47　缩放模块　　　　图 10-48　"模块参数：Resize"对话框

表 10-6　Resize 模块参数属性

参　数	说　明
Specify	指定要调整图像大小的方法：Output size as a percentage of input size（调整图像行和列的比例系数）、Number of output columns and preserve aspect ratio（输出图像的列数）、Number of output rows and preserve aspect ratio（输出图像的行数）、Number of output rows and columns（输出图像的行数和列数）
Resize factor in percentage	调整大小因子，默认值为[200 150]。 resize factor =100，图像不变；>100,图像放大；<100,图像缩小
Perform antialiasing when resize factor is between 0 and 100	当调整大小因子在 0 到 100 之间时，缩小图像，为防止图像混叠，对输入图像执行低通滤波

扫一扫，看视频

动手练一练——平移并旋转图像

创建一个模型文件，对输入图像进行缩放后，再进行平移和旋转变换，如图 10-49 所示。

图 10-49 变换效果

✍️ **思路点拨：**

> 源文件：yuanwenjian\ch10\translate_rotate.slx
> （1）新建一个 Simulink 模型文件并保存。
> （2）放置模块，显示模块名称。
> （3）设置模块参数：设置输入图像，指定缩放因子等比例缩放，设置偏移和旋转角度。
> （4）连接模块端口，并手动调整布局，如图 10-50 所示。
> （5）运行仿真，查看仿真结果。

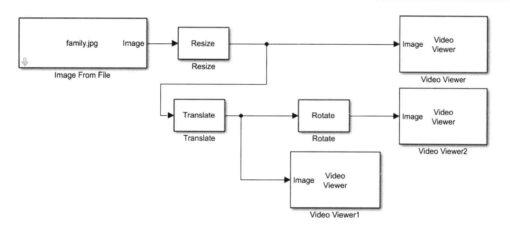

图 10-50 模型图

10.5.4 图像的错切

在 Simulink 中，Shear（错切）模块用于实现图像的错切，以显示部分图像。包括水平和垂直两个方向的线性错切功能。一般情况下，该模块只有一个输入端口和一个输出端口，如图 10-51 所示。

双击该模块，弹出如图 10-52 所示的"模块参数：Shear"对话框，在该对话框中可以设置相关参数，参数属性见表 10-7。

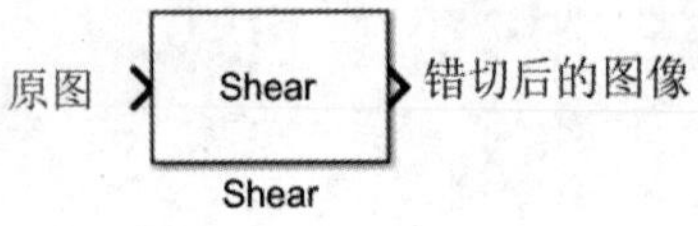

图 10-51　错切模块

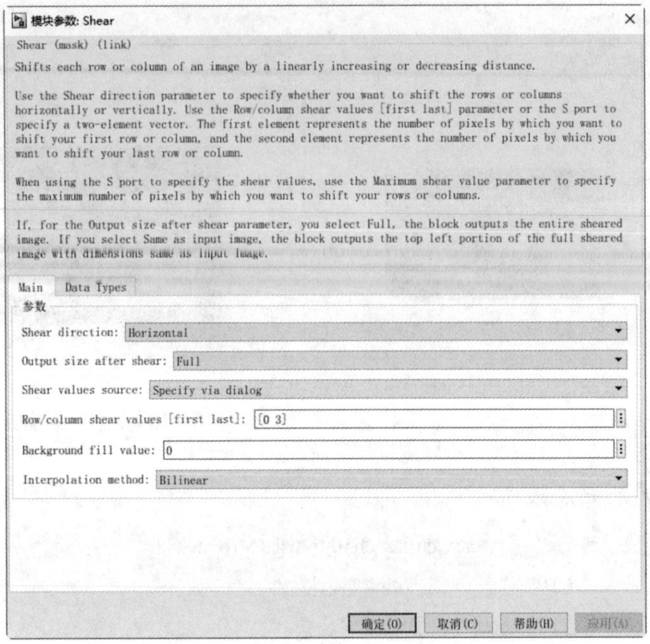

图 10-52　"模块参数：Shear"对话框

表 10-7　Shear 模块参数属性

参　数	说　明
Shear direction	错切方向：Horizontal、Vertical
Output size after shear	指定错切图像后的输出大小：Full（输出包含整个错切图像的矩阵）、Same as input image（输出与输入图像相同大小的矩阵，并包含错切图像的左上角部分）
Shear values source	指定错切值的来源：Specify via dialog（通过对话框指定）、Input port（添加偏移量端口）
Row/column shear values [first last]	指定行/列错切值

10.5.5　图像的仿射

仿射变换可以通过一系列变换操作的复合实现，包括平移（Translation）、缩放（Scale）、翻转（Flip）、旋转（Rotation）和错切（Shear）。

仿射变换可以用下面公式表示：

$$\begin{bmatrix} x' \\ y' \\ 1 \end{bmatrix} = \begin{bmatrix} a_1 & a_2 & t_x \\ a_3 & a_4 & t_y \\ 0 & 0 & 1 \end{bmatrix} \begin{bmatrix} x \\ y \\ 1 \end{bmatrix}$$

其中，(t_x, t_y) 表示平移量，参数 a_i 反映了图像旋转、缩放等变化。计算参数 t_x、t_y、$a_i (i = 1 \sim 4)$ 即可得到两幅图像的坐标变换关系。

图像矩阵经过仿射变换，坐标显示如图 10-53 所示的变换。

在 Simulink 中，Warp（仿射）模块使用多边形或矩形感兴趣区域（region of interest，ROI）来转换整个图像或部分图像，多用于实现图像的仿射变换。一般情况下，该模块有两个输入端口和两个输出端口，如图 10-54 所示。

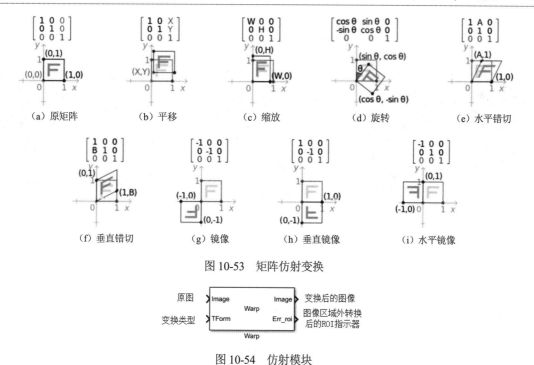

图 10-53　矩阵仿射变换

（a）原矩阵　　　（b）平移　　　（c）缩放　　　（d）旋转　　　（e）水平错切

（f）垂直错切　　　（g）镜像　　　（h）垂直镜像　　　（i）水平镜像

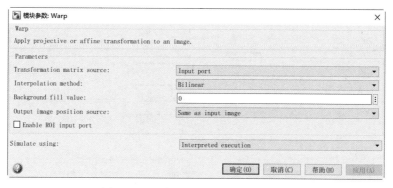

图 10-54　仿射模块

双击该模块，弹出如图 10-55 所示的"模块参数：Warp"对话框，在该对话框中可以设置相关参数，参数属性见表 10-8。

图 10-55　"模块参数：Warp"对话框

表 10-8　Warp 模块参数属性

参　数	说　明
Transformation matrix source	变换矩阵源：Input port（输入端口）或 Custom（自定义）
Output image position source	输出图像的位置源：Same as input image（与输入图像相同）或 Custom（自定义）
Enable ROI input port	启用 ROI 输入端口。使用此端口指定要转换的矩形感兴趣区域
Simulate using	仿真方法：Interpreted execution（解释执行）、Code generation（代码生成）

动手练一练——错切图像

创建一个模型文件，分别使用 Shear 模块和 Wrap 模块对输入图像进行水平错切和垂直错切，如图 10-56 所示。

扫一扫，看视频

图 10-56　错切效果

📋 **思路点拨：**

源文件：yuanwenjian\ch10\shear_wrap.slx

（1）新建一个 Simulink 模型文件并保存。

（2）放置模块，显示模块名称。

（3）设置模块参数：设置输入图像，指定缩放因子等比例缩放，设置 Shear 模块错切的方向（Vertical）和像素数，指定变换矩阵进行水平错切。

（4）连接模块端口，并手动调整布局，如图 10-57 所示。

（5）运行仿真，查看仿真结果。

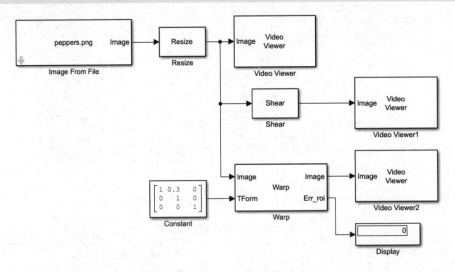

图 10-57　模型图

10.6　基于 Simulink 的图像增强

　　在获取图像的过程中，往往会发生图像失真的情况，使所得图像与原图像之间存在某种程度上的差别。图像增强针对这些原因采取简单易行的方法，从而改善图像质量，它是图像模式识别中非常重要的图像预处理过程。

10.6.1 图像灰度变换增强

分辨率和灰度是影响图像显示的主要参数。图像灰度变换使数字图像的灰度能够更真实地反映出图像的物理特性；增强和扩展对比度，显示边缘轮廓线。在 Simulink 中，Analysis & Enhancement（分析和增强）模块库中提供了可以实现灰度变换的模块。常见的灰度变换方法包括灰度变换和直方图均衡化等，灰度变化主要是为了获取增强图像对比度后的视觉效果。

1．灰度变换

在 Simulink 中，Contrast Adjustment（对比度调整）模块通过线性缩放像素值，调整上、下限之间的像素值，增强图像颜色差异，调整图像对比度。一般情况下，该模块只有一个输入端口和一个输出端口，如图 10-58 所示。

双击该模块，弹出如图 10-59 所示的“模块参数：Contrast Adjustment”对话框，在该对话框中可以设置相关参数，参数属性见表 10-9。

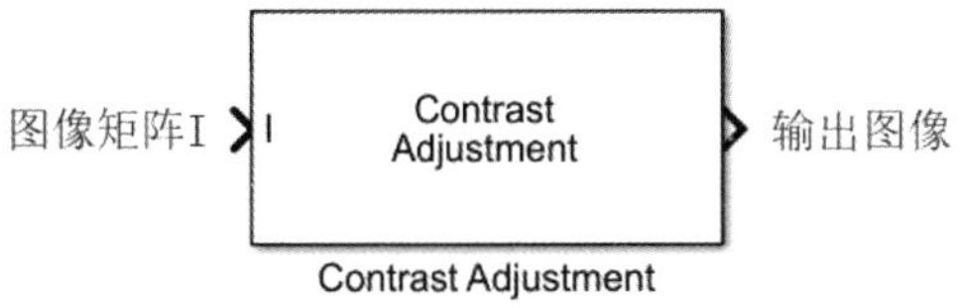

图 10-58 对比度调整模块

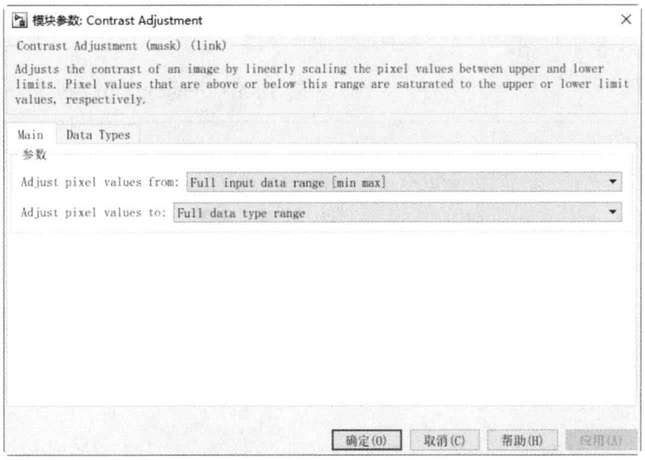

图 10-59 “模块参数：Contrast Adjustment”对话框

表 10-9 Contrast Adjustment 模块参数属性

参　数	说　明
Adjust pixel values from	指定要调整的输入图像的像素值范围。 ➘ Full input data range [min max]：设置为输入图像中的最小和最大像素值的范围 ➘ User-defined range：自定义像素值范围。选择该项后，可在 Range[low high]参数中使用非负二元素向量指定像素值的范围 ➘ Range determined by saturating outlierpixels：通过饱和异常像素指定范围
Adjust pixel values to	指定输出图像的像素值范围。 ➘ Full data type range：使用输入数据类型的最小值作为输出下限，使输入数据类型的最大值作为输出上限 ➘ User-defined range：使用 Range[low high]参数自定义输出范围

2．直方图均衡化

直方图均衡化（HE）是一种很常用的直方图类方法，该方法通过图像的灰度分布直方图确定一条映射曲线，并对图像进行灰度变换，以达到提高图像对比度的目的。

经过均衡化后的图像在每一级灰度上像素点的数量相差不大，对应灰度直方图的每一级高度也相差不大，这是增强图像的有效手段之一。

在 Simulink 中，Histogram Equalization（直方图均衡化）模块使用直方图均衡化增强图像的对比度。一般情况下，该模块只有一个输入端口和一个输出端口，如图 10-60 所示。

双击该模块，弹出如图 10-61 所示的"模块参数：Histogram Equalization"对话框，在该对话框中可以设置相关参数，参数属性见表 10-10。

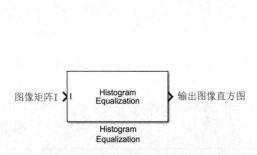

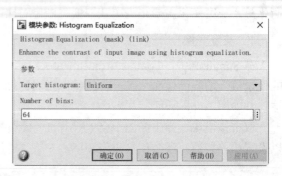

图 10-60　直方图均衡化模块　　　　　图 10-61　"模块参数：Histogram Equalization"对话框

表 10-10　Histogram Equalization 模块参数属性

参　　数	说　　明
Target histogram	所需直方图的类型。 ➥ Uniform（默认）：输出图像的直方图近似平坦 ➥ User-defined：激活 Histogram source 参数，指定目标直方图的来源。输出图像的直方图与指定的直方图近似匹配
Number of bins	目标直方图的 bin 数，取值为大于 1 的整数，默认值为 64

10.6.2　图像的平滑增强

图像平滑处理一般通过低通滤波实现，如均值滤波和中值滤波。其获取的主要增强效果是平滑图像细节，去除图像噪声。

平滑滤波是低频增强的空间域滤波技术。它的功能有两类，一类是模糊，另一类是消除噪声，是一项简单且使用频率很高的图像处理方法。

中值滤波是基于排序统计理论的一种有效抑制噪声的非线性信号处理技术，其基本原理是把数字图像或数字序列中一点的值用该点的一个邻域中各点值的中值代替，从而消除孤立的噪声点。其方法是用某种结构的二维滑动模板，将板内像素按照像素值的大小进行排序，生成单调上升（或下降）的二维数据序列。

在 Simulink 中，Median Filter（中值滤波）模块用于实现图像的二维中值低通滤波。一般情况下，该模块只有一个输入端口和一个输出端口，如图 10-62 所示。

双击该模块，弹出如图 10-63 所示的"模块参数：Median Filter"对话框，在该对话框中可以设置相关参数，参数属性见表 10-11。

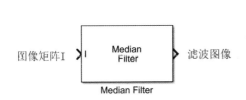

图 10-62　中值滤波模块　　　　图 10-63　"模块参数：Median Filter" 对话框

表 10-11　Median Filter 模块参数属性

参　　数	说　　明
Neighborhood size	指定模块计算中值的邻域大小，默认值为[3 3]，矩阵表示行数和列数
Output size	指定输出大小的调整方法。 ➥ Same as input port I：指定如何填充输入矩阵的边界。使用填充计算边界像素，计算整个图像的邻域中值，输出图像具有与输入图像相同的尺寸 ➥ Valid：只计算邻域完全符合输入图像的中值，而不需要填充
Padding options	指定填充输入图像边界的方法。 ➥ Constant：用恒定值填充矩阵 ➥ Replicate：通过重复输入图像的边界值填充图像 ➥ Symmetric：使用输入数据的镜像填充边界 ➥ Circular：使用输入图像中元素的循环重复填充图像
Pad value source	通过对话框或输入端口指定填充源
Pad value	指定用于填充图像的标量值

10.6.3　图像锐化增强

通常，图像的主要能量集中在低频部分，而噪声和边缘往往集中在高频部分。所以平滑滤波不仅使噪声减少，还会导致图像的边缘信息损失，变得模糊。为了减少这种不利的效果，一般利用图像锐化来使图像边缘变得清晰。锐化处理的主要目的是突出图像中的细节或增强被模糊的细节。

图像的增强可以通过频域滤波实现，频域低通滤波器滤除高频噪声，频域高通滤波器滤除低频噪声。相同类型的滤波器，其截止频率不同，因此对图像的滤除效果也会不同。

图像的边缘、细节主要位于高频部分，而图像的模糊是由于高频成分比较弱造成的。采用高通滤波器可以让高频成分通过，低频成分削弱，再经过逆傅里叶变换得到边缘锐化的图像。常用的高通滤波器有以下几种。

（1）理想高通滤波器。二维理想高通滤波器的传递函数为

$$H(u,v) = \begin{cases} 0, & D(u,v) \leqslant D_0 \\ 1, & D(u,v) > D_0 \end{cases}$$

（2）巴特沃斯高通滤波器。n 阶巴特沃斯高通滤波器的传递函数为

$$H(u,v) = \cfrac{1}{1 + \left[\cfrac{D_0}{D(u,v)}\right]^{2n}}$$

（3）指数高通滤波器。指数高通滤波器的传递函数为

$$H(u,v) = e^{-\left|\frac{D_0}{D(u,v)}\right|^{n}}$$

（4）梯形滤波器。梯形滤波器的传递函数为

$$H(u,v) = \begin{cases} 0, & D(u,v) < D_1 \\ \cfrac{D(u,v) - D_1}{D_0 - D_1}, & D_1 \leqslant D(u,v) \leqslant D_0 \\ 1, & D(u,v) > D_0 \end{cases}$$

在 Simulink 的 Filtering（滤波器）模块库中提供了可以实现二维 FIR 滤波的模块 2-D FIR Filter。一般情况下，该模块只有一个输入端口和一个输出端口，如图 10-64 所示。

双击该模块，弹出如图 10-65 所示的"模块参数：2-D FIR Filter"对话框，在该对话框中可以设置相关参数，参数属性见表 10-12。

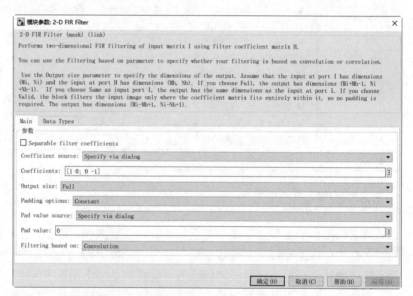

图 10-64　二维 FIR 数字滤波模块　　　　图 10-65　"模块参数：2-D FIR Filter"对话框

表 10-12　2-D FIR Filter 模块参数属性

参　　数	说　　明
Separable filter coefficients	使用可分离滤波器系数，减少模块为计算输出而必须执行的计算量
Coefficient source	通过对话框或输入端口定义滤波器系数
Coefficients	通过对话框指定滤波器系数时，输入实数或复数滤波器系数矩阵
Filtering based on	指定滤波算法：卷积或相关性

实例——图像处理

源文件：yuanwenjian\ch10\Image_deal.slx

操作步骤

1．绘制层次电路的顶层模型图

（1）创建模型文件。在 MATLAB "主页" 选项卡中单击 Simulink 按钮，打开 "Simulink 起始页" 窗口。

单击 "空白模型"，进入 Simulink 编辑窗口，创建一个空白的 Simulink 模型文件。

（2）打开库文件。在 "仿真" 选项卡中单击 "库浏览器" 按钮，打开 Simulink 库浏览器。

（3）保存模型。在 "仿真" 选项卡中单击 "另存为" 按钮，将生成的模型文件保存为 Image_deal.slx。

（4）放置模块。

选择 Computer Vision Toolbox（计算机视觉工具箱）→Sources（输入源）→Image From File（图像文件）模块，将其拖动到模型中，用于读取图像文件。

选择 Simulink（仿真）→Ports & Subsystems（端口和子系统）库中的 Subsystem（子系统）模块，将其拖动到模型中，然后按住 Ctrl 键拖动，复制出 2 个子系统模块 Subsystem1 和 Subsystem2，用于对输入图像进行不同的操作。

选择 Computer Vision Toolbox→Sinks（输出方式）中的 Video Viewer（视频显示器）模块，将其拖动到模型中。然后按住 Ctrl 键拖动，复制出 5 个视频显示器模块，用于显示子系统输出的图像。

选中任意一个模块，在 "格式" 选项卡中单击 "自动名称" 下拉按钮，以弹出的下拉菜单中取消勾选 "隐藏自动模块名称" 复选框，显示所有模块的名称。

（5）模块参数设置。

1）双击 Image From File 模块，弹出 "模块参数：Image From File" 对话框。单击 File Name 文本框右侧的 Browse 按钮，选择图像文件 paoche.jpg。在 Image signal 下拉列表中选择 Separate color signals。切换到 Data Types 选项卡，在 Output data type 下拉列表中选择 double，如图 10-66 所示。

（a）Main 选项卡

（b）Data Types 选项卡

图 10-66　模块参数设置对话框

2）修改 Subsystem、Subsystem1、Subsystem2 模块的标签分别为 Image Rotate、Image Histogram、Image Filter。添加输入/输出端口，其中，Image Rotate 为 3 个输入端口、1 个输出端口，Image Histogram

为 3 个输入端口、3 个输出端口，Image Filter 为 3 个输入端口、4 个输出端口。

3）将 5 个 Video Viewer 模块标签分别修改为 Overlay Image、HE Image、Edge Image、2D Image、Median Image、Adj Image。

4）双击 HE Image 模块，在菜单栏中选择"文件"→Separate Color Signals（分离的颜色信号）命令，设置输入端口为颜色分量端口。

（6）连接信号线。连接模块端口，在"格式"选项卡中单击"自动排列"按钮，对连线结果进行自动布局，结果如图 10-67 所示。

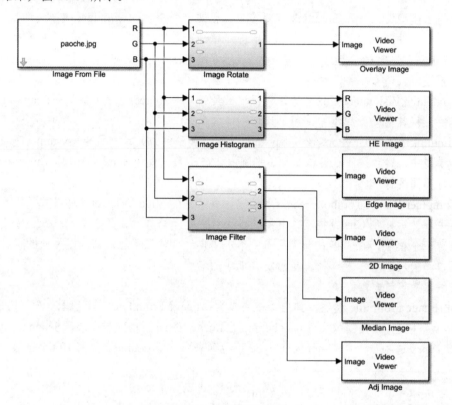

图 10-67　模块连接结果

至此，层次电路的顶层模型图绘制完成。下面开始绘制子系统模型图。

2. 绘制子系统图 Image Rotate

（1）双击名为 Image Rotate 的 Subsystem 模块，或在模型浏览器中单击 Image Rotate，即可进入 Image Rotate 模型文件编辑环境，如图 10-68 所示。

（2）放置模块。将 Computer Vision Toolbox（计算机视觉工具箱）→Geometric Transformations（几何变换）中的 Resize 和 Rotate 模块拖放到模型文件中，分别用于对图像进行缩放与旋转。

在 Text & Graphics（文本和图形）模块库中选择 Compositing（合成）和 Insert Text（插入文本）模块，将其拖动到模型中，用于叠加缩放与旋转后的图像。

在模块库搜索栏中输入关键字 Matrix Concatenate，选择 Matrix Concatenate（矩阵连接）模块，合并图形的 RGB 颜色分量。

（3）模块参数设置。双击 Matrix Concatenate 模块，弹出"模块参数：Matrix Concatenate"对话框，在该对话框中设置"输入数目"为 3，"串联维度"为 3，如图 10-69 所示。

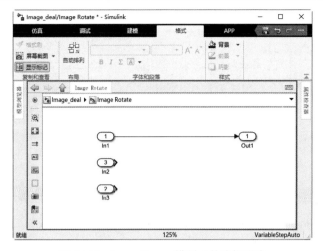

图 10-68　Image Rotate 模型文件编辑环境　　　图 10-69　模块参数设置对话框

使用同样的方法设置其他模块的参数。

- ⮩ Resize 模块：Resize factor in percentage（缩放因子）大小为[500 450]。
- ⮩ Rotate 模块：Angle (radians)（角度）为-pi/4。
- ⮩ Compositing 模块：叠加图像位置 Location [x y]为[100 100]。
- ⮩ Insert Text 模块：Text（文本）为 'Rotate'，Location [x y]（位置）为[200 300]，Color value（颜色）为[100]（红色）。切换到 Font（字体）选项卡，设置 Font size（字号）为 400，如图 10-70 所示。

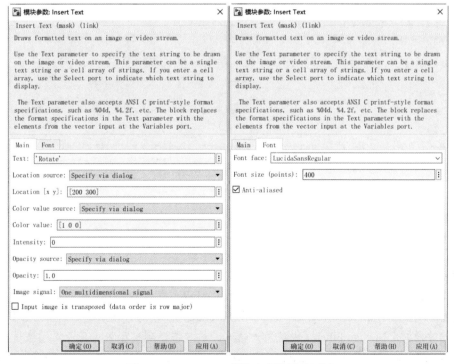

图 10-70　Insert Text 模块参数设置对话框

（4）连接模块端口，结果如图 10-71 所示。

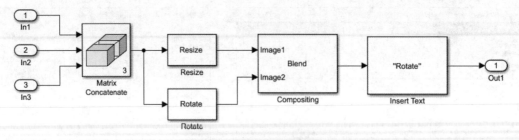

图 10-71　模块连接结果

3．绘制子系统图 Image Histogram

（1）在模型浏览器中单击 Image Histogram，进入 Image Histogram 模型文件编辑环境。

（2）放置模块。选择 Computer Vision Toolbox→Conversions（转换）→Color Space Conversion（颜色空间转换）模块，将其拖动到模型中，用于转换图像颜色。

选择 Computer Vision Toolbox→Analysis & Enhancement（分析和增强）→Histogram Equalization（直方图均衡化）模块，对图像中的 L 分量进行灰度变换。

在模块库搜索 Constant、Product 模块，计算新的 L 分量。

选中 Color Space Conversion 模块，按住 Ctrl 键拖动，复制出一个颜色空间转换模块 Color Space Conversion1。

（3）设置模块参数。

- Color Space Conversion 模块：Conversion（转换类型）为 sR'G'B' to L*a*b，Image signal（图像信号）为 Separate color signals（分离的颜色信号）。
- Color Space Conversion1 模块：Conversion（转换类型）为 L*a*b* to sR'G'B'，Image signal（图像信号）为 Separate color signals（分离的颜色信号）。
- Constant 模块：常量值为 5。

（4）连接模块端口，然后手动调整连线布局，结果如图 10-72 所示。

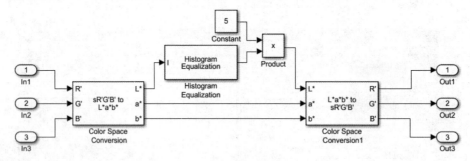

图 10-72　模块连接结果

4．绘制子系统图 Image Filter

（1）在模型浏览器中单击 Image Filter，进入 Image Filter 模型文件编辑环境。

（2）放置模块。在 Computer Vision Toolbox→Filtering（滤波器）模块库中选择 2-D FIR Filter（二维 FIR 数字滤波器）、Median Filter（中值滤波器），将其拖动到模型中，用于对图像进行滤波。

在 Computer Vision Toolbox→Analysis & Enhancement 模块库中选择 Contrast Adjustment（对比度调整）和 Edge Detection（边缘检测）模块，用于对图像进行滤波变换。

在模块库搜索 Matrix Concatenate 模块，用于串联颜色分量。

（3）设置参数。设置"输入数目"为3，"串联维度"为1，即垂直串联颜色分量。

（4）连接模块端口，在"格式"选项卡中单击"自动布局"按钮，对连线结果进行自动布局，结果如图10-73所示。

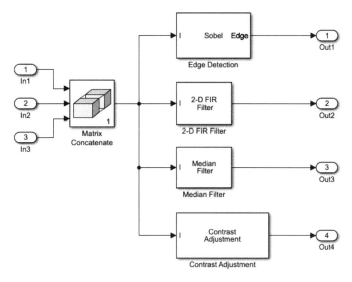

图 10-73　模块连接结果

5. 运行仿真

在模型浏览器中单击顶层模型图 Image_deal，然后在"仿真"选项卡中单击"运行"按钮 ▶ 运行程序，弹出视频显示器。

单击视频显示器工具栏中的"保持适应窗口大小"按钮 ，运行结果如图10-74所示。

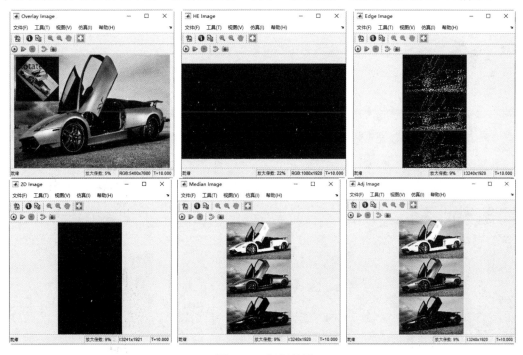

图 10-74　运行结果

6. 结果分析

在视频显示器中显示了不同的图像处理结果。

- ➘ Overlay Image 中显示了旋转与缩放后的叠加图。
- ➘ HE Image 中显示了使用直方图均衡化增强图像对比度后的图像。
- ➘ Edge Image 中显示了图像的边缘轮廓线。
- ➘ 2D Image 中显示了进行 FIR 滤波后的图像。
- ➘ Median Image 中显示了进行中值平滑滤波后的图像。
- ➘ Adj Image 中显示了通过线性缩放调整对比度后的图像。